应用数学

（经管类）

主　编　陈琰明

副主编　梁垚伟

西南交通大学出版社

·成　都·

图书在版编目（CIP）数据

应用数学. 经管类 / 陈琰明主编. -- 成都 : 西南交通大学出版社, 2024. 8. -- ISBN 978-7-5643-9920-7

Ⅰ. 029

中国国家版本馆 CIP 数据核字第 20240FX874 号

Yingyong Shuxue (Jingguanlei)

应用数学（经管类）

主　编 / 陈琰明

策划编辑 / 张　波

责任编辑 / 孟秀芝

封面设计 / 吴　兵

西南交通大学出版社出版发行

（四川省成都市金牛区二环路北一段 111 号西南交通大学创新大厦 21 楼　610031）

营销部电话：028-87600564　　028-87600533

网址：http://www.xnjdcbs.com

印刷：成都蜀通印务有限责任公司

成品尺寸　185 mm × 260 mm

印张　15.25　　字数　381 千

版次　2024 年 8 月第 1 版　　印次　2024 年 8 月第 1 次

书号　ISBN 978-7-5643-9920-7

定价　45.00 元

课件咨询电话：028-81435775

2019 年,《国家职业教育改革实施方案》《关于职业院校专业人才培养方案制订与实施工作的指导意见》相继发布，从国家顶层设计的高度明确职业教育定位，提出了一系列具有可操作性的施工蓝图，明确了数学课程在高等职业学校专业人才培养方案中的目标与定位.

为进一步深化“三教”改革，全面提升课程教育教学质量，适应新形势下职业教育高质量发展和技术技能人才培养的需要，本书编写组采用差异化的方式，面向各年级学生、专业课教师学习需求，以及同类院校数学教材使用情况开展电话随访和量表问卷广泛调研. 结合编者多年教学一线的经验，不断摸索和实践，形成了“以提高学生数学思维素养为主，必要数学知识积累相结合”的教改思路，对常用的数学知识的各项知识点予以重构，本着“遵循学情、重构教材、还原抽象、提升思维”的策略进行教材的编写，以期更好地适应职业院校数学课程教育教学改革的要求，适应多元招生、多层基础的高职数学教学，降低学生对数学抽象的“恐惧感”，有效解决学生“兴趣不高、情与愿违”的问题.

本书采取模块项目化教学编写架构，具有如下特点：

一是坚持“模块划分、按需使用”的原则. 将一元函数微积分、线性规划（运筹学初步）、概率与统计、线性代数、图与网络、离散数学等数学知识予以重构，划分不同模块和项目，共九大模块：函数与数学模型、极限与连续、导数与微分、积分及其应用、概率统计与经济应用、行列式与矩阵、线性规划与最优问题、图论基础与简单应用、数学类软件及其应用等. 各模块列明了所用学时，教师可以根据院校课时安排和学生专业需求分项目选取、组织教学内容.

二是秉承“还原抽象、弱化证明”的教学理念. 从学生接触新知识的逻辑起点出发，还原数学家发现和创造知识的过程，将抽象问题形象化、具象化、直观化，引导学生体验、感悟、理解数学的思想和方法，从而让学生了解数学的本质——贯穿于数学知识中的数学思想和方法，让学生在体验中学习到 “新”的知识，从而实现新旧知识的迁移拓展，提高学生运用数学思维方法多角度解决问题的能力.

三是强化“动手动脑、注重应用”的教学过程. 爱因斯坦说：“纯粹的逻辑思维不能给我们任何关于经验世界的知识，一切关于实在的知识，都是从经验开始，又终结于经验.”职业院校重在培养技术技能型人才，强调学生动手能力的培养. 因此，本书最后单设了“数学类软件及其应用”模块，从大家所熟悉的 Excel 办公软件出发，分别介绍了 MATLAB、Mathematica 以及 Lingo 软件在数学中的应用，以期拓宽学生对数学应用的思维视野，引导学生逐步领会数学基本思想和内涵，体会提高数学思维素养能力的重要性，让学生在“学与做”中进行数学的学习.

本书通用的教学模块的教学时间为 64 ~ 120 学时，建议第一模块 10 ~ 14 学时，第二模块 10 ~ 16 时，第三、四模块 10 ~ 16 学时，第五、六、七模块共 10 ~ 26 学时，第八模块 12 ~ 24 学时，第九模块 12 ~ 24 学时.

本书由陈琰明担任主编，梁垚伟担任副主编，陈琰明负责全文统稿. 其中，梁垚伟编写第一至第四模块，陈琰明编写第五至第九模块. 本书中的“数学小事例”由陈琰明编写，“知识拓展”由梁垚伟编写.

感谢尚秀丽教授对书稿提出的大量富有针对性的意见和建议. 在本书编写过程中，甘肃交通职业技术学院基础教学部给予支持和鼓励，在此一并表示衷心感谢.

我们在编写过程时参考了许多文献资料，在此向有关资料的编著者表示深切的谢意，同时对编写过程中提供帮助的所在学院领导的鼎力支持表示感谢.

由于编者的水平有限，疏漏在所难免，期待各位专家和同行、使用教材的广大学生批评指正.

编　者

2023 年 10 月

CONTENTS 目录

模块一　函数与数学模型

内容概要

函数是我们研究对象所涉及变量之间关系的数学表达，是高等数学研究的主要对象，也是现代数学最重要的概念之一. 这一模块研究的主要内容包含函数的相关概念、基本性质，并特别介绍了几类常用的经济函数.

学习目标

- 了解初等函数的概念；
- 掌握复合函数的概念及其分解过程；
- 掌握常用的经济函数，能用函数关系描述简单的经济问题；
- 建立简单的数学模型.

【数学小事例】　清代数学家李善兰（1811—1882），被誉为中国近代数学教育的鼻祖，于 1859 年翻译《代数学》一书时，把“function”译成“函数”，并给出了定义：“凡式中含天，为天之函数.”所谓函数指一个量随着另一个量的变化而变化，或者说一个量中包含另一个量，可看作我国“函数”一词最早的来源. 函数的词源含义也可说明，汉字“函”与“含”字通用，都有着“包含”的意思，“数”可理解为“变量、变化”. 中国古代用天、地、人、物 4 个字来表示 4 个不同的未知数或变量. 这个定义的含义是：“凡是公式中含有变量 x，则该式子叫作 x 的函数.”所以“函数”是指公式里含有变量的意思.

项目一　变量数学与函数

本项目介绍函数的一般概念、表示方法、性质，以及最基本的函数类——初等函数.

一、问题的引入

引例 1（圆的面积）　设圆的面积为 S，半径为 r，则这两个变量间的相互依存关系由下式确定

$$S=\pi r^2$$

分析 由上式可知，当半径 r 取定一个数值后，面积 S 按照上式就有一个确定的数值与之对应.

引例 2（银行存款） 我们办理银行存款，假设一年整存整取的年利率为 3.50%，则存款金额 x 与一年到期时的利息 y 之间的对应关系的部分数据如表 1-1 所示.

表 1-1 存款金额 x 与一年到期时的利息 y 之间对应关系的部分数据

存款金额 x/元	1 000	2 000	5 000	10 000	20 000	50 000
一年到期时的利息 y/元	35	70	175	350	700	1 750

分析 由表 1-1 可知，当存款金额 x 取定一个数值后，一年到期时的利息 y 按照上表显示的规律就有一个确定的数值与之对应.

引例 3（股市行情） 某日从 09:30 到 15:00 这一时间段，上证指数的涨幅走势曲线如图 1-1 所示.

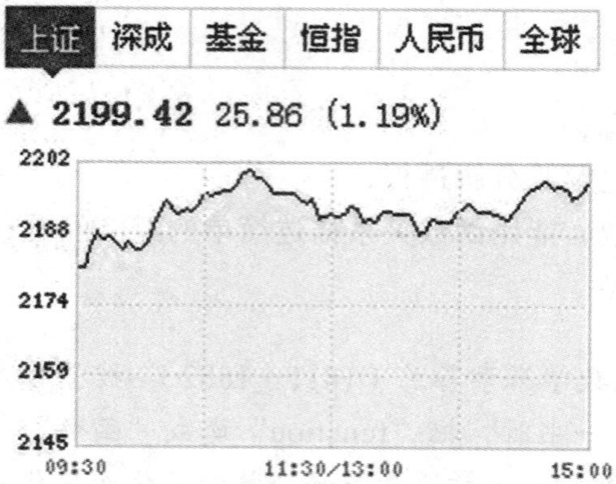

图 1-1

分析 由图 1-1 可知，当时间 t 取定一个数值后，按照图中曲线显示，上证指数就有一个确定的数值与之对应.

引例 4（出租车收费） 兰州市乘坐出租车收费标准为：所走路程不超过 3 千米，出租车收费 10 元；超过 3 千米，每千米加收 1.4 元，则乘客乘坐出租车所付费用 y（单位：元）与出租车所走路程 x（单位：千米）之间的关系可用下式给出：

$$y=\begin{cases}10, & x\leqslant 3\\ 10+1.4(x-3), & x>3\end{cases}$$

分析 由上式可知，当出租车所走路程 x 取定一个数值后，乘客乘坐出租车所付费用 y 按照上式就有一个确定的数值与之对应.

以上引入的案例，虽然有不同的实际背景，而且具有不同的表示形式，如公式、图表、图形等，但它们的共性是：都反映了在同一过程中有两个相互依赖的变量，当其中一个变量在某数集内取值时，按照一定的规则，另一个量有唯一确定的值与之对应. 变量之间的这种关系就是函数关系.

二、函数的概念

1. 函数的定义

定义 1.1 设 x, y 是某一变化过程中的两个变量，若当 x 在非空数集 D 内任取一个值时，按照某一对应法则 f，都有唯一确定的数值 y 与之对应，则称变量 y 是关于变量 x 的**函数**，记为

$$y = f(x)$$

其中变量 x 称为自变量，变量 y 称为**因变量**，数集 D 称为函数的**定义域**，相应的 y 的取值范围称为函数的**值域**.

当 x 取确定值 $x_0 \in D$ 时，通过法则 f，函数有唯一确定的值 y_0 与之相对应，称 y_0 为函数值，记为

$$y_0 = y\big|_{x=x_0} = f(x_0)$$

由函数的定义可以看出，定义域和对应法则是确定函数的两个必不可少的要素，也就是说，如果两个函数的对应法则和定义域都相同，那么这两个函数就是相同的函数.

注意 函数的定义域是使表达式及实际问题都有意义的自变量的取值范围.

一般考虑以下几个方面：

① 分式函数的分母不能为零；

② 偶次根式的被开方式必须大于等于零；

③ 出现对数时，真数部分必须大于零；

④ 三角函数与反三角函数要符合其定义.

如果函数表达式中含有上述几种函数，则应取各部分定义域的交集.

例 1 求函数 $y = \ln(x+1) + \arcsin(x-1)$ 的定义域.

解 要使该函数有意义，必须满足不等式组 $\begin{cases} x+1>0 \\ -1 \leqslant x-1 \leqslant 1 \end{cases}$，解不等式组得 $0 \leqslant x \leqslant 2$，故所求函数的定义域为 $[0,2]$.

2. 函数的表示方法

函数的表示是多样的，通常有解析法、图象法、列表法等.

如本节问题的引入中，引例 1 用了解析法（或称公式法）、引例 2 用了列表法、引例 3 用了图象法来分别表示函数关系.

3. 分段函数

引例 4 的出租车收费问题中，乘客乘坐出租车所付费用 y 关于出租车所走路程 x 的函数关系式，不是用一个式子表示的，像这种函数在不同的定义区间上有不同的解析式，则称该函数为**分段函数**.

如图 1-2 所示，符号函数

$$y=\operatorname{sgn}x=\begin{cases}1, & x>0\\0, & x=0\\-1, & x<0\end{cases}$$

就是分段函数.

需要注意的是，分段函数是用若干个表达式表示的函数，其定义域是各个取值区间的并集.

例 2 设函数为

$$y=\begin{cases}x, & x\geqslant 1\\x-1, & x<1\end{cases}$$

求：（1）函数的定义域；（2）$f(-2)$，$f(1)$，$f(3)$.

解 （1）因为 $(-\infty,1)\cup[1,+\infty)$ 就是 $(-\infty,+\infty)$，所以该函数的定义域为 $(-\infty,+\infty)$.

（2）因为 $-2\in(-\infty,1)$，所以 $f(-2)=-2-1=-3$；又因为 $1\in[1,+\infty)$，所以 $f(1)=1$；同理可得 $f(3)=3$.

该分段函数图象如图 1-3 所示.

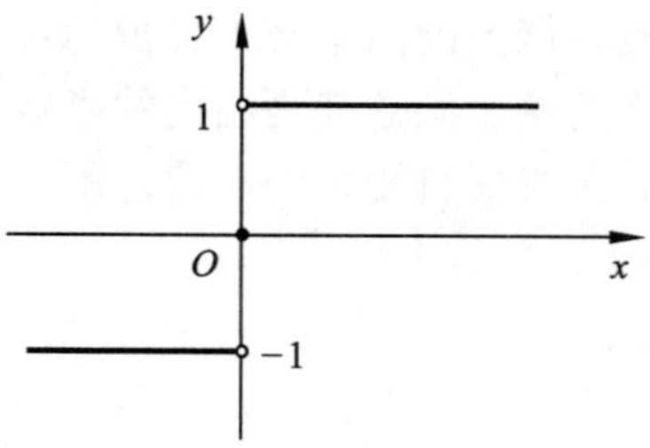

图 1-2

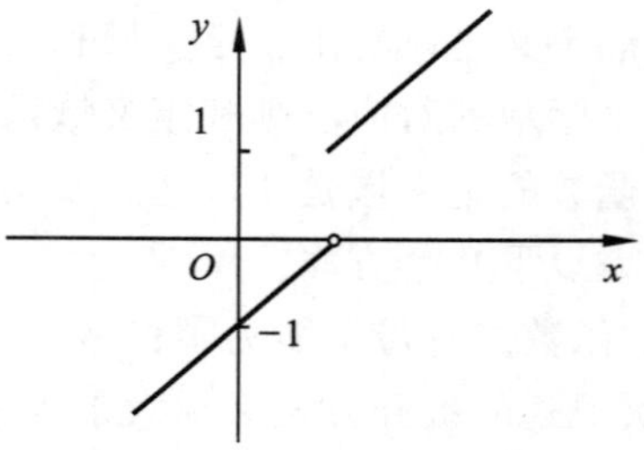

图 1-3

4. 反函数

一般地，设函数 $y=f(x)$ 的定义域为 D，值域为 M. 如果对应 M 中的每个数 y，在 D 中都有唯一确定的数 x 与之对应，且使 $y=f(x)$ 成立，则确定了一个以 y 为自变量、以 x 为因变量的函数，称之为函数 $y=f(x)$ 的**反函数**，记为 $x=f^{-1}(y)$，其定义域为 M，值域为 D.

由于习惯上用 x 表示自变量，用 y 表示因变量，所以将反函数中 x，y 互换位置，即记为 $y=f^{-1}(x)$，$x\in M$.

相对于反函数 $y=f^{-1}(x)$ 来说，原来的函数 $y=f(x)$ 称为直接函数. 把直接函数 $y=f(x)$ 与其反函数 $y=f^{-1}(x)$ 的图形画在同一坐标平面上，这两个图形关于直线 $y=x$ 对称，如图 1-4 所示.

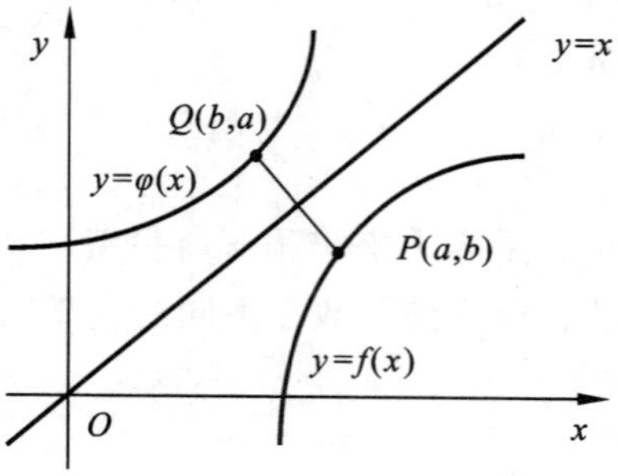

图 1-4

三、函数的特性

设函数 $y=f(x)$ 在区间 I 上有定义（区间 I 为函数 $f(x)$ 的整个定义域或其定义域的一部分），则函数一般具有下列特性.

1. 有界性

如在 $(-\infty,+\infty)$ 上，函数 $y=\sin x$ 的图象介于两条平行直线 $y=-1$ 和 $y=1$ 之间，即 $|\sin x|\leqslant 1$，则称正弦函数 $y=\sin x$ 在其定义域内是有界函数.

一般地，如果存在正数 M，使得对于任意的 $x\in I$，恒有 $|f(x)|\leqslant M$，则称函数 $y=f(x)$ 在区间 I 上**有界**，否则称 $f(x)$ 在区间 I 上**无界**.

有界函数的图象介于两条直线 $y=\pm M$ 之间，如图 1-5 所示.

可以证明，函数 $f(x)$ 在区间 I 上有界的充分必要条件是：存在两个常数 m 和 M，使得对 $\forall x\in I$ 都有 $m\leqslant f(x)\leqslant M$，其中 m 和 M 分别称为 $f(x)$ 在区间 I 上的**下界**和**上界**.

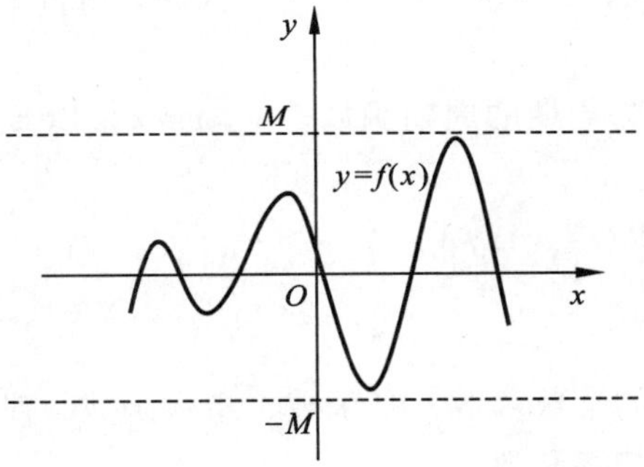

图 1-5

例 3 说明函数 $y=\dfrac{1}{1+x^2}$ 在 $(-\infty,+\infty)$ 上有界.

解 对于 $x\in(-\infty,+\infty)$，都有 $\left|\dfrac{1}{1+x^2}\right|\leqslant 1$，所以函数在 $x\in(-\infty,+\infty)$ 上有界.

2. 单调性

函数的单调性，即增减性. 可观察函数 $y=x^2$ 的图象，沿 x 轴的正方向，在 $[0,+\infty)$ 内曲线是上升的，即函数值随着自变量的增大而增大，称函数 $y=x^2$ 在 $[0,+\infty)$ 内是单调递增的；在 $(-\infty,0]$ 内，情况完全相反，曲线是下降的，即函数值随着自变量的增大而减小，则称函数 $y=x^2$ 在 $(-\infty,0]$ 内单调递减. 又如，$y=x^3$ 在其定义域 $(-\infty,+\infty)$ 内单调递增.

一般地，设函数 $f(x)$ 在区间 I 上有定义，$\forall x_1,x_2\in I$. 若当 $x_1<x_2$ 时，恒有 $f(x_1)<f(x_2)$，则称函数 $f(x)$ 在区间 I 上是单调递增的；若当 $x_1<x_2$ 时，恒有 $f(x_1)>f(x_2)$，则称函数 $f(x)$ 在区间 I 上是单调递减的. 区间 I 称为单调增区间（或单调减区间）；单调递增函数和单调递减函数统称为单调函数；单调增区间和单调减区间统称为单调区间.

3. **奇偶性**

如 $y=x^2$ 与 $y=\cos x$ 在 $(-\infty,+\infty)$ 上是偶函数，它们的图象关于 y 轴对称；而 $y=x^3$ 与 $y=\sin x$ 在 $(-\infty,+\infty)$ 上是奇函数，它们的图象关于坐标原点对称；$y=x+1+\cos x$ 在 $(-\infty,+\infty)$ 上是非奇非偶函数.

一般地，设区间 I 关于原点对称，若对任意的 $x\in I$，都有 $f(-x)=f(x)$，则称函数 $f(x)$ 是区间 I 上的偶函数；若对任意的 $x\in I$，都有 $f(-x)=-f(x)$，则称函数 $f(x)$ 是区间 I 上的奇函数；若函数既不是奇函数也不是偶函数，则称为非奇非偶函数.

4. **周期性**

中学数学中讲过，正弦函数 $y=\sin x$ 是周期函数，即

$$\sin(x\pm 2k\pi)=\sin x(k=\pm1,\ \pm2,\cdots),$$

亦即 $\pm2\pi$，$\pm4\pi$，$\cdots$ 都是函数 $y=\sin x$ 的周期，而 2π 是它的最小正周期，一般称 2π 是 $y=\sin x$ 的周期.

一般地，如果存在不为零的实数 T，使得对于任意的 $x\in I$，$x+T\in I$，都有 $f(x+T)=f(x)$，则称函数 $y=f(x)$ 是**周期函数**，T 是 $y=f(x)$ 的一个**周期**，通常所说的周期函数的周期是指它的**最小正周期**.

例如，$y=\cos x$ 是以 2π 为周期的周期函数；$y=\tan x$ 是以 π 为周期的周期函数.

四、初等函数

1. **基本初等函数**

我们常把中学时候学过的常数函数、幂函数、指数函数、对数函数、三角函数、反三角函数这六类函数统称为**基本初等函数**.

这些函数的性质、图形概括如下（见表 1-2），供大家学习参考.

表 1-2　基本初等函数的图象和性质

名称	表达式	图　形	简单性质
幂函数	$y=x^a(a>0)$	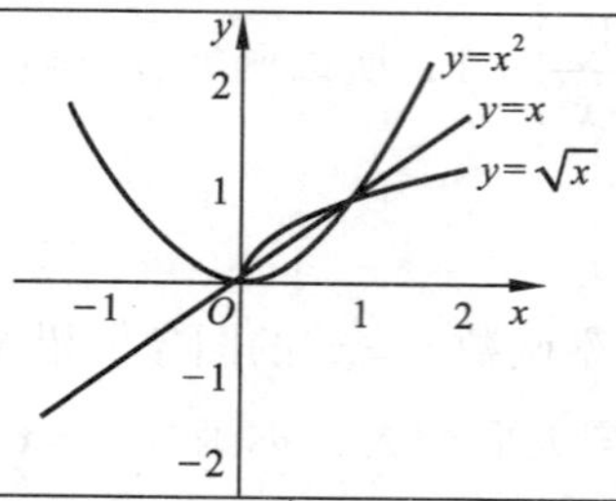	图形都过(1,1)点，函数在(0,+∞)内单调增加；若 a 为偶数，函数为偶函数；若 a 为奇数，函数为奇函数
	$y=x^a(a<0)$	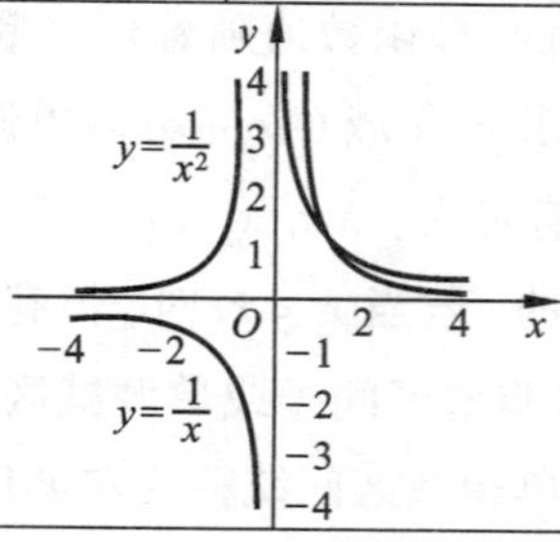	函数在 $x=0$ 处断开，在(0,+∞)内单调减少

续表

名称	表达式	图形	简单性质
指数函数	$y=a^x$ $(a>0,\ a\neq 1)$	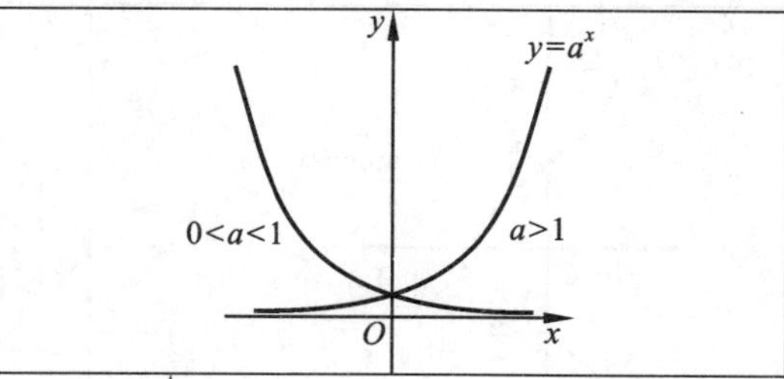	图形都过(0,1)点. 若 $a>1$，函数在$(-\infty,+\infty)$内单调增加；若 $0<a<1$，函数在$(-\infty,+\infty)$内单调减少
对数函数	$y=\log_a x$ $(a>0,\ a\neq 1)$	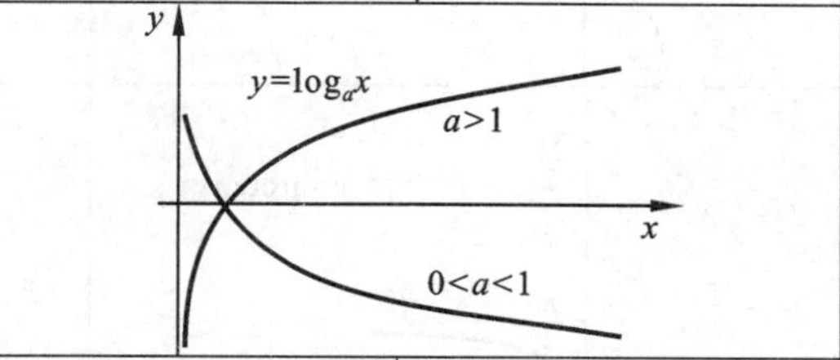	图形都过（1,0）点. 若 $a>1$，函数在（$0,+\infty$）内单调增加；若 $0<a<1$，函数在（$0,+\infty$）内单调减少
三角函数	$y=\sin x$	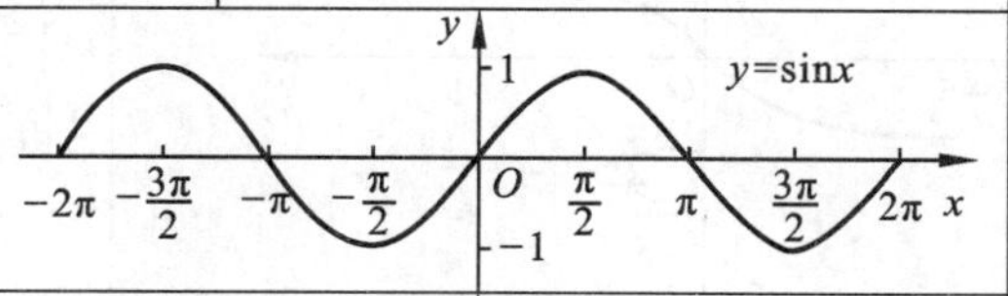	以 2π 为周期的周期函数，奇函数，有界，$-1\leqslant \sin x\leqslant 1$
	$y=\cos x$	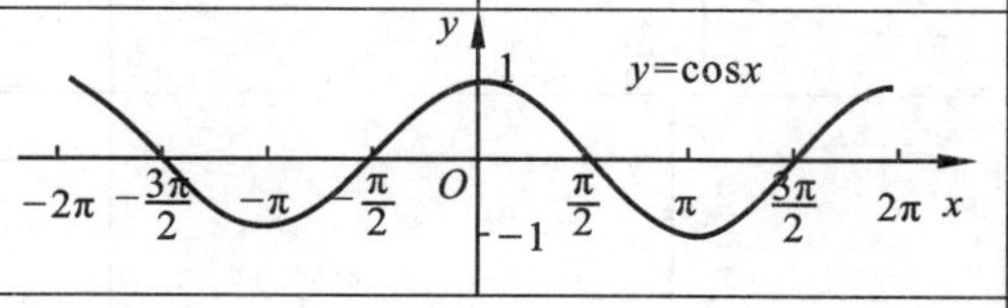	以 2π 为周期的周期函数，偶函数，有界，$-1\leqslant \cos x\leqslant 1$
三角函数	$y=\tan x$	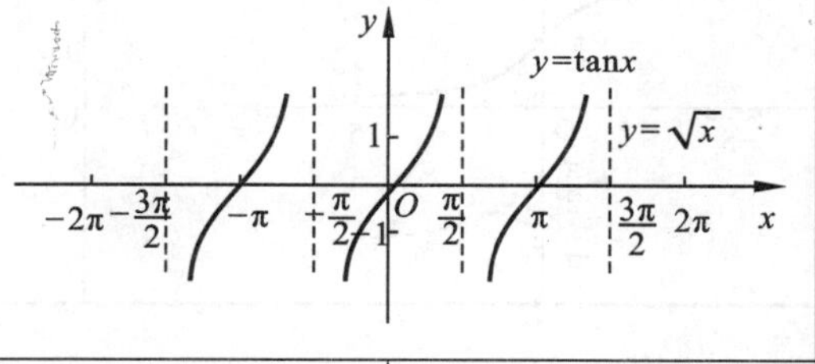	以 π 为周期的周期函数，奇函数，无界，在 $x=\frac{2k-1}{2}\pi$ $(k=0,\pm 1,\pm 2,\cdots)$ 处无定义，在 $\left(\frac{2k-1}{2}\pi,\frac{2k+1}{2}\pi\right)$ $(k=0,\pm 1,\pm 2,\cdots)$ 内单调增加
	$y=\cot x$	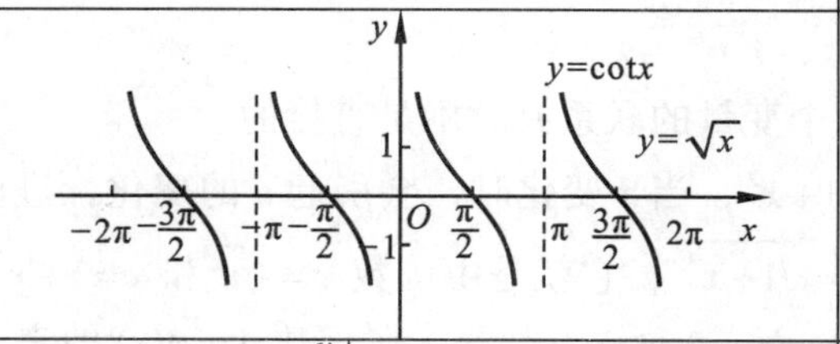	以 π 为周期的周期函数，奇函数，无界，在 $x=k\pi$ $(k=0,\pm 1,\pm 2,\cdots)$ 处无定义，在 $[k\pi,(k+1)\pi]$ $(k=0,\pm 1,\pm 2,\cdots)$ 内单调减少
反三角函数	$y=\arcsin x$	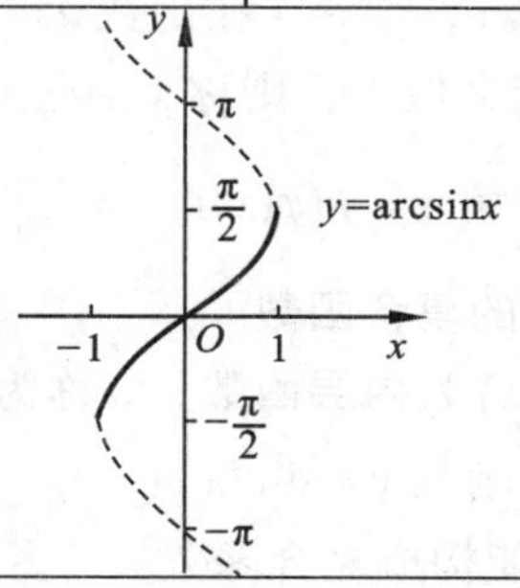	主值 $y=\arcsin x$ $\left(-1\leqslant x\leqslant 1,-\frac{\pi}{2}\leqslant y\leqslant\frac{\pi}{2}\right)$ 函数在[-1, 1]上单调增加

名称	表达式	图形	简单性质
反三角函数	$y=\arccos x$	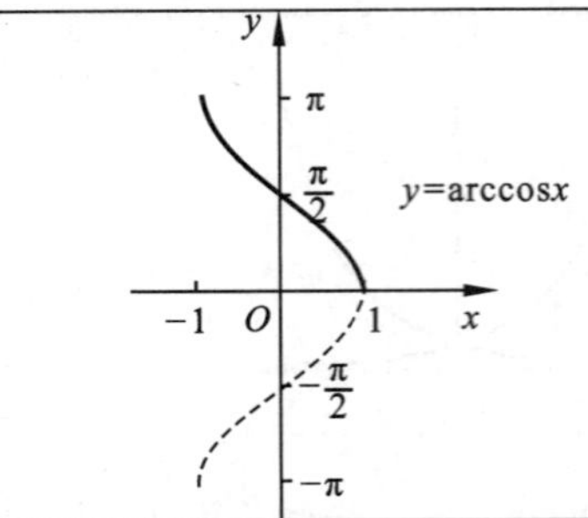	主值 $y=\arccos x$ $(-1\leqslant x\leqslant 1,0\leqslant y\leqslant \pi)$，函数在$[-1,\ 1]$上单调减少
	$y=\arctan x$	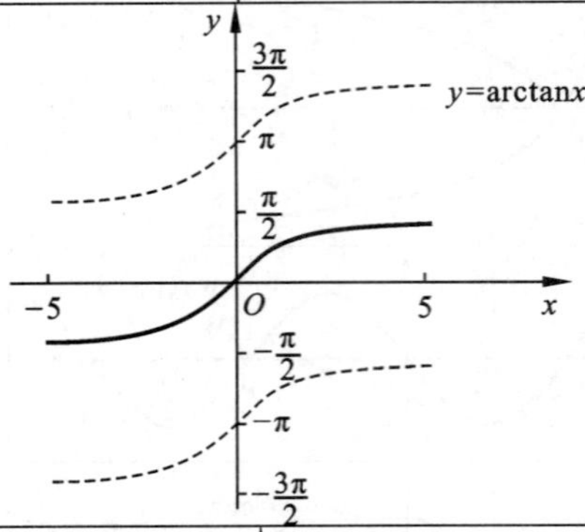	主值 $y=\arctan x$ $\left(-\infty\leqslant x\leqslant +\infty,-\dfrac{\pi}{2}<y<\dfrac{\pi}{2}\right)$，函数在$(-\infty,\ +\infty)$内单调增加
	$y=\text{arccot}x$	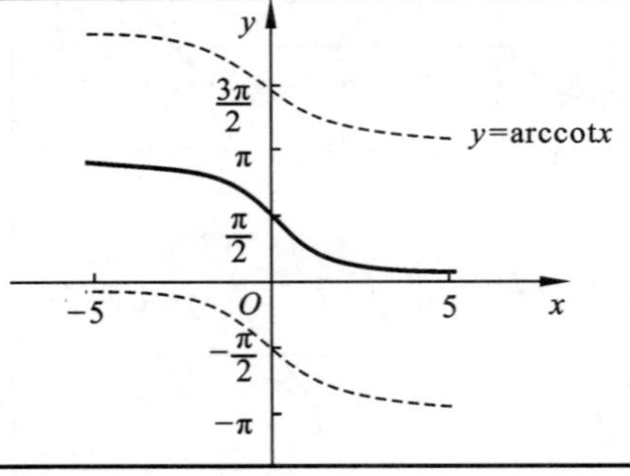	主值 $y=\text{arccot}x$ $(-\infty<x<+\infty,\ 0<y<\pi)$，函数在$(-\infty,+\infty)$内单调减少

2. 复合函数

在很多实际问题中，两个变量的联系有时不是直接的.

如函数 $y=\sqrt{u}$，而 $u=1+x^2$，当 x 变化时，会引起 u 的变化，进而引起 y 的变化，这样可以建立 y 关于 x 的函数 $y=\sqrt{1+x^2}$，它就是由函数 $y=\sqrt{u}$ 和 $u=1+x^2$ 构成的复合函数.

定义 1.2 设 $y=f(u)$，而 $u=\varphi(x)$，如果 x 在函数 $u=\varphi(x)$ 的定义域或其一部分上取值时，对应的 u 包含在函数 $y=f(u)$ 的定义域内，则称 y 通过 u 与 x 建立了函数关系

$$y=f(\varphi(x))$$

称它为由 $y=f(u)$ 与 $u=\varphi(x)$ 复合而成的**复合函数**.

其中 $y=f(u)$ 为**外层函数**，$u=\varphi(x)$ 为**内层函数**，u 称为**中间变量**.

如函数 $y=u^2,u=\sin x$ 可构成复合函数 $y=\sin^2 x$.

注 （1）并不是任意两个函数都能构成复合函数.

如函数 $y=\arcsin u$ 和 $u=2+x^2$ 就不能构成复合函数 $y=\arcsin(2+x^2)$．因为对任何 x 的值，都有 $u=2+x^2>1$，使 $y=\arcsin u$ 没有意义.

（2）复合函数还可以有多个中间变量.

如函数 $y=\mathrm{e}^u$ 和 $u=\sqrt{v}$，$v=x+1$ 可以构成复合函数 $y=\mathrm{e}^{\sqrt{x+1}}$，这里 u 和 v 都是中间变量.

我们不仅要学会将若干个简单的函数"复合"成一个复合函数，而且要善于把一个复合函数"分解"成几个简单的函数，这对今后掌握微积分的运算是很重要的.

例 4 将下列复合函数进行分解.

（1）$y=\ln\cos x$；（2）$y=\sqrt[3]{\sin x}$；（3）$y=3^{\arccos(3x+2)}$.

解 （1）$y=\ln\cos x$ 是由 $y=\ln u$，$u=\cos x$ 复合而成的.

（2）$y=\sqrt[3]{\sin x}$ 是由 $y=\sqrt[3]{u}$，$u=\sin x$ 复合而成的.

（3）$y=3^{\arccos(3x+2)}$ 是由 $y=3^u$，$u=\arccos v$，$v=3x+2$ 复合而成的.

在分析一个函数的复合关系时，往往从外层函数开始逐层分解，即"由外向内，层层剥皮"．一般来说，分解过程中各中间变量通常是基本初等函数或是它们经过有限次四则运算后所成的函数.

3. 初等函数

定义 1.3 基本初等函数经过有限次的四则运算和有限次的复合步骤所构成的，并用一个式子表示的函数，称为**初等函数**.

例如，$y=\ln\cos x$，$y=\dfrac{x(x+\sqrt{x^2+1})}{x-1}$，$y=\cos^2 x+2$ 等都是初等函数.

项目二 经济函数与数学建模

一、经济函数

在社会经济活动中，存在着许多经济变量，如产量、成本、收益、利润、投资、消费等．一个经济变量往往是与多种因素相关的，当我们用数学方法来研究经济变量间的数量关系时，经常是找出其中的主要因素，而将其他的一些次要因素或忽略不计或假定为常量．这样可以使问题化为只含一个自变量的函数关系.

下面我们将介绍几种常见的经济函数.

1. 需求函数

商品的**需求量**是指在一定的价格水平下，消费者愿意而且有支付能力购买的商品的数量．需求量 Q 主要决定于商品的价格 p，即 Q 是关于 p 的函数 $Q=Q(p)$，它通常为减函数．在企业管理和经济学中常见的需求函数有：

（1）线性需求函数.

$$Q(p)=a-bp$$

其中 $a,b \geqslant 0$ 且均为常数. 通常 a 为最大需求，即价格为 0 时的市场总需求；b 为边际需求，表示价格降低一个单位时需求的增加量.该函数主要用于短期的需求预测.

（2）指数需求函数.

$$Q(p)=a\mathrm{e}^{bp} \quad (a>0,b<0)$$

其中 a 与（1）中的 a 含义相同，b 为需求对价格的敏感度. 该函数主要用于中长期的需求预测.

例 1 某 MP4 播放器，每个售价为 500 元时，每月可销售 2 000 个，每个售价降为 450 元时，每月可增加销售 400 个，试求该 MP4 的线性需求函数.

解 设 MP4 的需求为 $Q=a-bp$，其中 Q 为需求量，p 为售价. 由题设知，当 $p=500$ 时，$Q=2\ 000$；当 $p=450$ 时，$Q=2\ 000+400=2\ 400$. 代入 $Q=a-bp$，可得

$$\begin{cases}2000=a-500b\\2400=a-450b\end{cases}$$

解方程组得 $a=6\ 000$，$b=8$. 故该 MP4 的线性需求函数为

$$Q=6\ 000-8p$$

2. 供给函数

商品的**供给量**是指在一定的价格水平下,生产者愿意生产并可供出售的商品的总量. 供给量 S 主要决定于商品的价格 p，即 S 是关于 p 的函数 $S=S(p)$，它通常是增函数.

常见的供给函数有线性函数、二次函数、幂函数、指数函数等. 如线性供给函数常常表示为

$$S(p)=lp-S_0 \quad (l,S_0>0).$$

我们称满足 $Q(p)=S(p)$ 的价格为**均衡价格**,记为 p_e. 在同一坐标系中作出 $Q(p)$，$S(p)$ 的曲线，它们的交点的价格即 p_e，对应的需求量称为均衡量，即 Q_e，如图 1-6 所示.

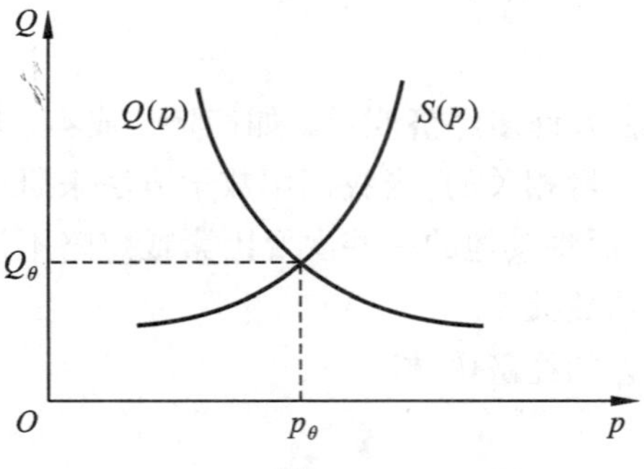

图 1-6

例 2 当鸡蛋收购价为每千克 4.5 元时，某收购站每月能收购 5 000 kg. 若收购价每千克提高 0.1 元，则收购量可增加 400 kg，求鸡蛋的线性供给函数.

解 设鸡蛋的线性供给函数为 $S=lp-S_0$，由题意有

$$\begin{cases}5\ 000=4.5l-S_0\\5\ 400=4.6l-S_0\end{cases}$$

解得 $l=4\,000$，$S_0=13\,000$，故所求供给函数为

$$S=4\,000p-13\,000$$

例 3 商品的供给和需求函数分别为 $S=8p-10$，$Q=100-2p$. 求均衡价格和均衡量.

解 令 $S=Q$，得

$$8p-10=100-2p$$

解得 $p=11$，从而可知均衡价格为 $p_e=11$，均衡量为 $Q_e=78$.

3. 成本函数

产品的成本是指生产和销售产品的全部支出，由**固定成本**和**可变成本**两部分构成. **固定成本**是指支付固定生产要素的费用，一般包括厂房、机器的折旧费和广告费用以及新技术引进费用等，记为 C_0；**可变成本**是指支付可变生产要素的费用，一般包括工人工资、原材料、能量消耗等，它随着产量 q 的变化而变化，记为 $C_1(q)$.

因此，总成本函数为

$$C(q)=C_1(q)+C_0$$

例 4 若某自行车厂一次投入 10 万元用于购买设备、厂房等准备生产，另外每生产一辆自行车需支出 100 元，求生产 q 辆自行车的总成本函数.

解 由题意知，固定成本 C_0 为 10 万元，生产 q 辆自行车的可变成本 $C_1(q)=100q$，生产 q 辆自行车的总成本函数为

$$C(q)=100\,000+100q$$

例 5 设某产品的成本 C（单位：万元）与年产量 q（单位：吨）的函数 $C(q)=a+bq^2$. 其中 a,b 为待定系数. 已知固定成本为 400 万元，且当年产量 $q=100$ 吨时，成本 C 为 500 万元. 由于生产能力的限制，年产量最多为 700 吨. 试求产品的成本 C 与年产量 q 的函数关系.

解 由题意可知 $C(q)=a+bq^2$，且固定成本为 400 万元，即

$$C(0)=a=400$$

当 $q=100$ 时，总成本 C 为 500 万元，代入 $C(q)=400+bq^2$，得

$$C(100)=400+b\cdot 100^2=500$$

解得 $b=\dfrac{1}{100}$. 所以，可得出成本函数

$$C(q)=400+\frac{1}{100}q^2$$

由于年产量最多为 700 吨，所以此成本函数的定义域 $D=[0,700]$.

4. 收益函数

总收益是指卖出一定量的产品所得到的全部收入，是销售量 q 的函数，记为 $R(q)$. 当产

品单价固定为 P 时，收益为

$$R(q)=Pq$$

但实际生活中，收益和销售量并不是简单的线性关系，这是因为单价和销售量有着相互制约的关系.

例 6 商品的需求函数为 $Q(p)=50-5p$，试将收入 R 表示为需求量 Q 的函数，并求当销售量为 30 时的总收益.

解 因为需求函数为 $Q=50-5p$，则可得 $p=10-\frac{Q}{5}$. 故 R 关于 Q 的函数为

$$R(Q)=pQ=\left(10-\frac{Q}{5}\right)Q=-\frac{Q^2}{5}+10Q.$$

当 $Q=30$ 时，可得

$$R(30)=-\frac{30^2}{5}+10\times 30=-180+300=120.$$

5. 利润函数

总利润是指总收益和总成本的差值，记为

$$L(q)=R(q)-C(q)$$

企业生产的目的就是实现利润最大化，然而利润和产量并不是简单的增函数关系，因而盲目扩大生产并不一定能实现利润的增加. 我们要借助数学和管理学的知识，优化定价、控制定价、控制产量、合理分配资源，从而实现利润的最大化.

例 7 某工厂生产 q 件产品的成本为 $C(q)=100+2q$（单位：元），若每件售价为 3 元，问：至少生产多少件才不会赔本？

解 设生产 q 件产品时不会赔本，此时总收益等于总成本，即 $R(q)=C(q)$，则

$$3q=100+2q$$

解得 $q=100$. 因此，至少需要生产 100 件才不会赔本.

二、函数模型的建立

数学模型这个词汇越来越多地出现在现代人的生产、工作和社会活动中，如城市规划工作者需要建立一个包括人口、经济、交通环境等大系统的数学模型，为领导层对城市发展规划的决策提供科学依据；厂长和经理如果能够根据产品的需求状况、生产条件和成本、储存费用等信息，筹划出一个合理安排生产和销售的数学模型，一定可以获得更大的经济效益，等等.

建立函数模型就是用数学方法把问题中的有关变量及其关系用数学的形式表示出来. 一般建立函数模型的步骤为：

（1）审题，设立适当的自变量；

（2）根据所给条件，综合运用各方面知识，确定等量关系；

（3）具体写出解析式，并根据问题的实际意义求出函数的定义域.

例 8 某工厂每年生产某产品若干台，每台售价为 300 元，当年产量超过 600 台时，超过部分只能打 8 折出售，这样还可出售 200 台，如果再多生产，本年就销售不出去了. 试写出本年的收益函数模型.

解 设某产品年产量为 q 台，收益函数为 $R(q)$. 因为产量超过 600 台时，售价要打 8 折，而超过 800 台时，多余部分本年销售不出去，从而没有效益. 因此，把产量划分为三个阶段来考虑收益. 根据题意，有

$$R(q)=\begin{cases}300q, & 0\leqslant q\leqslant 600\\ 300\times600+0.8\times300(q-600), & 600<q\leqslant 800\\ 300\times600+0.8\times300\times200, & q>800\end{cases}$$

即收益函数模型为

$$R(q)=\begin{cases}300q, & 0\leqslant q\leqslant 600\\ 240q-30\ 600, & 600<q\leqslant 800\\ 228\ 000, & q>800\end{cases}$$

例 9（单利模型） 在金融业务中有一种利息. 设 p 是本金，r 是一个利息期的利率，c 是一个计息期满应付的利息，n 是计息期数，I 是 n 计息期（即借期或存期）应付的单利，A 是本利和. 求本利和 A 与计息期数 n 的函数模型.

解 由已知，一个计息期的利息等于本金乘以计息期的利率，即 $c=pr$. 且单利与计息期数成正比，即 n 个计息期应付的单利

$$I=cn=prn$$

则可得本利和 A 与计息期数 n 的函数关系，即单利模型为

$$A=p(1+rn)$$

如现在存 1 000 元的 5 年定期存款，利率是 3.60%，5 年的利息总和是 $1\ 000\times3.6\%\times5=180$ 元，本息总共 1 180 元.

例 10（复利模型） 复利就是“利滚利”. 其特点是把上期末的本利和作为下一期的本金，在计算时每一期本金的数额是不同的. 复利的计算公式为

$$A=p(1+r)^n$$

其中 p 为本金，r 为利息率，n 为持有期限，A 为本利和.

不难发现，单利和复利的差别在于，单利计算方法中，期限是在括号中与年利率直接相乘；而在复利计算中，期限是作为指数，在括号之外. 如果投资的期限相同，而且投资的年利率也一样，那么后者的值要大于前者的值，因此，在复利计息方式下计算出来的到期还本付息额要大于单利计息方式下计算出来的数值，并且期限越长，两者的差额越大.

知识拓展

【一天一分钱的故事】 问大家一个问题：你是愿意每天得到一万块钱连续三十天，还是只在第一天给你一分钱然后每天翻一番，一直翻 30 天？对应部分数据如表 1-3 所示.

表 1-3

第 1 天	第 4 天	第 10 天	第 12 天	第 15 天	第 20 天	第 25 天	第 30 天
1 分钱	8 分钱	5.12 元	20.48 元	163.84 元	5 242.88 元	167 772.16 元	5 368 709.12 元

模块一小结

一、概念部分

（1）函数的基本概念，寻找变量之间的关系；
（2）基本初等函数；
（3）复合函数的构成和分解；
（4）分段函数的概念；
（5）函数建模的初步知识.

二、运算部分

（1）函数定义域的求解，判断是否为同一函数；
（2）复合函数的分解；
（3）经济函数的形成；
（4）分段函数的函数值运算；
（5）函数建模过程中数量关系、等量关系的建立.

模块笔记

项目	相关知识点
项目一 变量数学与函数	
项目二 经济函数与数学建模	

模块二　极限与连续

内容概要

本模块中，我们将以极限为工具，对函数局部和整体性态进行研究，主要内容包括极限的相关概念、基本性质、常规运算和简单应用.

学习目标

- 理解极限的相关概念，会求简单函数的极限；
- 会求简单函数的连续区间和间断点，了解连续函数的性质.

【数学小事例】　极限涉及数以及数的运算的第二次抽象，可看作在四则运算之外的“第五种运算”. 虽说极限思想古已有之，但极限运算的确立，却是源于牛顿、莱布尼茨于 1684 年（清康熙二十三年）左右创立的微积分. 中国古代庄子的“截丈问题”、刘徽的“割圆术”这些我们耳熟能详的故事都与牛顿的极限思维不谋而合，牛顿的极限思维即“在任何的有限时间内，量和量的比值会持续缩小差距，在最后趋于相等，差值小于给定的值，并最终实现相等”. 祖冲之就是在这个基础上计算得出了小数点后面 7 位的圆周率 π 在 3.1415926～3.1415927 之间，保持了 900 多年，直到 15 世纪被阿拉伯数学家突破.

项目一　数列与函数的极限

极限是研究自变量在某一变化过程中函数的变化趋势问题，是一个动态的过程. 这与过去求函数值等静态的知识相比是大不相同的. 极限思想是数学史上一颗璀璨的明珠，它是整个微积分的基础，有着重要的应用. 先通过下面案例分析来体会极限思想在解决实际问题中的重要作用.

介绍极限之前，先了解一下邻域的概念.

一、邻域及其表示法

在高等数学中，经常要用到两种特殊的数集——区间和邻域，大家对区间已经比较熟悉了，下面只介绍邻域的概念.

设 x_0 与 δ 是两个实数，且 $\delta > 0$.常称 $(x_0-\delta, x_0+\delta)$ 为点 x_0 的 δ **邻域**，记作 $U(x_0,\delta)$ ，即

$$U(x_0,\delta)=(x_0-\delta,x_0+\delta)$$

其中点 x_0 叫作邻域的中心，δ 叫作邻域的半径.

有时遇到的邻域需要把邻域中心去掉. 点 x_0 的 δ 邻域去掉中心 x_0 后，称为**点 x_0 去心的 δ 邻域**，记作 $\mathring{U}(x_0,\delta)$，即

$$\mathring{U}(x_0,\delta)=(x_0-\delta,x_0)\cup(x_0,x_0+\delta).$$

为了方便，有时把开区间 $(x_0-\delta,x_0)$ 称为 x_0 的左邻域，把开区间 $(x_0,x_0+\delta)$ 称为 x_0 的右邻域.

二、数列的极限

引例 1（截杖问题） 古人云“一尺之棰，日取其半，万世不竭”.

分析 这句话说的是我国古代哲学名著《庄子》中的截杖问题，它的意思是指“一尺的木棒，每天截取一半，永远取不尽”. 我们由每天取后剩下的部分可得数列 $\{a_n\}$，其各项依次为

$$\frac{1}{2},\ \frac{1}{4},\ \frac{1}{8},\ \cdots,\ \frac{1}{2^n},\cdots$$

这样一天天地取下去，木棒是永远也取不完的.

庄子已经认识到“截仗问题”描述的是一个走向极限“0”的过程.“万世不竭”——被切后剩下的棰的长度永远不为 0，终极状态就是无限逼近 0. 即当 n 无限增大时（记为 $n\to\infty$），a_n 无限接近于常数 0. 此时称 0 为上面数列当 $n\to\infty$ 时的极限.

同样，观察以下数列：

（1）$1,\frac{1}{2},\frac{1}{3},\frac{1}{4},\cdots,\frac{1}{n},\cdots$；

（2）$1,-\frac{1}{2},\frac{1}{3},-\frac{1}{4},\cdots,\frac{(-1)^{n+1}}{n},\cdots$；

（3）$2,4,6,\cdots,2n,\cdots$；

（4）$\frac{0}{1},\frac{3}{2},\frac{2}{3},\frac{5}{4},\frac{4}{5},\cdots,\frac{n+(-1)^n}{n},\cdots$；

（5）$1,-1,1,-1,1,\cdots,(-1)^{n-1},\cdots$.

容易看出，当 n 无限增大时，数列（1）、（2）、（4）中的一般项 a_n 无限趋近于某一个确定的常数，其中（1）中的一般项 $a_n=\frac{1}{n}$ 无限趋近于常数 0，（2）中的一般项 $a_n=\frac{(-1)^{n+1}}{n}$ 也无限趋近于常数 0，（4）中的一般项 $a_n=\frac{n+(-1)^n}{n}$ 无限趋近于常数 1.而（3）和（5）中的一般项并不趋近于一个固定的常数. 此时称数列（1）、（2）、（4）收敛，称数列（3）和（5）发散.

由此可得数列极限的定义.

定义 2.1（数列极限的定义） 对于数列 $\{a_n\}$，如果当 n 无限增大时，a_n 无限趋近于某一

个确定的常数 A，则称常数 A 是数列 $\{a_n\}$ 的极限，或称数列 $\{a_n\}$ 收敛于 A. 记作

$$\lim_{n\to\infty} a_n = A \quad \text{或} \quad a_n \to A(n\to\infty)$$

如果不存在这样的常数 A，则称数列 $\{a_n\}$ 没有极限，或称数列 $\{a_n\}$ 发散.

根据数列极限的定义可知，前述例子中（1）、（2）、（4）的数列是收敛的，且分别收敛于 0，0，1；而数列（3）和（5）是发散的.

例 1 观察以下数列的变化趋势，指出它们的极限.

（1）$\left\{\dfrac{n}{n+1}\right\}$；　　　　（2）$\{(-1)^{n+1}\}$.

解 （1）先列出所给数列的前几项：

$$\frac{1}{2},\ \frac{2}{3},\ \frac{3}{4},\ \frac{4}{5},\ \cdots,\ \frac{n}{n+1},\ \cdots$$

观察发现，当 $n\to\infty$ 时，数列无限趋近于 1，因此该数列以 1 为极限，即 $\lim\limits_{n\to\infty}\dfrac{n}{n+1}=1$.

（2）已知数列 $\{(-1)^{n+1}\}$： $1,\ -1,\ 1,\ -1,\ \cdots,\ (-1)^{n+1},\ \cdots$

通过观察，当 $n\to\infty$ 时，数列在 1 和 -1 之间不停地跳动，没有无限趋近于某一常数，所以数列 $\{(-1)^{n+1}\}$ 的极限不存在，是发散的.

例 2（弹球模型） 一只球从 100 cm 的高空掉下，每次弹回的高度为上次高度的 $\dfrac{2}{3}$，这样运动下去，球的运动规律是数列：

$$100,\ 100\times\frac{2}{3},\ 100\times\left(\frac{2}{3}\right)^2,\ \cdots,\ 100\times\left(\frac{2}{3}\right)^{n-1},\ \cdots$$

其中用球第 1，2，…，n，…次的高度来表示球的运动规律，即 $a_n=100\times\left(\dfrac{2}{3}\right)^{n-1}$.

从数列的变化趋势可以看出，随着次数 n 的无限增大，数列无限接近于 0，即 $\lim\limits_{n\to\infty}100\times\left(\dfrac{2}{3}\right)^{n-1}=0$. 也就是说，随着时间的推移，球会离地面越来越近，最终停在地上.

此数列极限可推广到一般情况：

$$\lim_{n\to\infty} q^n = 0 \quad (|q|<1)$$

三、函数的极限

数列实质上是自变量只取正整数的函数，即 $a_n=f(n)\ (n=1,2,3,\cdots)$，所以数列的极限也可以看成是自变量 n 增大的过程中函数 $f(n)$ 的极限. 一般地，在自变量的某个变化过程中，如果对应的函数值无限接近于某个确定的数，那么这个确定的数就叫作这一变化过程中函数的极限. 这个极限值与自变量的变化过程密切相关. 下面主要研究两种情形的极限.

1. 当 $x\to\infty$ 时函数 $f(x)$ 的极限

符号"$x\to\infty$"读作"x 趋于无穷大"，表示 x 的绝对值无限增大，含 $x\to-\infty$ 与 $x\to+\infty$ 两种情形.

如考察函数 $y=\dfrac{1}{x}$（见图 2-1），不论 $x\to+\infty$ 还是 $x\to-\infty$，函数的变化趋势都是 $y\to 0$，此时称当 $x\to\infty$ 时函数 y 的极限为 0，记作

$$\lim_{x\to\infty} y=0 \text{ 或 } \lim_{x\to\infty} f(x)=0$$

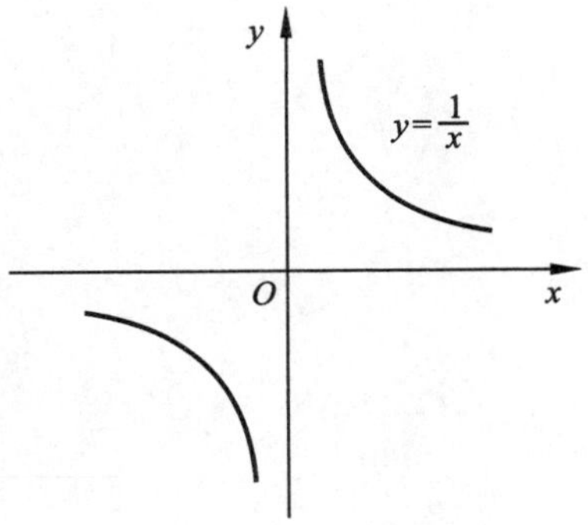

图 2-1

定义 2.2 若 x 的绝对值无限增大时，函数 $f(x)$ 的值无限趋近于某一确定的常数 A，则称当 $x\to\infty$ 时函数 $f(x)$ 以 A 为极限，记为

$$\lim_{x\to\infty} f(x)=A$$

否则，称 $f(x)$ 的极限不存在.

类似地，当 $x\to-\infty$ 时，$f(x)$ 的极限记为 $\lim\limits_{x\to-\infty} f(x)$；当 $x\to+\infty$ 时，$f(x)$ 的极限记为 $\lim\limits_{x\to+\infty} f(x)$.

定理 2.1 $\lim\limits_{x\to\infty} f(x)=A$ 的充要条件是 $\lim\limits_{x\to+\infty} f(x)=\lim\limits_{x\to-\infty} f(x)=A$.

观察基本初等函数的图象，可知：$\lim\limits_{x\to\infty}\dfrac{1}{x}=0$；$\lim\limits_{x\to+\infty}\left(\dfrac{1}{3}\right)^x=0$；$\lim\limits_{x\to-\infty} 2^x=0$；$\lim\limits_{x\to\infty}\sin x$ 不存在.

特别是，$\lim\limits_{x\to+\infty}\arctan x=\dfrac{\pi}{2}$，$\lim\limits_{x\to-\infty}\arctan x=-\dfrac{\pi}{2}$，但 $\lim\limits_{x\to\infty}\arctan x$ 不存在.

例 3（价格预测） 某产品的价格满足函数 $P(t)=20-20e^{-0.5t}$（单位：元），随着时间的推移，产品的价格会随之变化，请你对该产品的价格做长期预测.

分析 下面通过求产品价格函数 $P(t)$ 在 $t\to+\infty$ 时的极限来预测该产品的长期价格.

解 由于

$$\lim_{t\to+\infty} P(t)=\lim_{t\to+\infty}(20-20e^{-0.5t})=\lim_{t\to+\infty}20-20\lim_{t\to+\infty}e^{-0.5t}=20$$

所以，随着时间的推移，该产品的长期价格为 20 元.

2. 当 $x\to x_0$ 时函数 $f(x)$ 的极限

符号"$x\to x_0$"读作"x 趋于点 x_0"，表示 x 无限接近点 x_0. 包含 x 从左侧趋于点 x_0 和从右侧趋于点 x_0 两种情形.下面举例考察这类极限.

引例 2（人影长度模型） 一个人沿直线走向路灯的正下方（见图 2-2），根据常识可知，此人越靠近目标，其影子长度越短，当人越来越接近目标（$x\to 0$）时，其影子的长度逐渐趋于 0（$y\to 0$）.

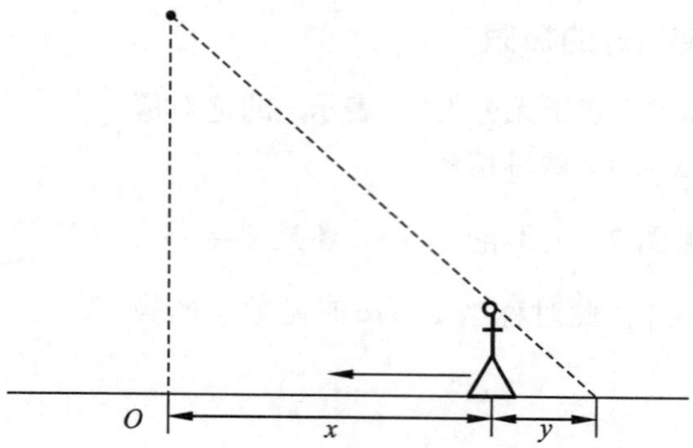

图 2-2

这个例子表明当自变量无限接近某一点时，相应的函数也无限接近某一确定的值.

引例 3（函数的变化趋势） 考察当 $x \to 0.5$ 时，函数 $f(x)=2x+1$ 的变化趋势.

分析 如表 2-1 所示.

表 2-1 当 $x \to 0.5$ 时，函数 $f(x)$ 的变化值

x	…	0.49	0.499	0.499 9	…	0.5	…	0.500 1	0.501	0.51	…
$f(x)$	…	1.98	1.998	1.999 8	…	2	…	2.000 2	2.002	2.02	…

可以看出，当 $x \to 0.5$（无论 x 从左侧或从右侧趋于 0.5）时，函数 $f(x)=2x+1$ 的值总是趋于 2．此时，我们称 $x \to 0.5$ 时，函数 $f(x)=2x+1$ 的极限为 2，记为 $\lim\limits_{x\to 0.5}(2x+1)=2$.

一般地，有以下定义.

定义 2.3 设函数 $f(x)$ 在 x_0 的某一去心邻域 $\mathring{U}(x_0,\delta)$ 内有定义，当自变量 x 在 $\mathring{U}(x_0,\delta)$ 内无限接近于 x_0 时，相应的函数值无限接近于常数 A，则称 A 为 $x \to x_0$ 时函数 $f(x)$ 的极限，记为

$$\lim_{x\to x_0} f(x)=A \quad 或 \quad f(x)\to A\ (x\to x_0)$$

例 4 观察以下函数的极限.

（1）$\lim\limits_{x\to x_0} C$；（2）$\lim\limits_{x\to 2} x$；（3）$\lim\limits_{x\to 1}\dfrac{x^2-1}{x-1}$（见图 2-3）.

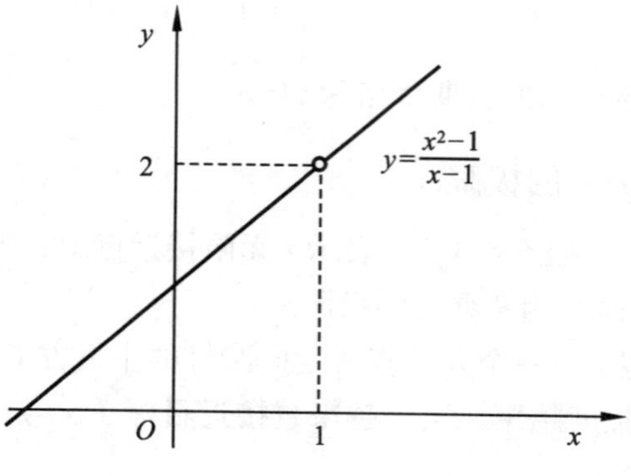

图 2-3

解 （1）$\lim\limits_{x \to x_0} C = C$，常值函数的极限是它本身.

（2）$\lim\limits_{x \to 2} x = 2$，一般地，$\lim\limits_{x \to x_0} x = x_0$.

（3）$\lim\limits_{x \to 1} \dfrac{x^2 - 1}{x - 1} = 2$.

四、单侧极限

以上研究的函数极限中，x 是既从 x_0 的左侧也从 x_0 的右侧趋于 x_0 的. 但有时只需要考虑 x 仅从 x_0 的某一侧趋近于 x_0 的函数变化趋势，这就是单侧极限问题，定义如下：

定义 2.4 当 x 是从左（右）侧趋于 x_0 时，$f(x) \to A$，则称 A 为 $f(x)$ 的左（右）极限，记为

$$\lim_{x \to x_0^-} f(x) = A(\lim_{x \to x_0^+} f(x) = A) \quad 或 \quad f(x_0 - 0) = A(f(x_0 + 0) = A)$$

注 $x \to x_0^-$ 表示 $x \to x_0$ 且 $x < x_0$；$x \to x_0^+$ 表示 $x \to x_0$ 且 $x > x_0$.

定理 2.2 $\lim\limits_{x \to x_0} f(x) = A$ 的充要条件是 $\lim\limits_{x \to x_0^-} f(x) = \lim\limits_{x \to x_0^+} f(x) = A$.

例 5 设函数

$$f(x) = \begin{cases} x+1, & x < 0 \\ x^2, & 0 \leqslant x \leqslant 1 \\ 1, & x > 1 \end{cases}$$

试判定函数 $f(x)$ 当 $x \to 0, x \to 1, x \to 2.3$ 时极限的存在性，若存在，则求该极限.

解 （1）由于 $\lim\limits_{x \to 0^-} f(x) = \lim\limits_{x \to 0^-} (x+1) = 1$，$\lim\limits_{x \to 0^+} f(x) = \lim\limits_{x \to 0^+} x^2 = 0$，即左右极限存在但不相等，所以 $\lim\limits_{x \to 0} f(x)$ 不存在；

（2）$\lim\limits_{x \to 1^-} f(x) = \lim\limits_{x \to 1^-} x^2 = 1$，$\lim\limits_{x \to 1^+} f(x) = \lim\limits_{x \to 1^+} 1 = 1$，所以 $\lim\limits_{x \to 1} f(x) = 1$；

（3）$\lim\limits_{x \to 2.3} f(x) = \lim\limits_{x \to 2.3} 1 = 1$.

项目二 无穷小量与无穷大量的概念

无穷小量和无穷大量反映了自变量在某个变化过程中函数的两种特殊的变化趋势，下面用极限来定义无穷小量和无穷大量.

一、无穷小量

1. 无穷小量的定义

引例 1（洗涤效果） 在用洗衣机清洗衣物时，清洗次数越多，衣物上残留的污渍就越少. 当洗涤次数无限增大时，衣物上的污渍趋于零.

在对许多事物进行研究时，常遇到事物数量的变化趋势为零的情况. 为此，给出如下定义.

定义 2.5 以零为极限的变量称为无穷小量，简称无穷小，通常用希腊字母 α, β, γ 等表示.

例如，因为 $\lim\limits_{x\to\infty}\dfrac{1}{x}=0$，则称 $\dfrac{1}{x}$ 是当 $x\to\infty$ 时的无穷小.

又因为 $\lim\limits_{x\to 1}(x^2-1)=0$，则称 x^2-1 是当 $x\to 1$ 时的无穷小.

注意 （1）说一个变量是无穷小，要指明自变量的变化过程.

如函数 $y=\mathrm{e}^x$ 是当 $x\to-\infty$ 时的无穷小. 当自变量趋向于别的值时，该函数就不是无穷小了.

（2）无穷小是变量，表达的是量的变化趋势，而不是量的大小，因此，一个数不管多么小，都不是无穷小.

（3）零是唯一例外的常数中的无穷小.

例 1 观察下列函数或数列在何种情况下是无穷小.

（1） $y=2x+1$；　（2） $y=3^x$；　（3） $\left\{\dfrac{1}{2^n}\right\}$.

解 （1）因为 $\lim\limits_{x\to-\frac{1}{2}}(2x+1)=0$，所以当 $x\to-\dfrac{1}{2}$ 时，$2x+1$ 是无穷小.

（2）因为 $\lim\limits_{x\to-\infty}3^x=0$，所以当 $x\to-\infty$ 时，3^x 是无穷小.

（3）因为 $\lim\limits_{n\to\infty}\dfrac{1}{2^n}=0$，所以当 $n\to\infty$ 时，数列 $\left\{\dfrac{1}{2^n}\right\}$ 是无穷小.

2. 无穷小的性质

性质 1 有限个无穷小的代数和是无穷小.

注意 无穷多个无穷小的代数和不一定是无穷小.

如 $n\to\infty$ 时，$\dfrac{1}{n^2},\dfrac{2}{n^2},\cdots,\dfrac{n}{n^2}$ 均为无穷小，但

$$\lim_{n\to\infty}\left(\frac{1}{n^2}+\frac{2}{n^2}+\cdots+\frac{n}{n^2}\right)=\lim_{n\to\infty}\frac{n(n+1)}{2n^2}=\lim_{n\to\infty}\left(\frac{1}{2}+\frac{1}{2n}\right)=\frac{1}{2}$$

性质 2 无穷小与有界变量之积是无穷小.

性质 3 常数与无穷小之积是无穷小.

性质 4 有限个无穷小之积仍是无穷小.

例 2 求 $\lim\limits_{x\to 0}(2x+x^2\arctan x)$.

解 当 $x\to 0$ 时，$2x\to 0, x^2\to 0$，而 $|\arctan x|<\dfrac{\pi}{2}$，即 $\arctan x$ 为有界量，综合运用上述无穷小的性质可知，$\lim\limits_{x\to 0}(2x+x^2\arctan x)$ =0.

3. 具有极限的函数和无穷小之间的关系

定理 2.3 $\lim\limits_{x\to x_0}f(x)=A$ 的充要条件是 $f(x)=A+\alpha$，其中 α 是当 $x\to x_0$ 时的无穷小.

定理 2.3 中自变量 x 的变化过程换成其他任何一种情形（$x \to x_0^+$，$x \to x_0^-$，$x \to +\infty$，$x \to -\infty$，$x \to \infty$）仍然成立.

这个定理表明，若函数 $f(x)$ 以 A 为极限，则函数 $f(x)$ 可以表示为它的极限 A 和一个无穷小的和. 反过来，若函数 $f(x)$ 可以表示为一个常数 A 和一个无穷小的和，则常数 A 就是它的极限.

4. 无穷小的比较

我们知道，在相同条件下，当运动员向终点冲刺时可比较出彼此间的快慢. 类似地，若干个自变量处于同一变化过程的无穷小量，也可以比较出它们趋向于 0 的“速度”的快慢.

如当 $x \to 0$ 时，变量 $\alpha = x$，$\beta = 2x$，$\gamma = x^2$，$\eta = x\sin\frac{1}{x}$ 都是无穷小量，考察两个无穷小量之比的极限：

$$\lim_{x\to 0}\frac{\alpha}{\beta} = \lim_{x\to 0}\frac{x}{2x} = \frac{1}{2},$$

$$\lim_{x\to 0}\frac{\gamma}{\alpha} = \lim_{x\to 0}\frac{x^2}{x} = \lim_{x\to 0}x = 0,$$

$$\lim_{x\to 0}\frac{\beta}{\gamma} = \lim_{x\to 0}\frac{2x}{x^2} = \lim_{x\to 0}\frac{2}{x} = \infty,$$

$$\lim_{x\to 0}\frac{\eta}{\alpha} = \lim_{x\to 0}\frac{x\sin\frac{1}{x}}{x} = \lim_{x\to 0}\sin\frac{1}{x}$$

极限不存在.

可见，两个无穷小量之比的极限是不确定的，可能出现各种情况，其实这与两无穷小量趋近于零的快慢程度有关. 为此，下面引入无穷小量“阶”的概念.

定义 2.6 设 α, β 是同一变化过程中的无穷小量，且 $\alpha \neq 0$：

（1）若 $\lim\frac{\beta}{\alpha} = 0$，称 β 是比 α 高阶的无穷小量，记作 $\beta = 0(\alpha)$；

（2）若 $\lim\frac{\beta}{\alpha} = \infty$，称 β 是比 α 低阶的无穷小量；

（3）若 $\lim\frac{\beta}{\alpha} = c \neq 0$，称 β 与 α 是同阶无穷小量；特别地，当 $c = 1$ 时，称 β 与 α 是等价无穷小量，记作 $\beta \sim \alpha$.

例如，当 $x \to 0$ 时，x^2 是比 x 高阶的无穷小量，即 x^2 会比 x 更快地趋近于 0.

二、无穷大量

定义 2.7 若当 $x \to x_0$ 时，函数 $f(x)$ 的绝对值 $|f(x)|$ 无限增大，则称 $f(x)$ 为当 $x \to x_0$ 时的无穷大量，简称无穷大，记为 $\lim\limits_{x\to x_0} f(x) = \infty$.

特别地，若当 $x \to x_0$ 时，函数 $f(x) < 0$，且绝对值 $|f(x)|$ 无限增大，则称 $f(x)$ 为当 $x \to x_0$ 时的负无穷大量，记为 $\lim\limits_{x\to x_0} f(x) = -\infty$.

类似可以理解 $\lim\limits_{x\to x_0} f(x)=+\infty$， $\lim\limits_{x\to x_0^+} f(x)=\infty$， $\lim\limits_{x\to+\infty} f(x)=\infty$， $\lim\limits_{x\to-\infty} f(x)=+\infty$ 等的意义.

注意 （1）说函数是无穷大，也要指明自变量的变化过程.

（2）无穷大也是变量，无论多么大的数都不是无穷大.

从极限的定义可知，趋于无穷大的函数是没有极限的，但为了便于叙述函数的这一性态，借用了极限的记号.

例 3 自变量在怎样的变化过程中，下列函数为无穷大：

（1）$y=\dfrac{1}{x-1}$； （2）$y=\ln x$； （3）$y=2^x$.

解 （1）因为 $\lim\limits_{x\to1}(x-1)=0$，即当 $x\to1$ 时 $x-1$ 为无穷小，所以 $\dfrac{1}{x-1}$ 为当 $x\to1$ 时的无穷大.

（2）由图 2-4 可知，当 $x\to0^+$ 时，$\ln x\to-\infty$；当 $x\to+\infty$ 时，$\ln x\to+\infty$. 所以，当 $x\to0^+$ 及 $x\to+\infty$ 时，$\ln x$ 都是无穷大.

（3）观察图 2-5，可知 2^x 为当 $x\to+\infty$ 时的无穷大.

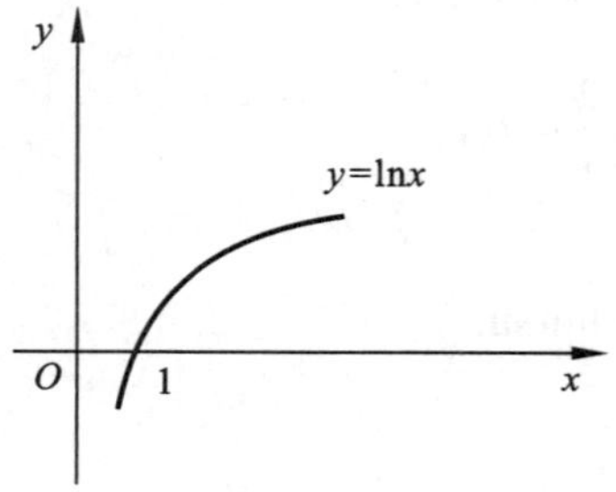

图 2-4

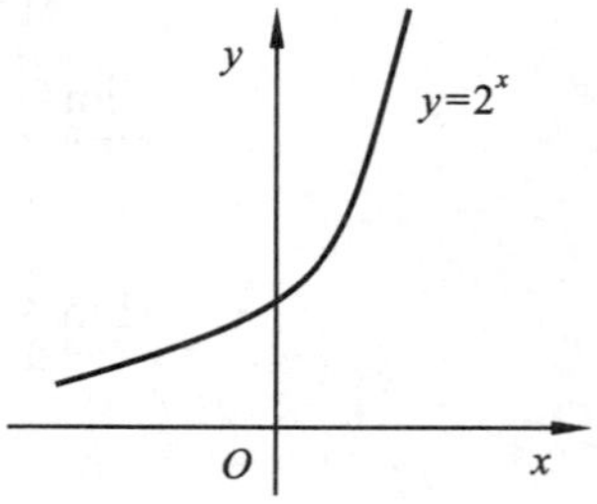

图 2-5

项目三 极限的运算

运用观察法只能得出一些简单函数的极限，为了方便极限运算，下面给出极限的常用计算法则.

一、极限的四则运算法则

在下面的讨论中，以“lim”代表各种变化过程中的极限.

定理 2.4 如果 $\lim f(x)$ 及 $\lim g(x)$ 存在，并且 $\lim f(x)=A,\lim g(x)=B$，则

（1）$\lim(f(x)\pm g(x))$ 存在，且 $\lim(f(x)\pm g(x))=\lim f(x)\pm\lim g(x)=A\pm B$；

（2）$\lim(f(x)g(x))$ 存在，且 $\lim(f(x)g(x))=\lim f(x)\cdot\lim g(x)=A\cdot B$；

（3）当 $B\neq0$ 时，$\lim\dfrac{f(x)}{g(x)}$ 存在，且 $\lim\dfrac{f(x)}{g(x)}=\dfrac{\lim f(x)}{\lim g(x)}=\dfrac{A}{B}$.

以上各结论可推广到有限个函数和、差、积、商的情形.

推论 1 如果 $\lim f(x)$ 存在，c 为常数，则 $\lim(cf(x)) = c\lim f(x)$.

推论 1 说明，求极限时常数因子可直接提到极限符号外边.

推论 2 如果 $\lim f(x)$ 存在，n 为正整数，则 $\lim(f(x))^n = (\lim f(x))^n$.

例 1 求 $\lim\limits_{x\to 1}(3x^2-2x+1)$.

解 $\lim\limits_{x\to 1}(3x^2-2x+1) = 3\lim\limits_{x\to 1}x^2 - 2\lim\limits_{x\to 1}x + \lim\limits_{x\to 1}1 = 3(\lim\limits_{x\to 1}x)^2 - 2 + 1 = 2$

一般地，对于多项式函数 $P(x) = a_0x^n + a_1x^{n-1} + \cdots + a_{n-1}x + a_n$，有

$$\lim_{x\to x_0} P(x) = P(x_0)$$

即多项式函数在一点的极限等于该多项式函数在这点的函数值.

例 2 求 $\lim\limits_{x\to 2}\dfrac{2x^4+3x}{x^2-x+1}$.

解 $\lim\limits_{x\to 2}\dfrac{2x^4+3x}{x^2-x+1} = \dfrac{\lim\limits_{x\to 2}(2x^4+3x)}{\lim\limits_{x\to 2}(x^2-x+1)} = \dfrac{2\times 2^4+3\times 2}{2^2-2+1} = \dfrac{38}{3}$.

例 3 求 $\lim\limits_{x\to 4}\dfrac{x-4}{x^2-16}$.

解 由于函数在 $x=4$ 处无定义，故不能用法则的结论计算. 通常的做法是对分母分解因式，通过约分去掉分母中的零因子.

$$\lim_{x\to 4}\frac{x-4}{x^2-16} = \lim_{x\to 4}\frac{x-4}{(x+4)(x-4)} = \lim_{x\to 4}\frac{1}{x+4} = \frac{\lim\limits_{x\to 4}1}{\lim\limits_{x\to 4}(x+4)} = \frac{1}{8}$$

例 4 求 $\lim\limits_{x\to\infty}\dfrac{5x^3-3x^2+1}{2x^3+4x^2-3x}$.

解 当 $x\to\infty$ 时，分子和分母都是无穷大，不能直接用商的求导法则. 但分子、分母可以同除以分式中 x 的最高次幂 x^3，得

$$\text{原式} = \lim_{x\to\infty}\frac{5-\dfrac{3}{x}+\dfrac{1}{x^3}}{2+\dfrac{4}{x}-\dfrac{3}{x^2}} = \frac{\lim\limits_{x\to\infty}\left(5-\dfrac{3}{x}+\dfrac{1}{x^3}\right)}{\lim\limits_{x\to\infty}\left(2+\dfrac{4}{x}-\dfrac{3}{x^2}\right)} = \frac{5}{2}$$

例 5 求 $\lim\limits_{x\to\infty}\dfrac{2x^2-x+1}{7x^4+5x-2}$.

解 原式 $= \lim\limits_{x\to\infty}\dfrac{\dfrac{2}{x^2}-\dfrac{1}{x^3}+\dfrac{1}{x^4}}{7+\dfrac{5}{x^3}-\dfrac{2}{x^4}} = \dfrac{0}{7} = 0$.

注意 一般地，$\lim\limits_{x\to\infty}\dfrac{a_0x^n+a_1x^{n-1}+\cdots+a_n}{b_0x^m+b_1x^{m-1}+\cdots+b_m} = \begin{cases}\infty, & m<n \\ \dfrac{a_0}{b_0}, & m=n. \\ 0, & m>n\end{cases}$

例 6 求下列函数极限.

（1）$\lim\limits_{x\to 1}\left(\dfrac{3}{1-x^3}-\dfrac{1}{1-x}\right)$；　　（2）$\lim\limits_{x\to 0}\dfrac{\sqrt{1+x}-1}{x}$.

解 （1）当 $x\to 1$ 时，上式两项极限均不存在，则可以先通分，再求极限.

$$\lim_{x\to 1}\left(\frac{3}{1-x^3}-\frac{1}{1-x}\right)=\lim_{x\to 1}\frac{3-(1+x+x^2)}{(1-x)(1+x+x^2)}=\lim_{x\to 1}\frac{(2+x)(1-x)}{(1-x)(1+x+x^2)}$$

$$=\lim_{x\to 1}\frac{2+x}{1+x+x^2}=1$$

（2）当 $x\to 0$ 时，分子、分母极限均为零，不能直接用商的极限法则，可先对分子有理化，然后求极限，即

$$\lim_{x\to 0}\frac{\sqrt{1+x}-1}{x}=\lim_{x\to 0}\frac{\left(\sqrt{1+x}-1\right)\left(\sqrt{1+x}+1\right)}{x\left(\sqrt{1+x}+1\right)}$$

$$=\lim_{x\to 0}\frac{x}{x\left(\sqrt{1+x}+1\right)}$$

$$=\lim_{x\to 0}\frac{1}{\sqrt{1+x}+1}=\frac{1}{2}$$

二、两个重要极限

1. $\lim\limits_{x\to 0}\dfrac{\sin x}{x}=1$

这个极限可以把它形象地表示为

$$\lim_{\square\to 0}\frac{\sin\square}{\square}=1\text{（方框}\square\text{代表同一变量）}$$

例 7 求下列极限.

（1）$\lim\limits_{x\to 0}\dfrac{\tan x}{x}$；　　（2）$\lim\limits_{x\to 0}\dfrac{\sin 3x}{\sin 4x}$；　　（3）$\lim\limits_{x\to 0}\dfrac{1-\cos x}{x^2}$.

解 （1）$\lim\limits_{x\to 0}\dfrac{\tan x}{x}=\lim\limits_{x\to 0}\dfrac{\sin x}{x}\cdot\dfrac{1}{\cos x}=\lim\limits_{x\to 0}\dfrac{\sin x}{x}\cdot\lim\limits_{x\to 0}\dfrac{1}{\cos x}=1\cdot 1=1$.

（2）$\lim\limits_{x\to 0}\dfrac{\sin 3x}{\sin 4x}=\lim\limits_{x\to 0}\left(\dfrac{\sin 3x}{3x}\cdot\dfrac{4x}{\sin 4x}\cdot\dfrac{3x}{4x}\right)=\dfrac{3}{4}\lim\limits_{x\to 0}\dfrac{\sin 3x}{3x}\cdot\lim\limits_{x\to 0}\dfrac{4x}{\sin 4x}=\dfrac{3}{4}$.

（3）$\lim\limits_{x\to 0}\dfrac{1-\cos x}{x^2}=\lim\limits_{x\to 0}\dfrac{2\sin^2\dfrac{x}{2}}{x^2}=\dfrac{1}{2}\left(\lim\limits_{x\to 0}\dfrac{\sin\dfrac{x}{2}}{\dfrac{x}{2}}\right)^2=\dfrac{1}{2}$.

2. $\lim\limits_{x\to\infty}\left(1+\dfrac{1}{x}\right)^x=\mathrm{e}$

该极限可形象地表示为

$$\lim_{\square\to\infty}\left(1+\frac{1}{\square}\right)^{\square}=\mathrm{e}\text{（方框}\square\text{代表同一变量）}$$

例 8 求下列极限.

（1）$\lim\limits_{x\to\infty}\left(1+\dfrac{3}{x}\right)^x$；（2）$\lim\limits_{x\to\infty}\left(1-\dfrac{2}{x}\right)^x$；（3）$\lim\limits_{x\to\infty}\left(\dfrac{2-x}{3-x}\right)^x$.

解 （1）$\lim\limits_{x\to\infty}\left(1+\dfrac{3}{x}\right)^x=\lim\limits_{x\to\infty}\left[\left(1+\dfrac{3}{x}\right)^{\frac{x}{3}}\right]^3=\mathrm{e}^3$.

（2）令 $-\dfrac{2}{x}=u$，则 $x=-\dfrac{2}{u}$；当 $x\to\infty$ 时，$u\to 0$，所以

$$\lim_{x\to\infty}\left(1-\frac{2}{x}\right)^x=\lim_{u\to 0}(1+u)^{-\frac{2}{u}}=\lim_{u\to 0}\left[(1+u)^{\frac{1}{u}}\right]^{-2}=\mathrm{e}^{-2}$$

（3）由于

$$\frac{2-x}{3-x}=\frac{3-x-1}{3-x}=1-\frac{1}{3-x}=1+\frac{1}{x-3}$$

令 $\dfrac{1}{x-3}=u$，则 $x=\dfrac{1}{u}+3$. 当 $x\to\infty$ 时，$u\to 0$. 于是

$$\lim_{x\to\infty}\left(\frac{2-x}{3-x}\right)^x=\lim_{u\to 0}(1+u)^{\frac{1}{u}+3}=\lim_{u\to 0}(1+u)^{\frac{1}{u}}\cdot\lim_{u\to 0}(1+u)^3=\mathrm{e}$$

项目四　函数的连续性

自然界中许多事物和现象的变化过程都是连续不断的，如气温的升降、植物的生长、人的身高或体重的变化等都是随时间连续变化的，这种现象反映在数学上就是函数的连续性.

下面先引入变量的增量.

一、增　量

定义 2.8 变量 x 从一个初值 x_0 变到终值 x，终值与初值之差 $x-x_0$ 叫作变量 x 的增量，记作 Δx，即

$$\Delta x=x-x_0$$

注 变量的增量可正可负，也可为零.

如当 $x_0 < x$ 时，$\Delta x = x - x_0 > 0$；当 $x_0 > x$ 时，$\Delta x = x - x_0 < 0$.

当自变量 x 在点 x_0 取得增量 $\Delta x = x - x_0$ 时，对应的函数 $f(x)$ 相应的增量为（见图 2-6）

$$\Delta y = f(x_0 + \Delta x) - f(x_0)$$

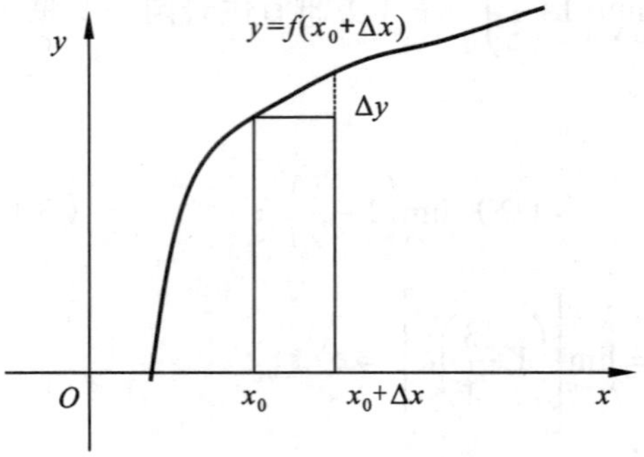

图 2-6

二、函数的连续性

我们知道，人的身高 h 随着时间 t 的变化而连续变化. 事实上，当 t 的变化 Δt 很微小时，身高的变化 Δh 也很微小，特别的，当 $\Delta t \to 0$ 时，$\Delta h \to 0$. 连续函数都有此规律.

由此可见，可以用极限给出函数连续的定义.

定义 2.9 设函数 $f(x)$ 在点 x_0 的某邻域内有定义，如果自变量的增量 $\Delta x = x - x_0$ 趋于零时，相应的函数值的增量也趋于零，即

$$\lim_{\Delta x \to 0} \Delta y = 0$$

则称函数 $f(x)$ 在点 x_0 是连续的.

因为 $\Delta y = f(x_0 + \Delta x) - f(x_0)$，令 $x = x_0 + \Delta x$，则有 $\Delta y = f(x) - f(x_0)$.

当 $\Delta x \to 0$ 时，$x \to x_0$，于是上述定义 2.9 就可表示为 $\lim\limits_{x \to x_0}(f(x) - f(x_0)) = 0$，即 $\lim\limits_{x \to x_0} f(x) = f(x_0)$. 则可得上述定义 2.9 的等价定义：

定义 2.10 设函数 $f(x)$ 在点 x_0 的某邻域内有定义，若

$$\lim_{x \to x_0} f(x) = f(x_0)$$

则称函数 $f(x)$ 在点 x_0 是连续的.

即若函数在一点的极限值等于该点的函数值，则称函数在这点连续.

根据单侧极限和该点函数值的关系，可以进一步定义单侧连续.

若 $\lim\limits_{x \to x_0^+} f(x) = f(x_0)$，则称函数 $f(x)$ 在点 x_0 **右连续**；

若 $\lim\limits_{x \to x_0^-} f(x) = f(x_0)$，则称函数 $f(x)$ 在点 x_0 **左连续**.

显然，函数 $f(x)$ 在 x_0 处连续的充要条件为 $f(x)$ 在 x_0 处右连续且左连续. 写成定理的形式如下：

定理 2.5 $f(x)$在x_0处连续$\Leftrightarrow \lim\limits_{x\to x_0^-} f(x)=f(x_0)=\lim\limits_{x\to x_0^+} f(x)$.

通常，如果函数在开区间(a,b)内的每一点都连续，则称此函数在(a,b)内连续；如果函数在开区间(a,b)内连续，且在左端点a处右连续，在右端点b处左连续，则称函数在闭区间$[a,b]$上连续.

在区间上每一点都连续的函数，叫作在该区间上的连续函数.

连续函数的图象是一条连续而不间断的曲线，即一条没有间隙的曲线.

例 1 考察函数

$$f(x)=\begin{cases}\dfrac{\sin x}{x}, & x\neq 0\\ 1, & x=0\end{cases}$$

在点$x=0$处的连续性.

解 因为$\lim\limits_{x\to 0} f(x)=\lim\limits_{x\to 0}\dfrac{\sin x}{x}=1$，又$f(0)=1$，即

$$\lim_{x\to 0} f(x)=f(0)$$

所以函数在点$x=0$处连续.

三、函数的间断点

定义 2.11 若函数$y=f(x)$在x_0的某去心领域内有定义，但在x_0处不连续，则称$f(x)$在x_0处**间断**，称x_0为$f(x)$的**间断点**.

结合函数的连续性，可知函数$f(x)$在x_0处间断可能由以下原因引起：

（1）$f(x)$在x_0点无定义；

（2）$f(x)$在x_0点无极限；

（3）$f(x)$在x_0点有定义，且$\lim\limits_{x\to x_0} f(x)$存在，但$\lim\limits_{x\to x_0} f(x)\neq f(x_0)$.

通常函数的间断点分为两类：左右极限都存在的间断点称为**第一类间断点**；除第一类间断点外的间断点称为**第二类间断点**.

对于第一类间断点，有以下两种情形：

（1）当$\lim\limits_{x\to x_0^-} f(x)$与$\lim\limits_{x\to x_0^+} f(x)$都存在，但不相等时，称$x_0$为$f(x)$的**跳跃间断点**；

（2）当$\lim\limits_{x\to x_0} f(x)$存在，但极限不等于$f(x_0)$时，称$x_0$为$f(x)$的**可去间断点**.

例 2 讨论函数

$$f(x)=\begin{cases}x, & x\geqslant 0\\ x+2, & x<0\end{cases}$$

在点$x=0$处的连续性.

解 $f(x)$在$x=0$处有定义，且$f(0)=0$. 又

$$\lim_{x\to 0^+} f(x) = \lim_{x\to 0^+} x = 0\ ;$$

$$\lim_{x\to 0^-} f(x) = \lim_{x\to 0^-}(x+2) = 2\ ,$$

所以 $\lim\limits_{x\to 0} f(x)$ 不存在， $x=0$ 是函数的第一类间断点，且是跳跃间断点.

观察函数图象（见图 2-7），发现在 $x=0$ 处产生了"跳跃".

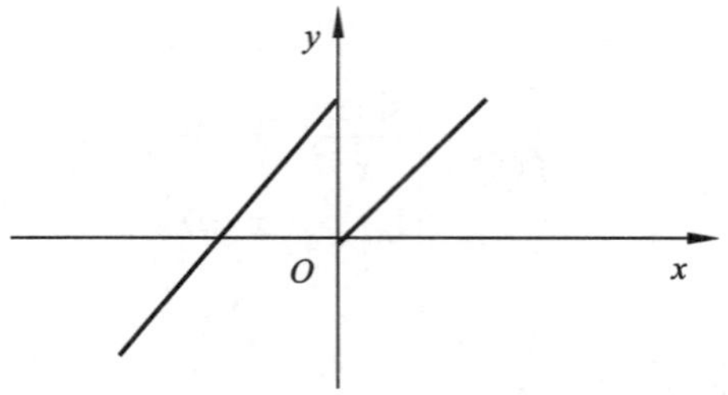

图 2-7

例 3 讨论函数 $f(x)=\dfrac{x^2-5x+4}{x-4}$ 的间断点.

解 因为函数在 $x=4$ 处无定义， 所以 $x=4$ 是函数的间断点. 又

$$\lim_{x\to 4}\frac{x^2-5x+4}{x-4} = \lim_{x\to 4}\frac{(x-4)(x-1)}{x-4} = \lim_{x\to 4}(x-1) = 3$$

故 $x=4$ 是第一类间断点，且是可去间断点.

若在 $x=4$ 处补充函数的定义 $f(4)=\lim\limits_{x\to 4} f(x)=3$，所得新函数

$$g(x)=\begin{cases}\dfrac{x^2-5x+4}{x-4}, & x\neq 4\\ 3, & x=4\end{cases}$$

在点 $x=4$ 处连续.

例 4 正切函数 $y=\tan x$ 在 $x=\dfrac{\pi}{2}$ 处无定义， $x=\dfrac{\pi}{2}$ 是函数 $y=\tan x$ 的间断点， 且 $\lim\limits_{x\to\frac{\pi}{2}}\tan x=\infty$，即极限不存在. 所以 $x=\dfrac{\pi}{2}$ 是函数的第二类间断点，由于 $x\to\dfrac{\pi}{2}$ 时函数极限趋于无穷大，也称 $x=\dfrac{\pi}{2}$ 是函数 $y=\tan x$ 的**无穷间断点**.

例 5 函数 $f(x)=\cos\dfrac{1}{x}$ 在 $x=0$ 处无定义，则 $x=0$ 是函数 $f(x)=\cos\dfrac{1}{x}$ 的间断点. 因为 $\lim\limits_{x\to 0}\cos\dfrac{1}{x}$ 不存在，所以 $x=0$ 是函数 $f(x)=\cos\dfrac{1}{x}$ 的第二类间断点.由于 $x\to 0$ 时，函数值在 -1 与 1 之间无限次变动，也称 $x=0$ 是函数 $f(x)=\cos\dfrac{1}{x}$ 的**振荡间断点**.

四、初等函数的连续性

1. 初等函数的连续性

可以证明，基本初等函数在其定义域内是连续的，一切初等函数在其定义区间内都是连续的.

利用初等函数的连续性，可以简化一些极限的运算.如果知道 $f(x)$ 为初等函数，x_0 为 $f(x)$ 定义区间内的一点，则

$$\lim_{x\to x_0} f(x)=f(x_0)$$

如 $\lim\limits_{x\to 2}\dfrac{\sin x}{x}=\dfrac{\sin 2}{2}$.

2. 复合函数的极限

定理 2.6 设函数 $u=\varphi(x)$ 在点 x_0 的某一去心邻域内有定义，且 $\lim\limits_{x\to x_0}\varphi(x)=u_0$，而 $y=f(u)$ 在 $u=u_0$ 处连续，则 $\lim\limits_{x\to x_0} f(\varphi(x))=f(\lim\limits_{x\to x_0}\varphi(x))=f(u_0)$.

例 6 求极限 $\lim\limits_{x\to 0}\dfrac{\ln(1+x)}{x}$.

解 $\dfrac{\ln(1+x)}{x}=\ln(1+x)^{\frac{1}{x}}$，是由 $y=\ln u, u=(1+x)^{\frac{1}{x}}$ 复合而成的，而 $\lim\limits_{x\to 0}(1+x)^{\frac{1}{x}}=\mathrm{e}$，$y=\ln u$ 在 $u=\mathrm{e}$ 处连续，所以

$$\lim_{x\to 0}\frac{\ln(1+x)}{x}=\lim_{x\to 0}\ln(1+x)^{\frac{1}{x}}=\ln\lim_{x\to 0}(1+x)^{\frac{1}{x}}=\ln\mathrm{e}=1$$

五、闭区间上连续函数的性质

性质 1（最值定理） 闭区间上的连续函数一定存在最大值和最小值.

定理中的两个条件缺一不可，只要其中之一不满足，结论就不一定成立. 如函数 $y=\dfrac{1}{x}$ 在闭区间[－1，1]上有间断点 $x=0$，则函数在闭区间[－1，1]上不存在最大值和最小值；函数 $y=\tan x$ 在开区间 $\left[-\dfrac{\pi}{2},\dfrac{\pi}{2}\right]$ 内连续，它在此区间内不存在最大值与最小值.

性质 2（根的存在性定理） 若函数 $f(x)$ 在闭区间 $[a,b]$ 上连续，且 $f(a)f(b)<0$，则在开区间 (a,b) 内至少存在一点 $\xi(a<\xi<b)$，使得 $f(\xi)=0$.

不妨设 $f(a)<0$，$f(b)>0$. 如图 2-8 所示，沿连续曲线 $y=f(x)$ 从 x 轴下方的左端点 $A(a,f(a))$ 不间断地画曲线到 x 轴上方的右端点 $B(b,f(b))$，曲线至少与 x 轴相交一次，交点为 $C(\xi,0)$.

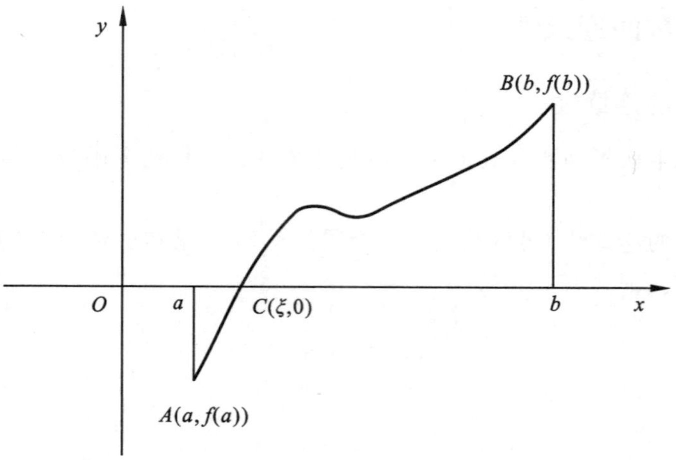

图 2-8

由根的存在性定理可知，对方程 $f(x)=0$ 来说，若在闭区间 $[a,b]$ 上连续，且 $f(a)f(b)<0$，则在开区间 (a,b) 内方程至少存在一个根.

性质 3（介值定理） 若函数 $f(x)$ 在闭区间 $[a,b]$ 上连续，且 $f(a)\neq f(b)$，c 是介于 $f(a)$ 与 $f(b)$ 之间的一个数，则在开区间 (a,b) 内至少存在一点 $\xi(a<\xi<b)$，使得 $f(\xi)=c$.

从几何上看，如图 2-9 所示，闭区间 $[a,b]$ 上的连续函数 $f(x)$ 的图象从 A 连续画到 B 时，至少要与直线 $y=c$ 相交一次.

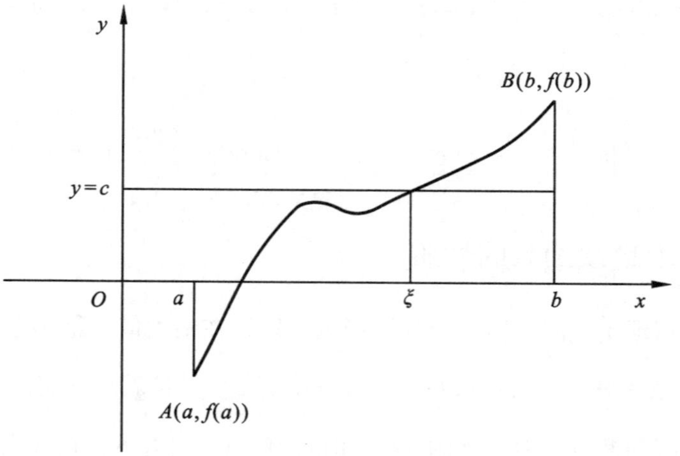

图 2-9

推论 在闭区间上连续的函数必取得介于其最大值和最小值之间的任何值.

知识拓展

"functuin"（函数）一语，起用于公元 1692 年，最早见于德国数学家莱布尼兹的著作.记号 $f(x)$ 则是由瑞士数学家欧拉于公元 1724 年首次使用的. 我们所讲的函数定义，由德国数学家黎曼提出. 我国引进函数概念，始于 1859 年，清代数学家李善兰（1811—1882）的译作.

模块二小结

一、概念部分

（1）数列的极限、函数极限的概念.

（2）无穷大量与无穷小量的概念；极限的四则运算法则；两个重要极限.

（3）函数连续的概念；连续的判断；间断点的判断与分类；初等函数的连续性.

（4）闭区间上连续函数的性质.

二、运算部分

求极限：

（1）利用极限的四则运算法则；

（2）对于分式的极限，利用无穷大量与无穷小量的关系；

（3）对于分式的极限，若分子分母的极限都为零，进行因式分解，消去公因式；

（4）对于 $\lim\limits_{x\to\infty}\dfrac{P(x)}{Q(x)}$，其中 $P(x)$，$Q(x)$ 为 x 的多项式，可以利用公式（模块二项目三例 5）；

（5）利用两个重要极限公式；

（6）利用函数的连续性；

（7）利用无穷大量与无穷小量的性质；

（8）对于分段函数，在分段点的两侧比较左右极限的办法.

模块笔记

项目	相关知识点
项目一 数列与函数的极限	
项目二 无穷小量与无穷大量的概念	

模块笔记

项目	相关知识点
项目三 极限的运算	
项目四 函数的连续性	

模块三　导数与微分

内容概要

本模块主要研究一元函数微分学的两个基本概念——导数与微分，学习它们产生的实际背景、概念、计算方法及其经济学应用. 导数是研究函数相对于自变量的变化快慢程度，即函数的变化率问题。而微分是研究当自变量有一微小变化时，函数大约变化多少的问题，主要用它来进行近似计算.

学习目标

- 理解导数和微分的概念，会求函数的导数和微分；
- 理解极值、最值的概念；
- 能处理经济方面最值问题；
- 能应用函数的边际与弹性解决实际经济问题；
- 能绘出函数的图形.

【数学小事例 1】　导数，又名“微商”，是清末民初流传下来最早的翻译，是对符号本身的翻译，即 $\mathrm{d}y$ 是对 y 的微分，$\mathrm{d}x$ 是对 x 的微分，$\frac{\mathrm{d}y}{\mathrm{d}x}$ 就是两个微分的比值. 从“导数”的词源来说，导数来源于英文单词“Derivative”（派生物、衍生物等），取其本意“函数推导/派生而来”. 从语文词义来讲，“导”具有箭头指向、指引方向等含义，“导数”即带箭头的数或有指向的数字，表示“某一数（变量）的走向/变化趋势的数”.

【数学小事例 2】　曲线的切线问题和函数的极大、极小值问题是微积分的起源之一. 这项工作最早可追溯到古希腊时期. 阿基米德曾借助穷竭法得出一条曲线所包含任意图形的面积. 当“无穷大与无穷小”的出现代替了烦琐的穷竭法，为开普勒探索行星运动规律解决了求解椭圆面积和椭圆弧长的问题. 直到 17 世纪费马建立了解决以上问题的方法，才从根本上解决了曲线求解切线的问题，费马在概率论、光学、物理学上均有一定研究成果，费马也因此被誉为“业余数学家之王”. 著名的费马大定律曾经困扰了数学界 350 多年.

项目一　导数与变化率

在引入导数的定义前，先来了解下面的实例.

一、问题的引入

引例 1（变速直线运动的瞬时速度） 当质点做匀速直线运动时，其速度是经过的路程与所用时间的比值.

如果质点所做的运动不是匀速的，上述公式只表示质点经过某段路程时的平均速度，不能反映出在任何时刻质点运动的快慢. 那么怎样计算质点在变速直线运动过程中任一时刻的速度，即瞬时速度呢？

设一质点做变速直线运动，以它的运动轨迹为 x 轴，坐标原点为运动起始位置，经过时间 t，质点的相应位置可以用数轴上的一个坐标 s 表示，那么位置 s 与时间 t 的函数关系是 $s=s(t)$，习惯上叫作位置函数. 现在我们来考察质点在时刻 t_0 的瞬时速度.

如图 3-1 所示，在 t_0 时刻，由 $s=s(t)$ 确定质点的一个对应位置 $s=s(t_0)$，若给 t_0 一个增量 Δt（Δt 可正可负），质点的位置函数 $s=s(t)$ 相应的有增量

$$\Delta s=s(t_0+\Delta t)-s(t_0)$$

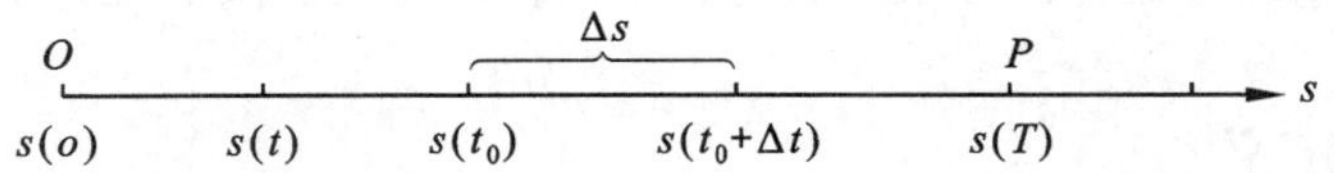

图 3-1

比值 $\dfrac{\Delta s}{\Delta t}=\dfrac{s(t_0+\Delta t)-s(t_0)}{\Delta t}$ 就是质点在 t_0 到 $t_0+\Delta t$ 这段时间内的平均速度.在变速直线运动中，比值 $\dfrac{\Delta s}{\Delta t}$ 随 Δt 的不同而取不同的值，但由于变速直线运动通常是连续变化的，即 $s=s(t)$ 为连续函数，所以从局部来看，在很小的一段时间 $|\Delta t|$ 内，速度的变化不大，可以近似地看作匀速运动.

当 $|\Delta t|$ 越小时，$\dfrac{\Delta s}{\Delta t}$ 就越接近质点在 t_0 时刻的瞬时速度 $v(t_0)$，即

$$v(t_0)=\lim_{\Delta t\to 0}\frac{\Delta s}{\Delta t}=\lim_{\Delta t\to 0}\frac{s(t_0+\Delta t)-s(t_0)}{\Delta t}$$

引例 2（平面曲线的切线问题） 设函数 $y=f(x)$ 对应的曲线 C（见图 3-2）上一点为 $P_0(x_0,y_0)$，在 P_0 附近另取一点 $P(x_0+\Delta x,y_0+\Delta y)$，直线 P_0P 是曲线 C 的割线，当点 P 沿曲线 C 趋向点 P_0 时，割线 P_0P 绕点 P_0 转动，其极限位置 P_0T 就是曲线 C 在点 P_0 处的切线.

这时，割线 P_0P 的斜率为

$$\frac{\Delta y}{\Delta x}=\frac{f(x_0+\Delta x)-f(x_0)}{\Delta x}$$

当 $\Delta x\to 0$ 时，点 P 沿曲线 C 趋向点 P_0，从而切线 P_0T 的斜率

$$k=\lim_{\Delta x\to 0}\frac{\Delta y}{\Delta x}=\lim_{\Delta x\to 0}\frac{f(x_0+\Delta x)-f(x_0)}{\Delta x}.$$

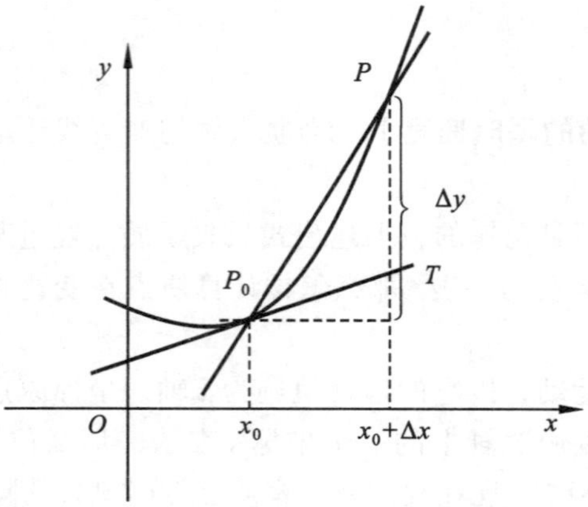

图 3-2

上面两个实例中，虽然其具体意义不相同，但从数学结构上却有完全相同的形式．在科学、技术以及经济等诸多领域，有很多量都具有这种形式，即当自变量的增量趋于零时，函数值的增量与自变量增量之比的极限．为此，把这种形式的极限定义为函数的导数．

二、导数的定义

定义 3.1　设函数 $y=f(x)$ 在点 x_0 的某邻域内有定义，给 x_0 一增量 Δx 时，对应函数值的增量

$$\Delta y = f(x_0+\Delta x)-f(x_0)$$

如果 $\lim\limits_{\Delta x\to 0}\dfrac{\Delta y}{\Delta x}$ 存在，则称函数 $y=f(x)$ 在点 x_0 处可导，并称这个极限值为函数 $y=f(x)$ 在点 x_0 处的**导数**，记为 $f'(x_0)$．

也可记为 $y'\big|_{x=x_0}$，$\dfrac{\mathrm{d}y}{\mathrm{d}x}\Big|_{x=x_0}$ 或 $\dfrac{\mathrm{d}}{\mathrm{d}x}f(x)\Big|_{x=x_0}$．即

$$f'(x_0)=\lim_{\Delta x\to 0}\frac{\Delta y}{\Delta x}=\lim_{\Delta x\to 0}\frac{f(x_0+\Delta x)-f(x_0)}{\Delta x}$$

如果 $\lim\limits_{\Delta x\to 0}\dfrac{\Delta y}{\Delta x}$ 不存在，就说函数 $y=f(x)$ 在点 x_0 处不可导．

根据导数的定义，前面讨论的两个引例的结论可作如下叙述：

（1）变速直线运动 $s=s(t)$ 在 t_0 时刻的瞬时速度 $v(t_0)=\dfrac{\mathrm{d}s}{\mathrm{d}t}\Big|_{t=t_0}$；

（2）平面曲线 $y=f(x)$ 上一点 $P_0(x_0,y_0)$ 处的切线斜率是函数 $y=f(x)$ 在点 x_0 处对 x 的导数，即

$$k=\frac{\mathrm{d}y}{\mathrm{d}x}\Big|_{x=x_0}$$

注　① 如果函数 $y=f(x)$ 在开区间 (a,b) 内每一点处都可导，就称函数 $f(x)$ 在区间 (a,b) 内可导．

② 若 $f(x)$ 在 (a,b) 内可导，那么对区间 (a,b) 内每一个确定的 x 值，都有一个确定的导数值 $f'(x)$ 与之对应，这样就确定了一个新的函数，此函数叫作函数 $y=f(x)$ 的**导函数**，记为

$$f'(x)\text{，}\ y'\text{，}\ \frac{\mathrm{d}y}{\mathrm{d}x}\text{或}\frac{\mathrm{d}}{\mathrm{d}x}f(x)$$

③ 一般导函数简称为导数.

显然，函数 $f(x)$ 在点 x_0 处的导数 $f'(x_0)$ 就是导函数 $f'(x)$ 在点 $x=x_0$ 处的函数值，即

$$f'(x_0)=f'(x)\big|_{x=x_0}$$

通常，按照导数的定义求函数的导数可以分为三个步骤：

（1）求函数的增量：$\Delta y=f(x+\Delta x)-f(x)$；

（2）算比值：$\dfrac{\Delta y}{\Delta x}$；

（3）取极限：$y'=\lim\limits_{\Delta x\to 0}\dfrac{\Delta y}{\Delta x}$.

例 1 求函数 $f(x)=C$（C 为常数）的导数.

解 （1）函数的增量：$\Delta y=f(x+\Delta x)-f(x)=C-C=0$；

（2）计算比值：$\dfrac{\Delta y}{\Delta x}=0$；

（3）取极限：$y'=\lim\limits_{\Delta x\to 0}\dfrac{\Delta y}{\Delta x}=0$.

即 $(C)'=0$.

例 2 求函数 $f(x)=x^3$ 的导数.

解 （1）求函数增量：

$$\Delta y=f(x+\Delta x)-f(x)=(x+\Delta x)^3-x^3=3x^2\Delta x+3x(\Delta x)^2+(\Delta x)^3\text{；}$$

（2）算比值：

$$\frac{\Delta y}{\Delta x}=\frac{3x^2\Delta x+3x(\Delta x)^2+(\Delta x)^3}{\Delta x}=3x^2+3x\Delta x+(\Delta x)^2\text{；}$$

（3）取极限：

$$y'=\lim_{\Delta x\to 0}\frac{\Delta y}{\Delta x}=\lim_{\Delta x\to 0}[3x^2+3x\Delta x+(\Delta x)^2]=3x^2\text{.}$$

即 $(x^3)'=3x^2$.

一般地，幂函数 $y=x^\mu$（μ 是任意实数）有如下导数公式：

$$(x^\mu)'=\mu x^{\mu-1}$$

特别地，当 $\mu=1$ 时，有 $(x)'=1$.

又如 $(x^2)'=2x$，$(\sqrt{x})'=(x^{\frac{1}{2}})'=\dfrac{1}{2}x^{-\frac{1}{2}}=\dfrac{1}{2\sqrt{x}}$.

例 3 求正弦函数 $f(x)=\sin x$ 的导数.

解 （1）求函数增量：

$$\Delta y = f(x+\Delta x)-f(x)=\sin(x+\Delta x)-\sin x = 2\cos\left(x+\frac{\Delta x}{2}\right)\sin\frac{\Delta x}{2};$$

（2）算比值：

$$\frac{\Delta y}{\Delta x}=\frac{2\cos\left(x+\frac{\Delta x}{2}\right)\sin\frac{\Delta x}{2}}{\Delta x}=\cos\left(x+\frac{\Delta x}{2}\right)\frac{\sin\frac{\Delta x}{2}}{\frac{\Delta x}{2}};$$

（3）取极限：

$$y'=\lim_{\Delta x\to 0}\frac{\Delta y}{\Delta x}=\lim_{\Delta x\to 0}\cos\left(x+\frac{\Delta x}{2}\right)\frac{\sin\frac{\Delta x}{2}}{\frac{\Delta x}{2}}=\cos x.$$

即 $(\sin x)'=\cos x$.

类似可得 $(\cos x)'=-\sin x$.

由导数的定义知，$y=f(x)$ 在点 x_0 处的导数 $f'(x_0)$ 本质上是一个极限 $\lim\limits_{\Delta x\to 0}\frac{\Delta y}{\Delta x}$. 该极限存在的充要条件是 $\lim\limits_{\Delta x\to 0^-}\frac{\Delta y}{\Delta x}$ 和 $\lim\limits_{\Delta x\to 0^+}\frac{\Delta y}{\Delta x}$ 存在且相等.

定义 3.2 $y=f(x)$ 在点 x_0 处的左极限 $\lim\limits_{\Delta x\to 0^-}\frac{\Delta y}{\Delta x}$ 和右极限 $\lim\limits_{\Delta x\to 0^+}\frac{\Delta y}{\Delta x}$ 分别称为函数 $y=f(x)$ 在点 x_0 处的左导数和右导数，记为 $f'_-(x_0)$ 和 $f'_+(x_0)$. 即

左导数 $f'_-(x_0)=\lim\limits_{\Delta x\to 0^-}\frac{\Delta y}{\Delta x}=\lim\limits_{\Delta x\to 0^-}\frac{f(x_0+\Delta x)-f(x_0)}{\Delta x}$,

右导数 $f'_+(x_0)=\lim\limits_{\Delta x\to 0^+}\frac{\Delta y}{\Delta x}=\lim\limits_{\Delta x\to 0^+}\frac{f(x_0+\Delta x)-f(x_0)}{\Delta x}$.

于是根据极限的存在定理，有下面定理成立：

定理 3.1 函数 $y=f(x)$ 在点 x_0 处可导的充要条件是函数 $y=f(x)$ 在点 x_0 处的左导数 $f'_-(x_0)$ 和右导数 $f'_+(x_0)$ 存在且相等.

例 4 设函数 $f(x)=\begin{cases}x^2, & x\geqslant 0\\ -x, & x<0\end{cases}$，求 $f'_+(0)$，$f'_-(0)$，并判断 $f'(0)$ 是否存在.

解
$$f'_-(0)=\lim_{\Delta x\to 0^-}\frac{f(0+\Delta x)-f(0)}{\Delta x}=\lim_{\Delta x\to 0^-}\frac{-\Delta x-0}{\Delta x}=-1;$$

$$f'_+(0)=\lim_{\Delta x\to 0^+}\frac{f(0+\Delta x)-f(0)}{\Delta x}=\lim_{\Delta x\to 0^+}\frac{(\Delta x)^2-0}{\Delta x}=\lim_{\Delta x\to 0^+}\Delta x=0.$$

因为 $f'_-(0)\neq f'_+(0)$，所以 $f'(0)$ 不存在.

三、导数的几何意义

由平面曲线切线斜率的讨论可知（见图 3-2），函数 $y=f(x)$ 在点 x_0 处的导数 $f'(x_0)$ 的几何意义是：曲线 $y=f(x)$ 在点 $P_0(x_0,y_0)$ 处的切线斜率，即 $k=\tan\alpha=f'(x_0)$，其中 α 是切线倾斜角.

根据导数的几何意义，若 $f'(x_0)$ 存在且不为零，则曲线 $y=f(x)$ 在点 $P_0(x_0,y_0)$ 处的切线方程为 $y-y_0=f'(x_0)(x-x_0)$，法线方程为 $y-y_0=-\dfrac{1}{f'(x_0)}(x-x_0)$.

若 $f'(x_0)=0$ 时，切线方程为 $y=y_0$，法线方程为 $x=x_0$.

若 $f'(x_0)=\infty$ 时，切线方程为 $x=x_0$，法线方程为 $y=y_0$.

例 5 求曲线 $y=x^3$ 在点 $(2,8)$ 处的切线方程和法线方程.

解 因为 $y'=(x^3)'=3x^2$，由导数的几何意义知，曲线 $y=x^3$ 在点 $(2,8)$ 处切线的斜率为 $k_{切}=y'(2)=3\times 2^2=12$，法线的斜率为 $k_{法}=\dfrac{1}{k_{切}}=-\dfrac{1}{12}$，所以所求的切线方程为 $y-8=12(x-2)$，即 $12x-y-16=0$；法线方程为 $y-8=-\dfrac{1}{12}(x-2)$，即 $x+12y-98=0$.

四、可导与连续

设 $y=f(x)$ 在点 x_0 处可导，即 $\lim\limits_{\Delta x\to 0}\dfrac{\Delta y}{\Delta x}=f'(x_0)$ 存在，由函数的极限与无穷小之间的关系可知

$$\frac{\Delta y}{\Delta x}=f'(x_0)+\alpha$$

其中 α 是当 $\Delta x\to 0$ 时的无穷小，上式两端同乘 Δx，得

$$\Delta y=f'(x_0)\Delta x+\alpha\Delta x$$

由此可知，$\lim\limits_{\Delta x\to 0}\Delta y=0$. 这就是说，函数 $y=f(x)$ 在点 x_0 处连续.

定理 3.2 如果 $y=f(x)$ 在点 x_0 处可导，那么 $y=f(x)$ 在该点处必连续.

该定理说明，函数可导必连续，但函数连续不一定可导. 如函数 $y=|x|$（见图 3-3）在点 $x=0$ 处连续，但不可导.

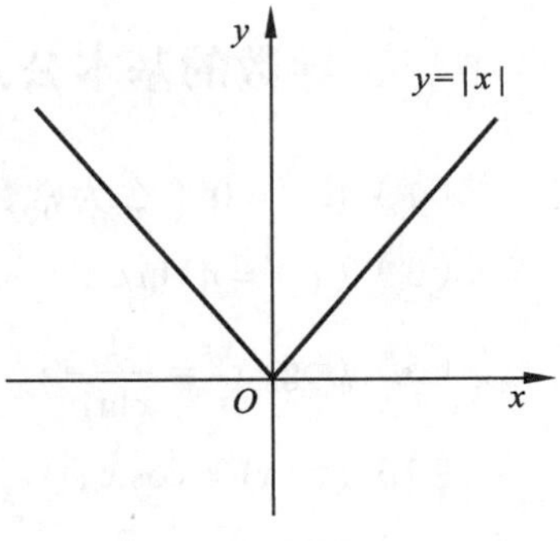

图 3-3

项目二　导数的运算

前面我们用导数的定义求出了一些简单函数的导数，但对于比较复杂的函数，根据定义来求它们的导数常常很困难，有时甚至不可能. 本项目将介绍一些求导的基本法则，并推导出一些基本初等函数的导数公式.

一、导数的四则运算法则

定理 3.3 如果函数 $u=u(x)$，$v=v(x)$ 在点 x 处可导，则函数 $u(x)\pm v(x)$，$u(x)\cdot v(x)$，$\dfrac{u(x)}{v(x)}$ $(v(x)\neq 0)$ 在点 x 处都可导，且

（1）$(u(x)\pm v(x))'=u'(x)\pm v'(x)$；

（2）$(u(x)\cdot v(x))'=u'(x)v(x)+v'(x)u(x)$；特别地，$(Cv(x))'=Cv'(x)$；

（3）$\left(\dfrac{u(x)}{v(x)}\right)'=\dfrac{u'(x)v(x)-v'(x)u(x)}{(u(x))^2}$.

其中法则（1）与（2）可推广到有限多个可导函数的情形.

例 1 求函数 $y=x^2-\sin x+\ln 5$ 的导数.

解 $y'=(x^2-\sin x+\ln 5)'=(x^2)'-(\sin x)'+(\ln 5)'=2x-\cos x$.

例 2 求函数 $y=x^3\cos x$ 的导数.

解 $y'=(x^3)'\cos x+x^3(\cos x)'=3x^2\cos x-x^3\sin x$.

例 3 求函数 $y=\tan x$ 的导数.

解 $y'=(\tan x)'=\left(\dfrac{\sin x}{\cos x}\right)'=\dfrac{(\sin x)'\cos x-(\cos x)'\sin x}{\cos^2 x}=\sec^2 x$，

即 $(\tan x)'=\sec^2 x$.

类似可得 $(\cot x)'=-\csc^2 x$.

利用各类求导法则能推出许多函数的导数公式，这里不一一推导，下面直接列出.

二、导数的基本公式

（1）$(C)'=0$（C 为常数）;

（2）$(x^\mu)'=\mu x^{\mu-1}$（μ 为常数）;

（3）$(a^x)'=a^x\ln a$；

（4）$(\mathrm{e}^x)'=\mathrm{e}^x$；

（5）$(\log_a x)'=\dfrac{1}{x\ln a}$；

（6）$(\ln x)'=\dfrac{1}{x}$；

（7）$(\sin x)'=\cos x$；

（8）$(\cos x)'=-\sin x$；

（9）$(\tan x)'=\sec^2 x$；

（10）$(\cot x)'=-\csc^2 x$；

（11）$(\sec x)'=\sec x\tan x$；

（12）$(\csc x)'=-\csc x\cot x$；

（13）$(\arcsin x)'=\dfrac{1}{\sqrt{1-x^2}}$；

（14）$(\arccos x)'=-\dfrac{1}{\sqrt{1-x^2}}$；

（15）$(\arctan x)'=\dfrac{1}{1+x^2}$；

（16）$(\mathrm{arccot} x)'=\dfrac{1}{1+x^2}$.

称这些公式为**导数的基本公式**，是计算导数的基础.

例 4 已知函数 $f(x)=(1+x^2)\ln x$，求 $f'(1)$.

解　$f'(x)=(1+x^2)'\ln x+(1+x^2)(\ln x)'=2x\ln x+\dfrac{1+x^2}{x}$，

即 $f'(1)=2\ln 1+2=2$.

三、复合函数的求导法则

定理 3.4（复合函数求导法则）　如果 $u=\varphi(x)$ 在点 x 处可导，而 $y=f(u)$ 在点 $u=\varphi(x)$ 可导，则复合函数 $y=f(\varphi(x))$ 在点 x 处可导，且其导数为

$$\frac{\mathrm{d}y}{\mathrm{d}x}=\frac{\mathrm{d}y}{\mathrm{d}u}\cdot\frac{\mathrm{d}u}{\mathrm{d}x}\quad 或\quad y'=f'(u)\cdot\varphi'(x)$$

这就是复合函数的求导法则，也称为链式法则.

这个法则也适用于多次复合的情形，如果 $y=f(u)$，$u=\varphi(v)$，$v=\psi(x)$，那么复合函数 $y=f(\varphi(\psi(x)))$ 的导数为

$$\frac{\mathrm{d}y}{\mathrm{d}x}=\frac{\mathrm{d}y}{\mathrm{d}u}\cdot\frac{\mathrm{d}u}{\mathrm{d}v}\cdot\frac{\mathrm{d}v}{\mathrm{d}x}$$

例 5　求函数 $y=\sin 5x$ 的导数.

解　$y=\sin 5x$ 可看作由 $y=\sin u$，$u=5x$ 复合而成，则

$$\frac{\mathrm{d}y}{\mathrm{d}x}=(\sin u)'\cdot(5x)'=\cos u\cdot 5=5\cos 5x$$

例 6　求函数 $y=\sqrt{7-5x^2}$ 的导数.

解　$y=\sqrt{7-5x^2}$，即 $y=(7-5x^2)^{\frac{1}{2}}$ 可看作由 $y=u^{\frac{1}{2}}$，$u=7-5x^2$ 复合而成，则

$$y'=(u^{\frac{1}{2}})'\cdot(7-5x^2)'=\frac{1}{2}u^{-\frac{1}{2}}\cdot(-10x)=-\frac{5x}{\sqrt{7-5x^2}}$$

从以上例子可以看出，应用复合函数求导法则求函数的导数时，关键是先要把所给复合函数分解成几个简单函数，我们便可求出它的导数了.

在比较熟悉复合函数的分解和复合函数的求导法则后，就不必再写出中间变量，而可以直接计算.

例 7　求下列函数的导数.

（1）$y=\ln\cos x$；　　（2）$y=\sin\sqrt{x}$；　　（3）$y=\ln\tan\dfrac{x}{2}$.

解　（1）$y'=\dfrac{1}{\cos x}\cdot(\cos x)'=\dfrac{-\sin x}{\cos x}=-\tan x$.

（2）$y'=\cos\sqrt{x}\cdot(\sqrt{x})'=\dfrac{\cos\sqrt{x}}{2\sqrt{x}}$.

（3）$y'=\dfrac{1}{\tan\frac{x}{2}}\cdot\left(\tan\dfrac{x}{2}\right)'=\cot\dfrac{x}{2}\cdot\sec^2\dfrac{x}{2}\cdot\left(\dfrac{x}{2}\right)'=\dfrac{\cos\frac{x}{2}}{\sin\frac{x}{2}}\cdot\dfrac{1}{\cos^2\frac{x}{2}}\cdot\dfrac{1}{2}=\dfrac{1}{\sin x}=\csc x$.

复合函数的求导法则熟练掌握后，可以按照复合的次序从外到内，层层求导.

四、隐函数的导数及对数求导法

1. 隐函数的导数

例 8 有一椭圆方程 $\frac{x^2}{9}+\frac{y^2}{4}=1$，求其上一点 $\left(\frac{3}{\sqrt{2}},\sqrt{2}\right)$ 处的切线方程.

椭圆方程 $\frac{x^2}{9}+\frac{y^2}{4}=1$ 中，由于 x 的变化引起 y 的变化，实际上 y 是 x 的函数.

像这样的变量 x，y 之间的函数关系是由方程 $F(x,y)=0$ 所确定的，那么这种函数叫作**隐函数**. 如 $y^5+2y-x-3x^7=0$. 把变量 x,y 之间的关系用 $y=f(x)$ 表示的函数叫作**显函数**，如 $y=x^3+2$ 等.

隐函数的求导方法是：只须将方程 $F(x,y)=0$ 两端对自变量 x 求导，遇到 y 时，就视 y 为 x 的函数；遇到 y 的函数时，就看成是 x 的复合函数（此时 y 视为中间变量），然后从求导等式中把导数 y' 解出来，即求出隐函数的导数.下面求解本例.

解 方程 $\frac{x^2}{9}+\frac{y^2}{4}=1$ 两边同时对 x 求导，得

$$\frac{2}{9}x+\frac{1}{2}y\cdot y'=0$$

由上式解得

$$y'=-\frac{4x}{9y}$$

椭圆 $\frac{x^2}{9}+\frac{y^2}{4}=1$ 在点 $\left(\frac{3}{\sqrt{2}},\sqrt{2}\right)$ 处的切线斜率为

$$k=y'\big|_{x=\frac{3}{\sqrt{2}}}=-\frac{2}{3}.$$

因此所求切线方程为

$$y-\sqrt{2}=-\frac{2}{3}\left(x-\frac{3}{\sqrt{2}}\right)，\text{即 } 2x+3y-6\sqrt{2}=0$$

例 9 求由方程 $y^5+2y-x-3x^7=0$ 所确定的隐函数的导数 $\frac{\mathrm{d}y}{\mathrm{d}x}$.

解 方程 $y^5+2y-x-3x^7=0$ 两边同时对 x 求导得

$$(y^5)'_x+(2y)'_x-1-21x^6=0$$

$$5y^4\cdot y'+2y'-1-21x^6=0$$

从而 $$y'=\frac{1+21x^6}{5y^4+2}$$

2. 对数求导法

有些函数，如幂指函数 $y=u(x)^{v(x)}(u(x)>0)$，其中 $u(x),v(x)$ 可导，或由多次乘除运算和乘方、开方运算所得的函数，如 $y=\frac{\sqrt{x+2}(3-x)^4}{(x+1)^3}$ 等，直接求它们的导数很困难. 这时我们可以利用对数求导法. 这种方法是先在 $y=f(x)$ 的两边取对数，然后用隐函数求导法求出导数. 下面通过例子具体说明这种方法.

例 10 求函数 $y=x^{\sin x}(x>0)$ 的导数.

解 对函数两边同时取自然对数，得

$$\ln y=\sin x\cdot\ln x$$

两边同时对 x 求导，得

$$\frac{1}{y}\cdot y'=\cos x\cdot\ln x+\frac{\sin x}{x}$$

所以 $$y'=y\left(\cos x\cdot\ln x+\frac{\sin x}{x}\right)=x^{\sin x}\left(\cos x\cdot\ln x+\frac{\sin x}{x}\right).$$

例 11 求函数 $y=\frac{\sqrt{x+2}(3-x)^4}{(x+1)^3}$ 的导数.

解 函数 $y=\frac{\sqrt{x+2}(3-x)^4}{(x+1)^3}$ 两边同时取自然对数，得

$$\ln y=\frac{1}{2}\ln(x+2)4\ln(3-x)-3\ln(x+1)$$

两边同时对 x 求导，得

$$\frac{1}{y}\cdot y'=\frac{1}{2(x+2)}+\frac{4}{3-x}-\frac{3}{x+1}$$

故 $$y'=\frac{\sqrt{x+2}(3-x)^4}{(x+1)^3}\left[\frac{1}{2(x+2)}+\frac{4}{3-x}-\frac{3}{x+1}\right].$$

五、高阶导数

一般地，函数 $y=f(x)$ 的导数 $f'(x)$ 仍为 x 的函数，如果 $f'(x)$ 的导数也存在，把函数 $f'(x)$ 的导数叫作函数 $y=f(x)$ 的**二阶导数**，记为 y''，$f''(x)$，$\frac{\mathrm{d}^2y}{\mathrm{d}x^2}$ 或 $\frac{\mathrm{d}^2f(x)}{\mathrm{d}x^2}$. 即

$$y''=f''(x)=(f'(x))'$$

类似地，二阶导数 $f''(x)$ 仍为 x 的函数，若 $f''(x)$ 的导数存在，称之为函数 $y=f(x)$ 的**三阶导数**，记为 y'''，$f'''(x)$，$\dfrac{d^3y}{dx^3}$ 或 $\dfrac{d^3f(x)}{dx^3}$.

三阶导数的导数叫作函数 $y=f(x)$ 的**四阶导数**，记为 $y^{(4)}$，$f^{(4)}(x)$，$\dfrac{d^4y}{dx^4}$ 或 $\dfrac{d^4f(x)}{dx^4}$.

一般来说，函数 $y=f(x)$ 的 $n-1$ 阶导数 $f^{(n-1)}(x)$ 的导数，叫作函数 $y=f(x)$ 的 **n 阶导数**，记为 $y^{(n)}$，$f^{(n)}(x)$，$\dfrac{d^ny}{dx^n}$ 或 $\dfrac{d^nf(x)}{dx^n}$. 即

$$y^{(n)}=(y^{(n-1)})'.$$

二阶以及二阶以上的导数统称为**高阶导数**.

下面举例说明高阶导数的计算.

例 12 求函数 $y=x^2\cos x$ 的二阶导数.

解
$$y'=(x^2)'\cos x+x^2(\cos x)'=2x\cos x-x^2\sin x,$$

$$\begin{aligned}y''&=(2x\cos x)'-(x^2\sin x)'\\&=2\cos x-2x\sin x-2x\sin x-x^2\cos x\\&=(2-x^2)\cos x-4x\sin x\end{aligned}$$

例 13 求正弦函数 $y=\sin x$ 的 n 阶导数.

解
$$y'=\cos x=\sin\left(x+\frac{\pi}{2}\right),$$

$$y''=-\sin x=\sin\left(x+2\cdot\frac{\pi}{2}\right),$$

$$y'''=-\cos x=\sin\left(x+3\cdot\frac{\pi}{2}\right),$$

$$y^{(4)}=\sin x=\sin\left(x+4\cdot\frac{\pi}{2}\right),$$

依次类推，可得

$$y^{(n)}=(\sin x)^{(n)}=\sin\left(x+n\cdot\frac{\pi}{2}\right)\ (n=1,2,\cdots)$$

类似可推导出

$$(\cos x)^{(n)}=\cos\left(x+n\cdot\frac{\pi}{2}\right)\ (n=1,2,\cdots)$$

项目三　微分与近似计算

在实际问题中，需要计算当自变量发生微小变化时相应函数的改变量（增量），求函数增量的精确值有时是比较困难的，所以常常计算函数增量的具有一定精度的近似值，这里引入微分的概念.

一、问题的引入

引例（金属薄片受热面积变化问题）　一块正方形金属薄片受热后，其边长 x 由 x_0 变到 $x_0+\Delta x$（见图 3-4），问该薄片的面积 A 改变了多少？

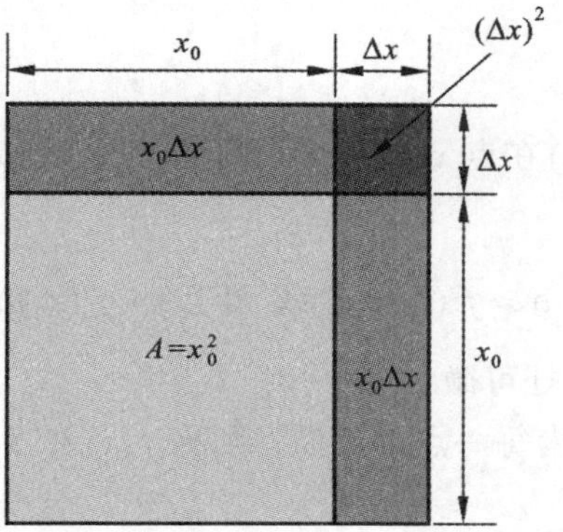

图 3-4

分析　金属薄片的原面积为 $A=f(x)=x^2$，受热后面积增量

$$\Delta A=(x_0+\Delta x)^2-x_0^2=2x_0\Delta x+(\Delta x)^2$$

从上式可以看出，ΔA 可分成两部分：第一部分 $2x_0\Delta x$ 是 Δx 的线性函数；而第二部分 $(\Delta x)^2$ 是图中小正方形的面积. 显然，$2x_0\Delta x$ 是面积增量的主要部分，而 $(\Delta x)^2$ 是其次要部分. 当 $|\Delta x|$ 很小时，$(\Delta x)^2$ 在 ΔA 中所起的作用微小，面积增量可以近似地用 $2x_0\Delta x$ 表示，即

$$\Delta A\approx 2x_0\Delta x .$$

在上式中，可以注意到 $2x_0=f'(x_0)$，因此上式可改写为 $\Delta A\approx f'(x_0)\Delta x$，此结论对于一般可导函数也成立.

设函数 $y=f(x)$ 在点 x_0 处可导，即

$$\lim_{\Delta x\to 0}\frac{\Delta y}{\Delta x}=f'(x_0)$$

由函数、函数极限与无穷小的关系，有

$$\frac{\Delta y}{\Delta x}=f'(x_0)+\alpha$$

当 $\Delta x\to 0$ 时，$\alpha\to 0$，由此得

$$\Delta y = f'(x_0)\Delta x + \alpha\Delta x$$

这表明函数的增量 Δy 由 $f'(x_0)\Delta x$ 和 $\alpha\Delta x$ 两部分组成．当 $f'(x_0) \neq 0$ 时，有

$$\lim_{\Delta x \to 0} \frac{f'(x_0)\Delta x}{\Delta x} = f'(x_0) \neq 0 \text{，} \quad \lim_{\Delta x \to 0} \frac{\alpha\Delta x}{\Delta x} = \lim_{\Delta x \to 0} \alpha = 0$$

因此，当 $|\Delta x|$ 很小时，第二部分可以忽略．于是便有函数增量的近似表达式

$$\Delta y \approx f'(x_0)\Delta x$$

通常称 $f'(x_0)\Delta x$ 为 Δy 的**线性主部**.

由上述可得出微分的定义.

二、微分的定义

定义 3.3 设函数 $y = f(x)$ 在点 x_0 处可导，则称 $f'(x_0)\Delta x$ 为函数在点 x_0 的**微分**，记作 $\mathrm{d}y$，即

$$\mathrm{d}y = f'(x_0)\Delta x \quad \text{或} \quad \mathrm{d}f(x) = f'(x_0)\Delta x$$

此时也称函数 $y = f(x)$ 在点 x_0 处**可微**.

若函数 $y = f(x)$ 在区间 I 内每一点都可微，则称 $f(x)$ 在 I 内可微．函数 $f(x)$ 在 I 内的微分记作

$$\mathrm{d}y = f'(x)\Delta x$$

它不仅依赖于 Δx，而且也依赖于 x.

特别地，对于函数 $y = x$ 来说，由于 $(x)' = 1$，则 $\mathrm{d}x = (x)'\Delta x = \Delta x$.

所以，规定自变量的微分等于自变量的增量．这样，函数 $y = f(x)$ 的微分可以写成

$$\mathrm{d}y = f'(x)\mathrm{d}x$$

从而有

$$\frac{\mathrm{d}y}{\mathrm{d}x} = f'(x)$$

即函数的微分与自变量的微分之商等于函数的导数，因此导数又有“**微商**”之称.

注 函数 $f(x)$ 在点 x_0 可微的充要条件是函数 $f(x)$ 在 x_0 处可导，且 $f(x)$ 在点 x_0 处可微时，其微分是 $\mathrm{d}y = f'(x_0)\Delta x$．导数的值只与 x_0 有关，而微分的值与 x_0 和 Δx 都有关.

例 1 求函数 $y = x^2$ 在 $x = 3$，$\Delta x = 0.1$ 时的 Δy 和 $\mathrm{d}y$.

解 因为 $\mathrm{d}y = 2x\mathrm{d}x$，所以当 $x = 3$，$\Delta x = 0.1$ 时，

$$\Delta y = (x + \Delta x)^2 - x^2 = 2x\Delta x + (\Delta x)^2 = 2 \times 3 \times 0.1 + (0.1)^2 = 0.61$$

$$\mathrm{d}y = 2 \times 3 \times 0.1 = 0.6$$

例 2 求 $y = 3x^2 - \ln x$ 的微分.

解 $\mathrm{d}y = f'(x)\mathrm{d}x = (3x^2 - \ln x)'\mathrm{d}x = \left(6x - \frac{1}{x}\right)\mathrm{d}x$.

三、微分的几何意义

函数 $y = f(x)$ 的图形是一条曲线，在曲线上取一点 $M(x_0, y_0)$，给 x_0 一增量 Δx 时，曲线上有另一点 $N(x_0 + \Delta x, y_0 + \Delta y)$. 由图 3-5 看出，过点 M 的曲线的切线 MT 的倾角为 α，则

$$QP = MQ \cdot \tan\alpha = \Delta x \cdot f'(x_0)$$

即
$$\mathrm{d}y = QP$$

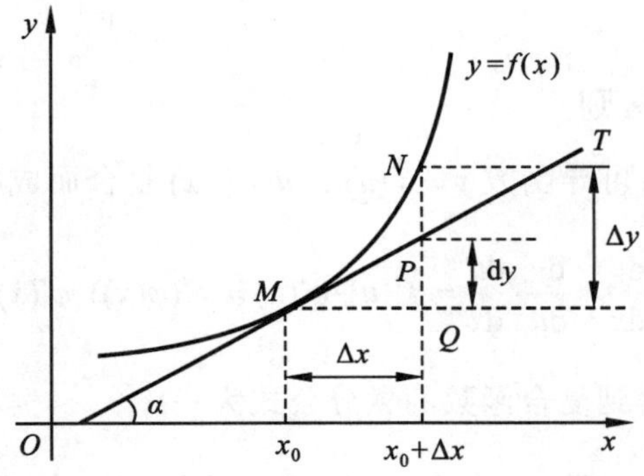

图 3-5

比较 QP 与 QN 可知，当 $|\Delta x|$ 很小时，在 M 点的邻近处，切线与曲线十分接近，$|\Delta y - \mathrm{d}y| = |PN|$ 很小，从而有

$$\Delta y \approx \mathrm{d}y$$

由此可见，$\mathrm{d}y = f'(x)\Delta x$ 的几何意义是：当 Δy 是曲线 $y = f(x)$ 在点 (x_0, y_0) 处纵坐标的增量时，$\mathrm{d}y$ 就是曲线的切线上该点的纵坐标的增量.

四、微分公式和运算法则

由函数的微分表达式 $\mathrm{d}y = f'(x)\mathrm{d}x$ 可以看出，要计算函数的微分，只要计算函数的导数再乘以自变量的微分即可. 因此，根据导数公式和导数的运算法则就可以得到如下微分公式和微分运算法则.

1. 微分基本公式

（1）$\mathrm{d}(c) = 0$（c 为常数）；　（2）$\mathrm{d}(x^u) = ux^{u-1}\mathrm{d}x$；

（3）$\mathrm{d}(a^x) = a^x \ln a\mathrm{d}x$；　（4）$\mathrm{d}(\mathrm{e}^x) = \mathrm{e}^x\mathrm{d}x$；

（5）$\mathrm{d}(\log_a x) = \frac{1}{x\ln a}\mathrm{d}x$；　（6）$\mathrm{d}(\ln x) = \frac{1}{x}\mathrm{d}x$；

（7）$\mathrm{d}(\sin x) = \cos x\mathrm{d}x$；　（8）$\mathrm{d}(\cos x) = -\sin x\mathrm{d}x$；

（9）$\mathrm{d}(\tan x) = \sec^2 x\mathrm{d}x$；　（10）$\mathrm{d}(\cot x) = -\csc^2 x\mathrm{d}x$；

（11） $d(\sec x)=\sec x\tan x dx$；

（12） $d(\csc x)=-\csc x\cot x dx$；

（13） $d(\arcsin x)=\dfrac{1}{\sqrt{1-x^2}}dx$；

（14） $d(\arccos x)=-\dfrac{1}{\sqrt{1-x^2}}dx$；

（15） $d(\arctan x)=\dfrac{1}{1+x^2}dx$；

（16） $d(\text{arccot}\, x)=-\dfrac{1}{1+x^2}dx$.

2. 微分的四则运算法则

设 u 和 v 都是可微函数，C 为常数，则

（1） $d(u\pm v)=du\pm dv$；

（2） $d(uv)=vdu+udv$；

（3） $d(Cu)=Cdu$；

（4） $d\left(\dfrac{u}{v}\right)=\dfrac{vdu-udv}{v^2}\ (v\neq 0)$.

3. 复合函数的微分法则

设函数 $y=f(\varphi(x))$ 是由可导函数 $y=f(u)$， $u=\varphi(x)$ 复合而成的复合函数. 其导数为

$$\frac{dy}{dx}=\frac{dy}{du}\cdot\frac{du}{dx}=f'(u)\cdot\varphi'(x)=f'(\varphi(x))\cdot\varphi'(x)$$

根据微分的定义，便得到复合函数的微分公式为

$$dy=f'(u)\cdot\varphi'(x)dx \quad 或 \quad dy=f'(\varphi(x))\cdot\varphi'(x)dx$$

由于 $\varphi'(x)dx=du$，所以复合函数的微分公式也可写成

$$dy=f'(u)du$$

这表明，无论 u 是自变量还是中间变量， $y=f(u)$ 的微分 dy 总可以用 $f'(u)$ 与 du 的乘积来表示. 这一性质称为一阶微分形式的不变性.

例 3 求 $y=e^{5x-2}$ 的微分.

解 $dy=f'(x)dx=e^{5x-2}d(5x-2)=e^{5x-2}\cdot 5dx=5e^{5x-2}dx$.

五、微分在近似计算中的应用

在实际问题中，经常利用微分作近似计算.

当函数 $y=f(x)$ 在 x_0 处的导数 $f'(x_0)\neq 0$，且 $|\Delta x|$ 很小时，有如下近似公式

$$\Delta y=f(x_0+\Delta x)-f(x_0)\approx f'(x_0)\Delta x$$

即

$$f(x_0+\Delta x)\approx f(x_0)+f'(x_0)\Delta x \tag{3-1}$$

利用式（3-1），可以进行近似计算.

例 4 求 $\sin 30°30'$ 的近似值.

解 令 $f(x)=\sin x$，则 $f'(x)=\cos x$，取 $x_0=30°=\dfrac{\pi}{6}$， $\Delta x=30'=\dfrac{\pi}{360}$，代入式（3-1）得

$$\sin 30°30' = \sin\left(\frac{\pi}{6}+\frac{\pi}{360}\right) \approx \sin\frac{\pi}{6}+\cos\frac{\pi}{6}\times\frac{\pi}{360}$$

$$=\frac{1}{2}+\frac{\sqrt{3}}{2}\times\frac{\pi}{360}\approx 0.507\ 6$$

特别地，在公式（3-1）中，若令 $x_0+\Delta x=x$，则

$$f(x)\approx f(x_0)+f'(x_0)(x-x_0) \tag{3-2}$$

在应用近似公式（3-2）时，经常遇到的情形是取 $x_0=0$，这时式（3-2）变为

$$f(\Delta x)\approx f(0)+f'(0)\Delta x$$

若令 $\Delta x=x$，当 $|x|$ 很小时，有近似式

$$f(x)\approx f(0)+f'(0)x \tag{3-3}$$

当 $|x|$ 很小时，利用式（3-3)，可得出下列一些常用的近似公式：

（1）$\sin x\approx x$；（2）$\tan x\approx x$；（3）$e^x\approx 1+x$；

（4）$\ln(1+x)\approx x$；（5）$(1+x)^\alpha\approx 1+\alpha x$.

例 5 求 $\sqrt[3]{65}$ 的近似值.

解 由于 $\sqrt[3]{65}=\sqrt[3]{64+1}=4\sqrt[3]{1+\frac{1}{64}}$，应用近似公式 $(1+x)^\alpha\approx 1+\alpha x$，取 $x=\frac{1}{64},\alpha=\frac{1}{3}$，得

$$\sqrt[3]{65}\approx 4\left(1+\frac{1}{3}\times\frac{1}{64}\right)\approx 4.020\ 8$$

例 6 某服饰公司生产一款西服，若能全部售出，收入函数为 $R=-\frac{q^2}{20}+36q$，其中 q 为公司的日产量. 如果公司的日产量从 250 增加到 260，请估算公司每天收入的增加量.

解 当公司的日产量从 250 增加到 260，即公司每天产量的增加量为 $\Delta q=10$，此时公司每天的收入 R 增加 ΔR，这是函数改变量的近似值问题. 则

$$\Delta R\approx dR=R'(q)\Delta q=\left(-\frac{q}{10}+36\right)\Delta q$$

当 $q=250$，$\Delta q=10$ 时，

$$\Delta R\approx\left(-\frac{250}{10}+36\right)\times 10=110$$

即公司的日产量从 250 增加到 260 时，每天收入的增加约为 110.

项目四　导数的几何应用（一）

一、函数单调性判别法

通过分析单调函数与其导数之间的关系，我们可以得到一种判别函数单调性的方法.

根据导数的几何意义，观察函数的图形可知，在$[a,b]$上单调递增（递减）的函数$f(x)$的图象（见图 3-6、图 3-7）是一条随x的增大而逐渐上升（下降）的曲线. 此时，曲线上任一点的切线与x轴正方向的夹角$\alpha(\beta)$为锐角（钝角），即$f'(x)>0$（$f'(x)<0$）；其实这个结论反过来也成立，可以根据导数理论推导出来.

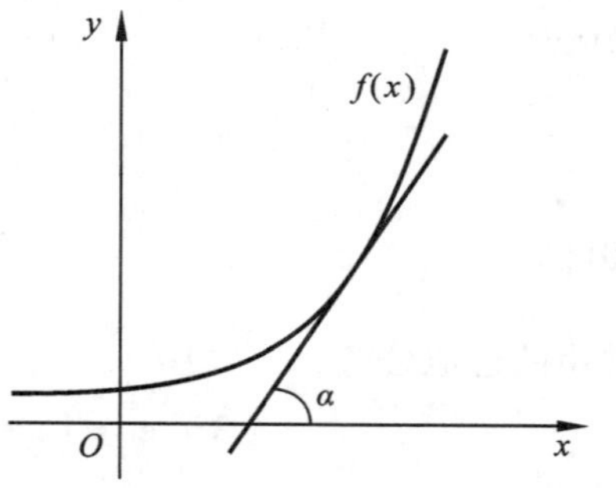

图 3-6

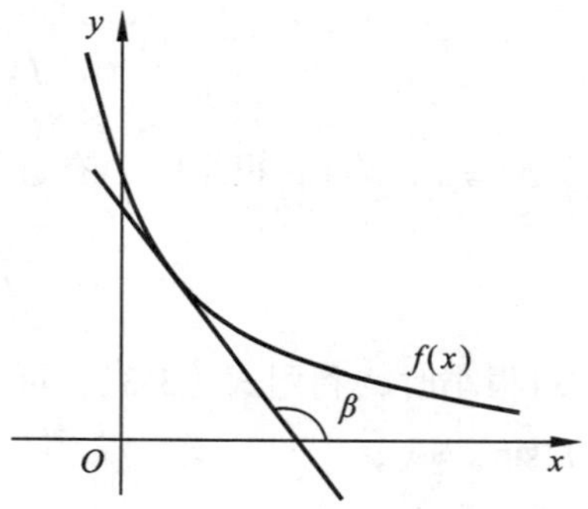

图 3-7

定理 3.5　设$f(x)$在(a,b)内可导，对任意的$x\in(a,b)$，有

（1）$f(x)$在$[a,b]$上严格单调递增的充要条件是在(a,b)内$f'(x)>0$；

（2）$f(x)$在$[a,b]$上严格单调递减的充要条件是在(a,b)内$f'(x)<0$.

由定理 3.5 知，讨论函数的单调性，要根据函数的一阶导数的符号来判定. 当函数$f(x)$连续时，$f'(x)$正负值的分界点常考虑$f'(x)=0$或$f'(x)$不存在的点.

使$f'(x)=0$的点x称为函数$f(x)$的驻点.

例 1　讨论函数$y=x^3-3x+1$的单调性.

解　函数的定义域为$(-\infty,+\infty)$. 函数的导数为

$$f'(x)=3x^2-3=3(x-1)(x+1)$$

令$f'(x)=0$，得$x=\pm1$.

列表讨论（见表 3-1）如下：

表 3-1

x	$(-\infty,-1)$	-1	$(-1,1)$	1	$(1,+\infty)$
y'	+	0	−	0	+
y	↗		↘		↗

故函数在$(-\infty,-1)$及$(1,+\infty)$内严格单调递增，在$[-1,1]$上严格单调递减.

通常，利用导数讨论函数$f(x)$的单调性，可按以下步骤进行：

（1）求函数的定义域；

（2）求 $f'(x)$，并进一步求出关键点：$f(x)$ 的驻点和不可导点；

（3）列表讨论，由上述关键点将定义域分成若干小区间，在每个区间内判定 $f'(x)$ 符号，进而确定函数的增减性.

二、函数的极值

定义 3.4 设 $f(x)$ 在 x_0 的某邻域 $U(x_0)$ 内有定义，对一切 $x\in U(x_0)$，有

（1）若 $f(x)\geqslant f(x_0)$，则称 $f(x)$ 在 x_0 取得**极小值**，称 x_0 是 $f(x)$ 的**极小值点**；

（2）若 $f(x)\leqslant f(x_0)$，则称 $f(x)$ 在 x_0 取得**极大值**，称 x_0 是 $f(x)$ 的**极大值点**，并将极小值和极大值统称为**极值**，极小值点和极大值点统称为极值点.

如图 3-8 中，x_1,x_3 是 $f(x)$ 的极大值点，x_2,x_4 是 $f(x)$ 的极小值点.

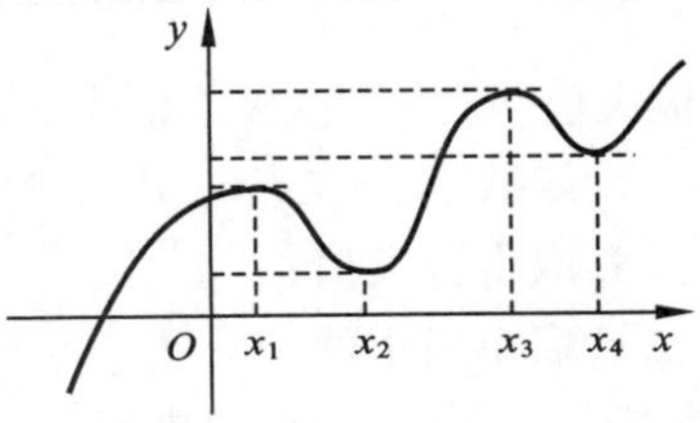

图 3-8

注意 极值的概念是局部性的，在一个区间上可能有几个极大值和几个极小值，其中有的极大值可能比极小值还小.如图 3-8 所示，极大值 $f(x_1)$ 小于极小值 $f(x_4)$.

从图 3-8 可以看出，可导函数在取得极值处的切线是水平的，即切线的斜率为零，于是有下面定理.

定理 3.6（极值的必要条件） 若 $f(x)$ 在 x_0 可导，且在 x_0 取得极值，则 $f'(x_0)=0$.

该定理表明，可导函数 $f(x)$ 的极值点必是 $f(x)$ 的驻点. 反过来，驻点却不一定是极值点. 如 $x=0$ 是函数 $y=x^3$ 的驻点，可它并不是极值点.

另外，对于导数不存在的点，函数也可能取得极值. 例如 $y=|x|$，它在 $x=0$ 处导数不存在，但在该点处取得极小值 0.

所以，我们只须从函数的驻点或导数不存在的点中去寻求函数的极值点，进而求出函数的极值.

定理 3.7（极值判别法Ⅰ） 设 $f(x)$ 在 x_0 处连续，在 x_0 的某去心邻域 $\mathring{U}(x_0,\delta)$ 内可导. 当 x 由小增大经过 x_0 点时，若

（1）$f'(x)$ 由正变负，则 $f(x)$ 在 x_0 处取得极大值；

（2）$f'(x)$ 由负变正，则 $f(x)$ 在 x_0 处取得极小值；

（3）$f'(x)$ 不改变符号，则 $f(x)$ 在 x_0 不取极值.

由上述可判定出函数的增减区间，同时能求出函数的极值，因此求函数极值的步骤与判定函数的增减性相同.

例 2 求 $y=(2x-5)\sqrt[3]{x^2}$ 的极值点与极值.

解 （1）函数的定义域为 $(-\infty,+\infty)$.

（2）因为 $y=(2x-5)\sqrt[3]{x^2}=2x^{\frac{5}{3}}-5x^{\frac{2}{3}}$ ，则

$$y'=\frac{10}{3}x^{\frac{2}{3}}-\frac{10}{3}x^{\frac{1}{3}}=\frac{10}{3}\cdot\frac{x-1}{\sqrt[3]{x}}$$

令 $y'=0$ ，得驻点 $x=1$ ；当 $x=0$ 时，函数的导数不存在.

（3）列表讨论（见表 3-2）如下：

表 3-2

x	$(-\infty,0)$	0	$(0,1)$	1	$(1,+\infty)$
y'	+	不存在	−	0	+
y	↗	极大值	↘	极小值	↗

故函数 $f(x)$ 的极大值点 $x=0$ ，极大值 $f(0)=0$ ；极小值点 $x=1$ ，极小值 $f(1)=-3$.

定理 3.8（极值判别法Ⅱ） 设函数 $f(x)$ 在点 x_0 处二阶可导，且 $f'(x)=0$ ，

（1）若 $f''(x_0)<0$ ，则 $f(x)$ 在 x_0 取得极大值；

（2）若 $f''(x_0)>0$ ，则 $f(x)$ 在 x_0 取得极小值；

（3）若 $f''(x_0)=0$ ，则不能判断 $f(x)$ 在 x_0 是否取极值.

例 3 求函数 $y=x^3-6x^2+9x+5$ 的极值.

解 函数的定义域为 $(-\infty,+\infty)$. 因为

$$f'(x)=3x^2-12x+9=3(x-1)(x-3)$$

令 $f'(x)=0$ ，得驻点 $x_1=1$ ， $x_2=3$.

又因为 $f''(x)=6x-12$ ，则

$f''(1)=-6<0$ ，所以 $f(1)=9$ 为极大值；

$f''(3)=6>0$ ，所以 $f(3)=5$ 为极小值.

说明 （1）看起来用极值判别法Ⅱ比极值判别法Ⅰ简单，但是当 $f''(x_0)=0$ 时，极值判别法Ⅱ失效. 如 $y=x^3$ 在点 $x=0$ 处二阶可导，且 $f'(0)=f''(0)=0$ ，但 $x=0$ 不是极值点；而对于 $y=x^4$ ，有 $f'(0)=f''(0)=0$ ，但 $x=0$ 是极小值点.

（2）对于不可导点是否为极值点，只能用极值判别法Ⅰ来判断.

三、函数的最值及其应用

在很多工程技术、工农业生产和各种经济活动中，往往会遇到在一定条件下，怎样使“产量最多”“用料最省”“成本最低”“利润最大”等问题，这类问题的解决，在数学上归结为求函数的最值问题.

1. 闭区间上连续函数的最值

根据闭区间上连续函数的性质，若函数 $f(x)$ 在 $[a,b]$ 上连续，则 $f(x)$ 在 $[a,b]$ 上必取得最

大值和最小值．一般而言，函数 $f(x)$ 在 $[a,b]$ 上的最大（小）值可能在区间端点或极值点处取得．而极值点可能出现在函数的驻点或不可导点．因此，为了避免对极值的考察，可直接比较函数的驻点、不可导点和区间端点的函数值，即可求得最大值和最小值．

例 4 求函数 $f(x)=x^3-3x^2-9x+5$ 在 $[-2,4]$ 上的最大值与最小值．

解 $f(x)$ 在 $[-2,4]$ 上连续，故必存在最大值与最小值．令

$$f'(x)=3x^2-6x-9=3(x+1)(x-3)=0$$

得驻点 $x=-1$ 和 $x=3$．因为

$$f(-1)=10,\quad f(3)=-22,\quad f(-2)=3,\quad f(4)=-15$$

所以 $f(x)$ 在 $x=-1$ 取得最大值 10，在 $x=3$ 取得最小值 -22．

2. 最值的应用

在很多实际问题中，往往根据事物的性质就可断定函数 $f(x)$ 在定义区间内确有最大值或最小值．理论上可以证明，若实际问题断定 $f(x)$ 在其定义区间内部（不是端点处）存在最大值（最小值），且在定义区间内有唯一的驻点 x_0，那么可以断定 $f(x)$ 在 x_0 处取得相应的最大值（最小值）．

例 5 设某产品的价格与需求的关系为 $p=250-0.3q$，总成本函数

$$C(q)=100q+1800$$

求当产量和价格分别是多少时，该产品的利润最大，并求最大利润．

解 由题意知，该产品的收益函数为

$$R(q)=pq=(250-0.3q)q=250q-0.3q^2$$

利润函数为

$$L(q)=R(q)-C(q)=(250q-0.3q^2)-(100q+1\,800)$$
$$=-0.3q^2+150q-1\,800$$

则
$$L'(q)=-0.6q+150.$$

令 $L'(q)=0$，得唯一驻点 $q=250$．

所以当 $q=250$ 时，产品的利润 $L(q)$ 最大，且最大值为

$$L(q)=-0.3\times250^2+150\times250-1\,800=16\,950$$

此时，

$$p=250-0.3\times250=175\text{（元）}$$

所以产量为 250 单位，价格为 175 元/单位时，产品的利润最大，最大利润为 16 950 元．

例 6 铁路线上 AB 的距离为 100 km，工厂 C 距 A 处为 20 km，AC 垂直于 AB（见图 3-9）．今要在 AB 线上选定一点 D 向工厂修筑一条公路，已知铁路与公路每千米货运费之比

为 3 : 5，问 D 选在何处，能使从 B 到 C 的运费最少？

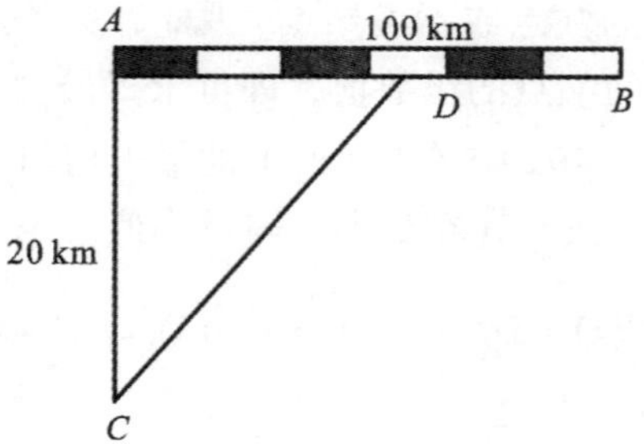

图 3-9

解 设 A 到 D 的距离为 x 千米，则

$$DB = 100 - x, \quad CD = \sqrt{20^2 + x^2}$$

由于铁路与公路每千米货运费之比为 3 : 5，不妨设铁路每千米费用为 $3a$，公路每千米费用为 $5a$，则从 B 到 C 的运费的数学模型为

$$y = 5a\sqrt{400 + x^2} + 3a(100 - x), \quad x \in [0,100]$$

因为

$$y' = a\left(\frac{5x}{\sqrt{400 + x^2}} - 3\right),$$

令 $y' = 0$，得 $x = 15$ 为函数在其定义域内的唯一驻点.

所以 D 选在距 A 处 15 km 时，从 B 到 C 的运费最少.

项目五　导数的几何应用（二）

一、问题的引入

引例（变化率的变化率） 设某项目的利润 L 有两个方案可供选择，这两个方案的函数关系分别为 $L_1(t) = \dfrac{3t}{t+1}$，$L_2(t) = \dfrac{t^2 + t + 1}{t+1}$，其中 t 表示时间，问：当 $t = 1$ 时，这两个方案哪一个更优？

解 由题意知，$L_1(1) = L_2(1) = \dfrac{3}{2}$，两个方案的利润相等.

再看利润的变化率，即边际利润

$$L_1'(1) = \left.\frac{3}{(t+1)^2}\right|_{t=1} = \frac{3}{4}, \quad L_2'(1) = \left.\frac{t^2 + 2t}{(t+1)^2}\right|_{t=1} = \frac{3}{4}$$

两个方案的边际利润仍然相等.

再看边际利润的变化率，即

$$L_1''(1)=\left.\frac{-6}{(t+1)^3}\right|_{t=1}=-\frac{3}{4}，\quad L_2''(1)=\left.\frac{2}{(t+1)^3}\right|_{t=1}=\frac{1}{4}$$

由此可见，当$t=1$时，利润变化率$L_1'(1)$的变化率$L_1''(1)$小于零，即利润变化率$L_1'(1)$在递减；而利润变化率$L_2'(1)$的变化率$L_2''(1)$大于零，即利润变化率$L_2'(1)$在增加. 因此，方案L_2优于L_1.

在决策分析中，我们不仅要考虑目前的利润及利润的变化率，还要考虑利润变化率的变化率，因为这将关系到发展的后劲问题. 因此，函数$y=f(x)$的增长速度由增到减的分界点或由减到增的分界点，也是我们关注的重点. 这就是下面我们要学习的曲线$y=f(x)$的拐点.

二、曲线的凹凸性与拐点

定义 3.5 设函数$y=f(x)$在(a,b)内可导，若曲线$y=f(x)$位于其上任意一点切线的上方，则称该曲线在(a,b)内是凹的；若曲线$y=f(x)$位于其上任意一点切线的下方，则称该曲线在(a,b)内是凸的. 图 3-10 中的曲线是凹的，而图 3-11 中的曲线是凸的.

显然，曲线凹的部分与凸的部分的分界点就是曲线的**拐点**.

从图 3-10 和图 3-11 明显看出，凹曲线的斜率$k=f'(x)$随着x的增大而增大，即$f'(x)$为单增函数；凸曲线的斜率$f'(x)$随着x的增大而减小，即$f'(x)$为单减函数. 而$f'(x)$的单调性可由二阶导数$f''(x)$来判定.

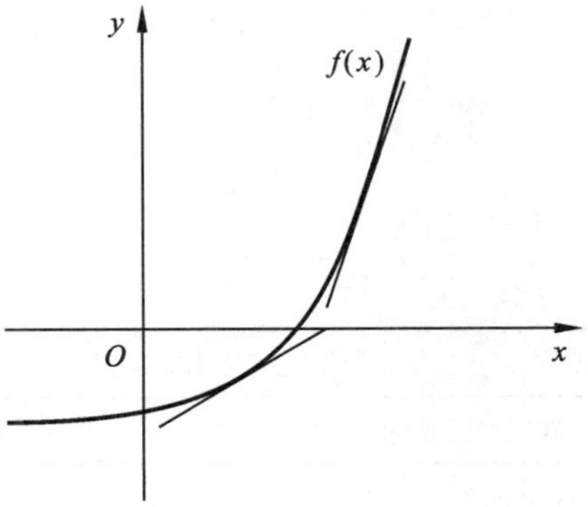

图 3-10

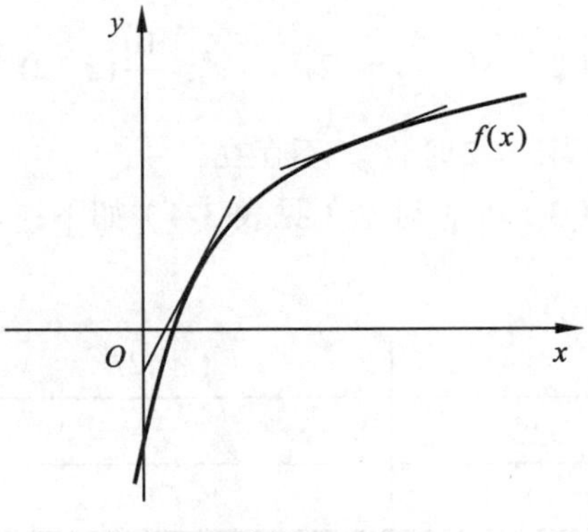

图 3-11

定理 3.9 若$f(x)$在(a,b)内二阶可导，对任意的$x\in(a,b)$，有

（1）若$f''(x)>0$，则曲线$f(x)$在(a,b)内是凹的；

（2）若$f''(x)<0$，则曲线$f(x)$在(a,b)内是凸的.

不难看出，曲线$f(x)$的拐点就是其对应的导函数$f'(x)$的极值点. 特别地，在拐点x_0处，若$f''(x)$存在，则$f''(x)=0$.

所以，结合定理 3.9 以及极值的判定，通常可按以下步骤来讨论曲线的凹凸性、拐点：

（1）求函数$f(x)$的定义域；

（2）求$f''(x)$，并进一步求出关键点：$f''(x)=0$的点和$f''(x)$不存在的点；

（3）列表讨论，由上述关键点将定义域分成若干小区间，在每个区间内判定$f''(x)$的符号，进而确定函数的凹凸性和拐点.

注意　在列表讨论时，常用符号“∩”表示曲线是凸的，“∪”表示曲线是凹的.

例 1　讨论曲线 $y=3x^4-4x^3+1$ 的凹凸性，并求其拐点.

解　（1）函数的定义域为 $(-\infty,+\infty)$.

（2）$y'=12x^3-12x^2$，$y''=36x^2-24x=12x(3x-2)$

令 $y''=0$，得 $x_1=0$，$x_2=\dfrac{2}{3}$.

（3）列表讨论（见表 3-3）如下：

表 3-3

x	$(-\infty,0)$	0	$\left(0,\dfrac{2}{3}\right)$	$\dfrac{2}{3}$	$\left(\dfrac{2}{3},+\infty\right)$
y''	+	0	−	0	+
y	∪	拐点	∩	拐点	∪

因此，曲线在区间 $(-\infty,0)$ 与 $\left(\dfrac{2}{3},+\infty\right)$ 内是凹的，在区间 $\left(0,\dfrac{2}{3}\right)$ 内是凸的. 点 $(0,1)$ 和 $\left(\dfrac{2}{3},\dfrac{11}{27}\right)$ 是曲线的拐点.

例 2　求曲线 $y=(x-2)^{\frac{5}{3}}$ 的凹凸区间及其拐点.

解　（1）函数 $y=\sqrt[3]{(x-2)^5}$ 的定义域为 $(-\infty,+\infty)$.

（2）$y'=\dfrac{5}{3}(x-2)^{\frac{2}{3}}$，$y''=\dfrac{10}{9}(x-2)^{-\frac{1}{3}}=\dfrac{10}{9\cdot\sqrt[3]{x-2}}$

当 $x=2$ 时，y'' 不存在.

（3）列表讨论（见表 3-4）如下：

表 3-4

x	$(-\infty,2)$	2	$(2,+\infty)$
y''	−	不存在	+
y	∩	拐点	∪

因此，曲线的凸区间为 $(-\infty,2)$，凹区间为 $(2,+\infty)$，拐点是 $(2,0)$.

例 3　设某产品的利润函数为 $L(q)=\dfrac{1}{2}\mathrm{e}^{-(q-4)^2}$，其中 q 表示产量. 问：当产量为多少时，其利润的增长速度呈加速增长状态；当产量为多少时，其利润的增长速度呈衰退状态.

解　求解此问题需要找到产品利润函数的拐点. 利润函数的定义域为 $(0,+\infty)$，且

$$L'(q)=-(q-4)\mathrm{e}^{-(q-4)^2}，\quad L''(q)=-\mathrm{e}^{-(q-4)^2}+2(q-4)^2\mathrm{e}^{-(q-4)^2}=[2(q-4)^2-1]\mathrm{e}^{-(q-4)^2}$$

令 $L''(q)=0$，得 $q=4\pm\dfrac{\sqrt{2}}{2}$.

列表讨论（见表 3-5）如下：

表 3-5

q	$\left(0,4-\frac{\sqrt{2}}{2}\right)$	$4-\frac{\sqrt{2}}{2}$	$\left(4-\frac{\sqrt{2}}{2},4+\frac{\sqrt{2}}{2}\right)$	$4+\frac{\sqrt{2}}{2}$	$\left(4+\frac{\sqrt{2}}{2},+\infty\right)$
$L''(q)$	+	0	−	0	+
$L(q)$	利润的增长呈加速态势	拐点	利润的增长呈衰退状态	拐点	利润的增长呈加速态势

因此，当产量 $q=4\pm\frac{\sqrt{2}}{2}$ 单位时，产品的利润出现拐点. 其中 $q=4-\frac{\sqrt{2}}{2}$ 单位时，其利润的增长速度达到最大值，此后由增到减，呈衰退状态；$q=4+\frac{\sqrt{2}}{2}$ 单位时，其利润的增长速度达到最小值，此后由减到增，呈加速态势.

说明 由利润的一阶导数 $L'(q)=-(q-4)\mathrm{e}^{-(q-4)^2}$，不难得出利润在产量为 4 个单位时达到最大值，因此，即使产量在 $4+\frac{\sqrt{2}}{2}$ 个单位时，其利润的增长速度由减到增，呈加速增长态势，其利润却是减少的.

项目六　导数与微分的经济学应用

一、边际分析

在经济学中，边际概念是一个很重要的概念，通常指经济变量变化的变化率. 利用导数研究经济变量的方法，即边际分析法，是经济理论中的重要内容.

定义 3.6 设函数 $y=f(x)$ 是一个经济函数，其导数 $f'(x)$ 称为 $f(x)$ 的**边际函数**. 如

总成本函数 $C(q)$ 的导数 $C'(q)$ 称为边际成本，记为 MC；

总收入函数 $R(q)$ 的导数 $R'(q)$ 称为边际收入，记为 MR；

总利润函数 $L(q)$ 的导数 $L'(q)$ 称为边际利润，记为 ML.

其中 q 为产量.

由于总利润为总收入与总成本之差，即 $L(q)=R(q)-C(q)$，上式两边求导，得

$$L'(q)=R'(q)-C'(q)$$

即边际利润又等于边际收入与边际成本之差.

通常，$f'(x_0)$ 称为 $f(x)$ 在点 x_0 的边际函数值，其经济意义是：$f'(x_0)$ 近似等于产量为 x_0 时再增加一个单位产品（$\Delta x=1$）所增加的函数值，这是因为由

$$f'(x_0)=\lim_{\Delta x\to 0}\frac{\Delta y}{\Delta x}=\lim_{\Delta x\to 0}\frac{f(x_0+\Delta x)-f(x_0)}{\Delta x}$$

可得

$$f(x_0+1)-f(x_0)=\Delta y\approx f'(x_0)$$

故而在经济学中，边际成本定义为产量增加一个单位时总成本的增量，边际收入定义为

多销售一个单位产品时总收入的增量，边际利润定义为多销售一个单位产品所增加的利润.

例 1 已知某商品的成本函数为 $C(q)=100+\frac{q^2}{4}$（单位：万元），当 $q=10$（单位：台）时，求：

（1）总成本、平均成本；

（2）边际成本，并说明其经济意义.

解 （1）因为

$$\overline{C}=\frac{C(q)}{q}=\frac{100}{q}+\frac{q}{4}$$

所以当 $q=10$ 台时，总成本为 $C(10)=125$（万元），平均成本为 $\overline{C}(10)=12.5$（万元）.

（2）又因为

$$C'(q)=\frac{q}{2}$$

所以当 $q=10$ 台时，边际成本为 $C'(10)=5$（万元）. 其经济意义是：产量为 10 台时再增加 1 台的产品所增加的成本是 5 万元.

例 2 某公司生产的产品的总成本 C 关于产量 q（单位：kg）的函数 $C=100+5\sqrt{q}(20+q)$（单位：万元），其中100万元是固定成本. 计算在生产达到 100 kg，再生产 1 kg 时，总成本增加多少万元？

解 由边际成本的经济意义，得

$$C'=[100+5\sqrt{q}(20+q)]'=5\cdot\frac{1}{2\sqrt{q}}(20+q)+5\sqrt{q}$$

则

$$C'(100)=5\cdot\frac{1}{2\sqrt{100}}(20+100)+5\sqrt{100}=80$$

即在生产达到 100 kg，再生产 1 kg 时，总成本将增加 80 万元.

例 3 设某产品的需要函数为 $q=100-5p$（单位：吨），求边际收入函数，以及当 $q=20$ 和 $q=70$ 时的边际收入（单位：万元），并说明其经济意义.

解 收入函数为 $R(q)=pq$. 因为 $q=100-5p$，所以 $p=\frac{1}{5}(100-q)$，于是收入函数为

$$R(q)=\frac{1}{5}(100-q)q$$

边际收入函数为

$$R'(q)=\frac{1}{5}(100-2q)$$

所以，当 $q=20$ 吨时，边际收入为 $R'(20)=12$（万元）. 其经济意义是：产量为 20 吨时，再多生产 1 吨产品收入将增加 12 万元；

当 $q=70$ 吨时，边际收入为 $R'(70)=-8$（万元），其经济意义是：产量为 70 吨时，再多生产 1 吨产品收入将减少 8 万元.

例 4 已知某商品的产量以台为单位，其利润函数为 $L(q)=-q^2+80q-50$（单位：万元），求当 q 分别为 10 台与 40 台时的边际利润，并说明其经济意义.

解 由导数的定义，可求得利润函数的导数

$$L'(q)=-2q+80$$

当 $q=10$ 时，边际利润为 $L'(10)=-2\times 10+80=60$，其经济意义是：当产量为 10 台时，再生产 1 台产品利润将增加 60 万元；

当 $q=40$ 时，边际利润为 $L'(40)=-2\times 40+80=0$，其经济意义是：当产量为 40 台时，再生产 1 台产品利润将不变.

二、弹性分析

弹性概念是经济学中的另一个重要概念，用来定量地描述一个经济变量对另一个经济变量变化的灵敏程度.

1. 弹性的概念

前面所谈的函数改变量与函数的变化率都是绝对改变量与绝对变化率. 我们从实践中体会到，仅仅研究函数的绝对改变量与绝对变化率是不够的. 例如一部手机 1 000 元，一辆汽车 100 000 元，各涨价 100 元. 两种商品价格的绝对改变量都是 100 元，但与各原价相比，两者涨价的百分比却有很大的不同，手机涨了 10%，而汽车涨了 0.1%. 因此，我们还有必要研究函数的相对改变量与相对变化率.

（1）预备知识.

定义 3.7 已知函数 $y=f(x)$，当自变量从 x_0 变到 $x_0+\Delta x$ 时，对应的函数值从 $y_0=f(x_0)$ 变到 $f(x_0+\Delta x)$，其中，Δx 与 Δy 分别称为自变量 x 在点 x_0 处与函数 y 在 y_0 处的**绝对增量**. $\dfrac{\Delta x}{x_0}$ 称为自变量 x 在 x_0 处的**相对增量**（或相对改变量），也称为自变量 x 在点 x_0 处的变化幅度；$\dfrac{\Delta y}{y_0}$ 称为函数 y 在点 y_0 处的**相对增量**（或相对改变量），也称为函数 y 在点 y_0 处的变化幅度.

自变量与函数的相对增量都是无单位的量，常用百分比表示.

把比值 $\dfrac{\Delta y/y_0}{\Delta x/x_0}$ 称为函数 y 在区间 $[x_0,x_0+\Delta x]$（$\Delta x>0$）上的平均相对变化率.

如函数 $y=x^2$，当自变量 x 在点 $x=10$ 处取得增量 $\Delta x=2$，那么函数 y 取得增量 $\Delta y=44$. 而

$$\frac{\Delta x}{x}=\frac{2}{10}=20\%,\quad \frac{\Delta y}{y}=\frac{44}{100}=44\%,\quad \frac{\Delta y/y}{\Delta x/x}=\frac{44\%}{20\%}=2.2$$

这表明：当 $x=10$ 改变到 $x=12$ 时，函数 y 从 100 变到 144， x 的相对增量是 20%，y 的

相对增量是 44%，函数 y 在区间 [10,12] 上的平均相对变化率是 2.2，即 y 的变化幅度平均是 x 的变化幅度的 2.2 倍.

（2）弹性的定义.

定义 3.8 设函数 $y=f(x)$ 在点 x_0 的某邻域内有定义，且 $y_0=f(x_0)\neq 0$，函数的相对改变量 $\frac{\Delta y}{y_0}$ 与自变量的相对改变量 $\frac{\Delta x}{x_0}$ 之比 $\frac{\Delta y/y_0}{\Delta x/x_0}$，称为函数 $f(x)$ 从 x_0 改变到 $x_0+\Delta x$ 两点间的**弹性**，或称两点间的相对变化率.

如果 $\Delta x\to 0$ 时，两点间弹性的极限 $\lim\limits_{\Delta x\to 0}\frac{\Delta y/y_0}{\Delta x/x_0}$ 存在，则称该极限值为函数 $f(x)$ 在 x_0 处的**弹性**，记为 $\left.\frac{Ey}{Ex}\right|_{x=x_0}$ 或 $\frac{E}{Ex}f(x_0)$. 即

$$\left.\frac{Ey}{Ex}\right|_{x=x_0}=\lim_{\Delta x\to 0}\frac{\Delta y/y_0}{\Delta x/x_0}=\lim_{\Delta x\to 0}\frac{(f(x_0+\Delta x)-f(x_0))/f(x_0)}{\Delta x/x_0}$$

函数 $y=f(x)$ 在点 x_0 的弹性 $\left.\frac{Ey}{Ex}\right|_{x=x_0}$ 表示 $y=f(x)$ 对 x_0 变化反应的灵敏度.

同时发现，

$$\left.\frac{Ey}{Ex}\right|_{x=x_0}=\lim_{\Delta x\to 0}\frac{\Delta y/y_0}{\Delta x/x_0}=\lim_{\Delta x\to 0}\frac{\Delta y}{\Delta x}\cdot\frac{x_0}{y_0}=f'(x_0)\cdot\frac{x_0}{f(x_0)}$$

显然，当 x_0 为定值时，$\left.\frac{Ey}{Ex}\right|_{x=x_0}$ 为定值.

定义 3.9 设函数 $y=f(x)$ 在区间 (a,b) 内可导，且对于该区间中任意的 x，对应的 $f(x)\neq 0$，则称 $\frac{Ey}{Ex}=f'(x)\cdot\frac{x}{f(x)}$ 为函数 $y=f(x)$ 在区间 (a,b) 内的点弹性函数，简称**弹性函数**.

例 5 求函数 $y=3+2x$ 在 $x=3$ 处的弹性.

解 由已知得 $y'=2$，则

$$\frac{Ey}{Ex}=f'(x)\cdot\frac{x}{y}=\frac{2x}{3+2x}$$

所以

$$\left.\frac{Ey}{Ex}\right|_{x=3}=\frac{2\times 3}{3+2\times 3}=\frac{2}{3}$$

2. 经济学中的弹性概念

定义 3.10 若需求函数 $Q=Q(p)$ 可导，则称

$$\frac{EQ}{Ep}=Q'(p)\cdot\frac{p}{Q(p)}$$

为商品的**需求价格弹性**，简称**需求弹性**，常记为 ε_p，即

$$\varepsilon_p = \frac{EQ}{Ep} = Q'(p)\cdot\frac{p}{Q(p)} \quad 或 \quad \varepsilon_p = \frac{p}{Q(p)}\cdot\frac{\mathrm{d}Q}{\mathrm{d}p}.$$

需求弹性 ε_p 是刻画当商品价格 p 变动时相应的需求量 Q 变动的强弱. 由于需求函数 $Q=Q(p)$ 为单调递减函数，故需求弹性为负值. 这表示当商品的价格上涨（或下跌）1% 时，其需求量将减少(或增加)约 $|\varepsilon_p|$%. 因此，在经济学中，比较商品的需求弹性大小时，采用弹性的绝对值 $|\varepsilon_p|$. 我们所说的商品的需求价格弹性大，是指其绝对值大.

当 $\varepsilon_p=-1$（即 $|\varepsilon_p|=1$）时，称为**单位弹性**，此时商品需求量变动的百分比 $\frac{\mathrm{d}Q}{Q}$ 与价格变动的百分比 $\frac{\mathrm{d}p}{p}$ 相等.

当 $\varepsilon_p<-1$（即 $|\varepsilon_p|>1$）时，称为**高弹性**，此时商品需求量变动的百分比高于价格变动的百分比，价格变动对需求量的影响较大.

当 $-1<\varepsilon_p<0$（即 $|\varepsilon_p|<1$）时，称为**低弹性**，此时商品需求量变动的百分比低于价格变动的百分比，价格变动对需求量的影响不大.

在商品经济中，商品经营者关心的是提价（$\Delta p>0$）或降价（$\Delta p<0$）对总收益的影响. 设销售收益 $R=Qp$（Q 为销售量，p 为价格），则当价格 p 有微小改变量 Δp 时，有

$$\Delta R \approx \mathrm{d}R = \mathrm{d}(Qp) = Q\mathrm{d}p + p\mathrm{d}Q = \left(1+\frac{p\mathrm{d}Q}{Q\mathrm{d}p}\right)Q\mathrm{d}p$$

即

$$\Delta R \approx (1+\varepsilon_p)Q\mathrm{d}p$$

由 $\varepsilon_p<0$ 知 $\varepsilon_p=-|\varepsilon_p|$，于是有

$$\Delta R \approx (1-|\varepsilon_p|)Q\mathrm{d}p$$

由此可知，当 $|\varepsilon_p|>1$（高弹性）时，降价（$\mathrm{d}p<0$）可使总收益增加（$\Delta R>0$），即薄利多销多收益；提价（$\mathrm{d}p>0$）将使总收益减少（$\Delta R<0$）. 当 $|\varepsilon_p|<1$（低弹性）时，降价使总收益减少（$\Delta R<0$），提价使总收益增加.当 $|\varepsilon_p|=1$（单位弹性）时，总收益增量近似为 0（$\Delta R\approx 0$），即提价或降价对总收益没有明显的影响.

例 6 设某商品的需求量为 $Q=600-50p$，求 $p=1$，$p=6$，$p=8$ 时的需求价格弹性，并给出适当的经济解释.

解 因为 $Q=600-50p$，所以

$$\frac{\mathrm{d}Q}{\mathrm{d}p}=-50$$

则

$$\varepsilon_p = \frac{p}{Q(p)}\cdot\frac{\mathrm{d}Q}{\mathrm{d}p} = \frac{-50p}{600-50p}$$

当 $p=1$ 时，$|\varepsilon_p|=\dfrac{1}{11}<1$，为低弹性，此时降价将使总收益减少，提价将使总收益增加.

当 $p=6$ 时，$|\varepsilon_p|=1$，为单位弹性，此时降价或提价对总收益没有明显影响.

当 $p=8$ 时，$|\varepsilon_p|=2$，为高弹性，此时降价将使总收益增加，提价将使总收益减少.

定义 3.11 若供给函数 $S=S(p)$ 可导，则称 $\dfrac{ES}{Ep}=S'(p)\cdot\dfrac{p}{S(p)}$ 为商品的**供给价格弹性**，简称**供给弹性**，常记为 ε_s，即

$$\varepsilon_s=S'(p)\cdot\frac{p}{S(p)} \quad 或 \quad \varepsilon_s=\frac{p}{Q(p)}\cdot\frac{\mathrm{d}S}{\mathrm{d}p}$$

供给弹性的经济意义是：当价格为 p 时，若价格增加（或降低）1%，则供给增加（或减少）ε_s%.

例 7 设某商品的供给函数 $S(p)=-2+2p$，求价格为 $p=5$ 时的供给价格弹性，并解释其经济含义.

解 由已知，得 $\dfrac{\mathrm{d}S}{\mathrm{d}p}=2$，则

$$\varepsilon_s=\frac{p}{Q(p)}\cdot\frac{\mathrm{d}S}{\mathrm{d}p}=\frac{p}{-2+2p}\cdot 2=\frac{p}{p-1}$$

于是，当 $p=5$ 时，$\varepsilon_s=1.25$.

因为当 $p=5$ 时，$S(5)=8$. 故上述结果的经济意义是：当价格为 5 时，若价格提高（或降低）1%，供给量将由 8 开始增加（或减少）1.25%.

模块三小结

一、导数的概念

（1）导数产生的实际背景；

（2）导数的定义，左、右导数的定义及函数可导的充要条件；

（3）导数的几何意义，以及平面曲线的切线方程和法线方程；

（4）可导与连续的关系.

二、导数的运算

（1）导数的四则运算法则和基本初等函数的求导公式；

（2）复合函数的求导法则；

（3）隐函数的导数及对数求导法；

（4）高阶导数的概念及其简单计算.

三、微分及其在近似计算中的应用

（1）微分的概念；

（2）微分的几何意义；

（3）微分的四则运算法则和一阶微分不变性；

（4）微分的近似计算.

四、导数的应用

（1）在经济学中的应用——边际分析和弹性分析；

（2）函数的单调性、极值与最值及其应用；

（3）曲线的凹凸性与拐点及其应用；

（4）函数图形的描绘.

模块笔记

项目	相关知识点
项目一 导数与变化率	
项目二 导数的运算	

模块笔记

项目	相关知识点
项目三 微分与近似计算	
项目四 导数的几何应用（一）	

模块笔记

项目	相关知识点
项目五 导数的几何应用（二）	
项目六 导数与微分的经济学应用	

模块四 积分及其应用

内容概要

积分学是高等数学的重要组成部分，含不定积分和定积分两个部分，二者的概念虽不同，但在计算上却有内在联系. 本模块主要介绍一元函数的不定积分和定积分的概念、性质、计算及其应用.

学习目标

- 理解不定积分、定积分的概念和基本性质；
- 掌握不定积分的基本积分公式和积分方法；
- 会用牛顿-莱布尼茨公式计算定积分；
- 能运用积分求解平面图形的面积，特别是解决简单的经济学问题.

【数学小事例】 关于谁先创立了微积分，在数学史上不仅是一个著名的公案，也是一场没有硝烟的战争. 在数学史上这场战争的核心人物，就是我们熟知的英国科学家牛顿和德国科学家莱布尼茨. 牛顿在微积分方面的研究要早于莱布尼茨，但莱布尼茨成果的发表却早于牛顿.

1665 年，牛顿就已经发现了“流数术（即微积分）”的基本概念. 到 1669 年，牛顿在对“流数术”的研究中取得了巨大突破，他不仅明确得出了求一个变量对另一个变量瞬时变化率的普遍方法，还证明了“求面积可以由求变化率的逆过程得到”这样一个基本定理. 这时，牛顿虽然已经在微积分的研究上取得了重大进展，但是他却没有选择公布研究成果，而是只和几个好朋友进行了内部探讨. 1684 年，莱布尼茨发表了人类历史上第一篇有关于微分的论文《一种求极大极小和切线的新方法，它也适用于分式和无理量，以及这种新方法的奇妙类型的计算》. 1687 年，牛顿发表了划时代的科学名著《自然哲学的数学原理》，向世人宣告了流数术的诞生. 虽然牛顿发现微积分比莱布尼茨至少早了 9 年，但是莱布尼茨发表论文却比牛顿早了 3 年. 于是，随着微积分的名气越来越大，争论便产生了.

后来人们公认，牛顿和莱布尼茨是各自独立地创造了微积分，牛顿是从物理学出发研究微积分，运用上更多地结合了运动学，莱布尼茨从几何学出发运用分析学得出微积分概念和数学法则，给出了现代的微分符号 dx、dy，引入了积分符号“$\int$”，而且还探讨了求积分与求微分的互逆关系，具有更好的数学严密性.

项目一　不定积分的概念

在微分学中，我们讨论了函数的导数和微分问题，但是在生产实践、经济活动等领域中往往会遇到与之相反的问题，即已知一个函数的导数（或微分），要求出此函数.

一、问题的引入

下面先引入案例.

引例 1　已知自由落体运动的速度 $v(t)=gt$，求该物体的运动方程 $s=s(t)$（设运动开始时，物体在原点）.

这个问题是已知 $s'(t)=v(t)=gt$，要求出运动方程 $s(t)$. 根据导数的公式，易求得 $s(t)=\frac{1}{2}gt^2$，即该物体的运动方程. 这就是一个与求导问题互逆的问题.

引例 2　已知某产品的边际成本 $C'(q)$，求出总成本函数 $C(q)$.

这个问题是已知总成本函数的导数 $C'(q)$，要求出总成本函数 $C(q)$. 这也是与求导问题互逆的一个问题.

这种已知函数的导数(或微分)要求函数的问题，是微积分学的另一个基本问题——不定积分.

二、原函数

通常，已知函数的导数 $F'(x)=f(x)$，为了求函数 $F(x)$，需引入原函数的定义.

定义 4.1　若函数 $F(x)$ 在区间 I 上可导，且对任意的 $x\in I$，有

$$F'(x)=f(x) \quad 或 \quad \mathrm{d}F(x)=f(x)\mathrm{d}x$$

则称 $F(x)$ 为 $f(x)$ 在区间 I 上的一个**原函数**.

如 $(x^2)'=2x$，故 x^2 是 $2x$ 的一个原函数；但是，$(x^2+2)'=2x$；$(x^2-\sqrt{3})'=2x$ 等，所以 x^2+2，$x^2-\sqrt{3}$ 等也是 $2x$ 的原函数.

因此，一个函数的原函数不是唯一的. 这些原函数之间只相差一个任意的常数 C. 即若一个函数 $f(x)$ 的原函数 $F(x)$ 存在，则 $f(x)$ 有无穷多个原函数，并且它们之间只相差一个常数，即 $f(x)$ 的全体原函数都可表示成 $F(x)+C$（C 为任意常数）.

三、不定积分的定义

定义 4.2　函数 $f(x)$ 的全体原函数 $F(x)+C$ 叫作 $f(x)$ 的**不定积分**，记为 $\int f(x)\mathrm{d}x$.

其中，“$\int$”叫作积分符号，x 叫作积分变量，$f(x)$ 叫作被积函数，$f(x)\mathrm{d}x$ 叫作被积表达式，C 叫作积分常数.

根据不定积分的定义，有

$$\int f(x)\mathrm{d}x = F(x) + C$$

其中，$F'(x) = f(x)$.

那么要求出函数 $f(x)$ 的不定积分，只需求出函数 $f(x)$ 的一个原函数 $F(x)$，再加上一个任意常数 C 即可.

注 积分常数 C 一定不能省略.

例 1 求下列不定积分：

（1）$\int \sin x\mathrm{d}x$；（2）$\int \frac{1}{x}\mathrm{d}x$.

解 （1）因为 $(-\cos x)' = \sin x$，所以 $\int \sin x\mathrm{d}x = -\cos x + C$.

（2）因为

当 $x > 0$ 时，$(\ln x)' = \frac{1}{x}$；

当 $x < 0$ 时，$(\ln(-x))' = \frac{-1}{-x} = \frac{1}{x}$，

所以
$$\int \frac{1}{x}\mathrm{d}x = \ln|x| + C.$$

求不定积分实际上就是微分学中求导的逆过程，因此，由求导公式可以得到相应的不定积分的基本公式.

（1）$\int k\mathrm{d}x = kx + C(k\text{为常数})$；

（2）$\int x^{\mu}\mathrm{d}x = \frac{x^{\mu+1}}{\mu+1} + C(\mu \neq -1)$；

（3）$\int \frac{1}{x}\mathrm{d}x = \ln|x| + C$；

（3）$\int \mathrm{e}^{x}\mathrm{d}x = \mathrm{e}^{x} + C$；

（5）$\int a^{x}\mathrm{d}x = \frac{a^{x}}{\ln a} + C$；

（6）$\int \cos x\mathrm{d}x = \sin x + C$；

（7）$\int \sin x\mathrm{d}x = -\cos x + C$；

（8）$\int \frac{1}{\cos^2 x}\mathrm{d}x = \int \sec^2 x\mathrm{d}x = \tan x + C$；

（9）$\int \frac{1}{\sin^2 x}\mathrm{d}x = \int \csc^2 x\mathrm{d}x = -\cot x + C$；

（10）$\int \sec x\tan x\mathrm{d}x = \tan x + C$；

（11）$\int \csc x\cot x\mathrm{d}x = -\csc x + C$；

（12）$\int \frac{\mathrm{d}x}{\sqrt{1-x^2}} = \arcsin x + C$；

（13）$\int \frac{\mathrm{d}x}{1+x^2} = \arctan x + C$.

这 13 个基本公式是积分的基础，务必熟记.

四、不定积分的简单性质

性质 1 积分运算与导数运算之间有如下互逆关系：

（1）$\left(\int f(x)\mathrm{d}x\right)' = f(x)$；

（2）$\int \mathrm{d}F(x) = F(x) + C$.

性质 2 被积函数中不为零的常数因子可以提到积分符号外，即

$$\int kf(x)\mathrm{d}x = k\int f(x)\mathrm{d}x(k \neq 0)$$

性质 3 两个函数代数和的积分，等于各函数积分的代数和，即

$$\int (f(x) \pm g(x))\mathrm{d}x = \int f(x)\mathrm{d}x \pm \int g(x)\mathrm{d}x .$$

这个性质对有限多个函数的和也是成立的. 它表明：和函数可逐项积分.

例 2 已知曲线 $y = f(x)$ 在任意点 (x, y) 处的切线斜率为 $k = 3x^2$，求曲线的方程.

解 按题意，有 $k = f'(x) = 3x^2$，根据不定积分的定义，有 $y = f(x) = \int 3x^2\mathrm{d}x = x^3 + C$. 即曲线 $y = f(x)$ 的方程为

$$y = x^3 + C .$$

因为 C 为任意常数，所以 $y = x^3 + C$ 表示无穷多条立方抛物线. 当 C 取一个确定的常数，如 $C = 1$ 时，$y = x^3 + 1$ 是坐标平面上的一条确定的立方抛物线.

由此，得到不定积分的几何意义.

五、不定积分的几何意义

通常，若 $F(x)$ 是 $f(x)$ 的一个原函数，则 $f(x)$ 的不定积分 $\int f(x)\mathrm{d}x = F(x) + C$ 对应平面坐标系上无穷多条曲线. 当 C 取定一个常数 C_0 时，$F(x) + C_0$ 表示直角坐标系上一条确定的曲线，这条曲线叫作 $f(x)$ 的一条**积分曲线**. 而 $\int f(x)\mathrm{d}x$ 表示全体积分曲线所组成的**积分曲线族**（见图 4-1）. 该曲线族，可由一条确定的积分曲线 $F(x) + C_0$ 沿着 y 轴方向上下平移得到.

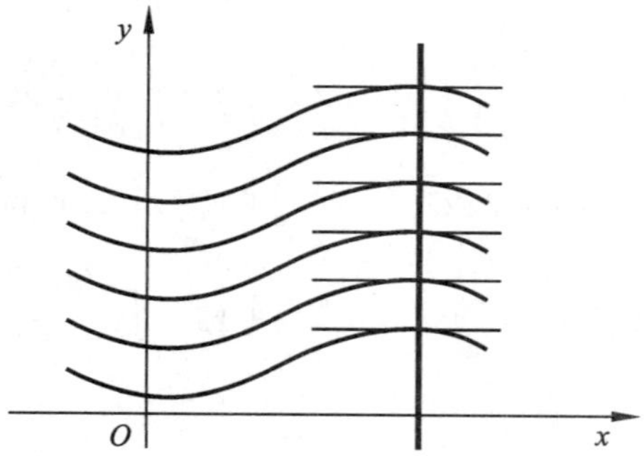

图 4-1

在实际应用中，往往需要从全体原函数中求出一个满足给定条件的确定解，即要定出常数 C 的具体数值.

例 3 某工厂生产某种产品，已知每月生产的产品的边际成本是

$$C'(q) = 2 + \frac{7}{\sqrt[3]{q^2}}$$

且固定成本是 5 000 元，求总成本 C 与月产量 q 的函数关系.

解 由不定积分的定义及基本积分公式，有

$$C(q)=\int\left(2+\frac{7}{\sqrt[3]{q^2}}\right)\mathrm{d}q=2q+21\cdot\sqrt[3]{q}+C_1$$

由题意知 $C(0)=5\ 000$，解得 $C_1=5\ 000$.

故总成本函数为

$$C(q)=2q+21\sqrt[3]{q}+5\ 000$$

项目二 不定积分的计算

下面来介绍不定积分常用的计算方法.

一、直接积分法

利用不定积分的性质和基本积分公式直接计算不定积分，这种方法叫作**直接积分法**.

例 1 计算下列不定积分：

（1）$\int x\sqrt{x}\mathrm{d}x$；（2）$\int\left(\frac{1}{1+x^2}+2^x\right)\mathrm{d}x$；

（3）$\int\cos^2\frac{x}{2}\mathrm{d}x$；（4）$\int\frac{1}{x^2(1+x^2)}\mathrm{d}x$.

解 （1）$\int x\sqrt{x}\mathrm{d}x=\int x^{\frac{3}{2}}\mathrm{d}x=\frac{1}{\frac{3}{2}+1}x^{\frac{3}{2}+1}+C=\frac{2}{5}x^{\frac{5}{2}}+C$.

（2）$\int\left(\frac{1}{1+x^2}+2^x\right)\mathrm{d}x=\int\frac{1}{1+x^2}\mathrm{d}x+\int 2^x\mathrm{d}x=\arctan x+\frac{1}{\ln 2}2^x+C$.

（3）$\int\cos^2\frac{x}{2}\mathrm{d}x=\int\frac{1+\cos x}{2}\mathrm{d}x=\frac{1}{2}\left(\int\mathrm{d}x+\int\cos x\mathrm{d}x\right)=\frac{1}{2}+\frac{1}{2}\sin x+C$.

（4）$\int\frac{1}{x^2(1+x^2)}\mathrm{d}x=\int\frac{(1+x^2)-x^2}{x^2(1+x^2)}\mathrm{d}x=\int\left(\frac{1}{x^2}-\frac{1}{1+x^2}\right)\mathrm{d}x=-\frac{1}{x}-\arctan x+C$.

直接积分法只能计算简单函数的不定积分，在计算过程中要注意利用代数式或三角式恒等变形. 而对于比较复杂的积分，我们总是设法把它变形为能利用基本积分公式的形式，再求出其积分. 下面介绍的换元法是最常用、最有效的一种积分方法.

二、换元积分法

1. 第一类换元积分法

例 2 求不定积分 $\int 2x\mathrm{e}^{x^2}\mathrm{d}x$.

解 该积分不能直接套用基本积分公式，但注意到，被积表达式中含有复合函数 e^{x^2}，而余下的部分 $2x\mathrm{d}x$ 刚好是复合函数 e^{x^2} 的内层函数 x^2 的微分，即 $2x\mathrm{d}x=\mathrm{d}(x^2)$．于是有

$$\int 2xe^{x^2}\mathrm{d}x=\int e^{x^2}\cdot 2x\mathrm{d}x=\int e^{x^2}\mathrm{d}(x^2)\xlongequal{\text{令 } u=2x}\int e^u\mathrm{d}u=e^u+C\xlongequal{\text{回代}}e^{x^2}+C.$$

该求解过程，就是第一类换元积分法的基本思想.

一般地，有下述定理.

定理 4.1 设函数 $f(u)$ 有原函数 $F(u)$，且 $u=\varphi(x)$ 具有连续导数，则

$$\int f(\varphi(x))\varphi'(x)\mathrm{d}x\xlongequal{\text{凑微分}}\int f(\varphi(x))\mathrm{d}(\varphi(x))\xlongequal{\text{令 } u=\varphi(x)}\int f(u)\mathrm{d}u=F(u)+C$$

$$\xlongequal{\text{回代}}F(\varphi(x))+C.$$

这种对积分变量进行换元，将所求不定积分转化为利用积分公式计算的方法，称为**第一类换元积分法**，又称**凑微分法**.

注 利用上述定理求不定积分 $\int g(x)\mathrm{d}x$，关键是要将 $g(x)$ 变化成 $f(\varphi(x))\varphi'(x)$ 的形式,通常先要在被积表达式中凑出 $\varphi'(x)$，然后把"$\mathrm{d}x$"作为自变量的微分，将 $\varphi'(x)\mathrm{d}x$ 变为 $\mathrm{d}(\varphi(x))$.

例 3 求 $\int \sin 2x\mathrm{d}x$.

解 $$\int \sin 2x\mathrm{d}x=\frac{1}{2}\int \sin 2x\cdot(2x)'\mathrm{d}x=\frac{1}{2}\int \sin 2x\cdot\mathrm{d}(2x)\xlongequal{\text{令 } u=2x}\frac{1}{2}\int \sin u\mathrm{d}u$$

$$=-\frac{1}{2}\cos u+C\xlongequal{\text{回代}}-\frac{1}{2}\cos 2x+C.$$

例 4 求 $\int(5x-3)^{11}\mathrm{d}x$.

解 $$\int(5x-3)^{11}\mathrm{d}x=\frac{1}{5}\int(5x-3)^{11}\cdot(5x-3)'\mathrm{d}x=\frac{1}{5}\int(5x-3)^{11}\mathrm{d}(5x-3)$$

$$\xlongequal{\text{令 } u=5x-3}\frac{1}{5}\int u^{11}\mathrm{d}u=\frac{1}{5}\cdot\frac{u^{12}}{12}+C\xlongequal{\text{回代}}\frac{(5x-3)^{12}}{60}+C.$$

当运算熟练后，可以将中间的变量代换过程省略，直接进行计算.

例 5 $\int e^{\sin x}\cos x\mathrm{d}x$.

解 $\int e^{\sin x}\cos x\mathrm{d}x=\int e^{\sin x}\cdot(\sin x)'\mathrm{d}x=\int e^{\sin x}\mathrm{d}(\sin x)=e^{\sin x}+C$.

例 6 求 $\int\frac{\ln x}{x}\mathrm{d}x$.

解 $\int\frac{\ln x}{x}\mathrm{d}x=\int \ln x\cdot(\ln x)'\mathrm{d}x=\int \ln x\mathrm{d}(\ln x)=\frac{1}{2}(\ln x)^2+C$.

例 7 求下列积分：

（1）$\int\tan x\mathrm{d}x$；　　（2）$\int\sec x\mathrm{d}x$.

解 （1）$\int\tan x\mathrm{d}x=\int\frac{\sin x}{\cos x}\mathrm{d}x=-\int\frac{\mathrm{d}(\cos x)}{\cos x}=-\ln|\cos x|+C$；

类似可得 $\int\cot x\mathrm{d}x=\ln|\sin x|+C$.

（2）$\int \sec x\mathrm{d}x=\int\frac{\sec x(\sec x+\tan x)}{\tan x+\sec x}\mathrm{d}x=\int\frac{\sec^2 x+\sec x\tan x}{\tan x+\sec x}\mathrm{d}x$

$$=\int\frac{1}{(\tan x+\sec x)}\mathrm{d}(\tan x+\sec x)=\ln|\sec x+\tan x|+C\ ;$$

类似可得$\int \csc x\mathrm{d}x=\ln|\csc x-\cot x|+C$.

本题四个积分今后经常用到，可以直接作为公式使用.

2. 第二类换元积分法

当$\int f(x)\mathrm{d}x$这样的不定积分计算较困难时，有时可利用代换$x=\varphi(t)$将其转化为较易计算的形如$\int f(\varphi(t))\varphi'(t)\mathrm{d}t$的不定积分来计算，这就是下面介绍的第二类换元积分法.

定理 4.2 设函数$x=\varphi(t)$单调、可导，且$\varphi'(t)\neq 0$，若$f(\varphi(t))\varphi'(t)$的原函数为$F(t)$，则

$$\int f(x)\mathrm{d}x\xlongequal{x=\varphi(t)}\int f(\varphi(t))\varphi'(t)\mathrm{d}t=F(t)+C\xlongequal{t=\varphi^{-1}(x)}F(\varphi^{-1}(x))+C$$

例 8 计算：（1）$\int\frac{\mathrm{d}x}{x\sqrt{x-1}}$；　　（2）$\int\frac{x-1}{\sqrt[3]{3x+1}}\mathrm{d}x$.

解 （1）令$\sqrt{x-1}=t$，则$x=t^2+1$，$\mathrm{d}x=\mathrm{d}(t^2+1)=2t\mathrm{d}t$，于是

$$\text{原式}=\int\frac{2t\mathrm{d}t}{(t^2+1)t}=2\int\frac{1}{1+t^2}\mathrm{d}t=2\arctan t+C=2\arctan\sqrt{x-1}+C.$$

（2）令$\sqrt{3x+1}=t$，则$x=\frac{t^3-1}{3}$，$\mathrm{d}x=\frac{1}{3}\mathrm{d}(t^3-1)=t^2\mathrm{d}t$，于是

$$\text{原式}=\int\frac{\frac{t^3-1}{3}-1}{t}\cdot t^2\mathrm{d}t=\frac{1}{3}\int(t^4-4t)\mathrm{d}t=\frac{1}{3}\left(\frac{t^5}{5}-2t^2\right)+C$$

$$=\frac{1}{15}(\sqrt[3]{3x+1})^5-\frac{2}{3}(\sqrt[3]{3x+1})^2+C\ .$$

说明 当被积函数中含有根号，通常做以下代换，可以消去根号，从而求得积分.

（1）被开方因式为一次式的根式$\sqrt[n]{ax+b}$时，可令$\sqrt[n]{ax+b}=t$.

（2）当被积函数中含有二次根式时，依据三角函数公式$\sin^2 t+\cos^2 t=1$和$1+\tan^2 t=\sec^2 t$，则有

① 当被积函数中含有$\sqrt{a^2-x^2}$时，可令$x=a\sin t$；

② 当被积函数中含有$\sqrt{x^2-a^2}$时，可令$x=a\sec t$；

③ 当被积函数中含有$\sqrt{a^2+x^2}$时，可令$x=a\tan t$.

例 9 求$\int\frac{x^2}{\sqrt{1-x^2}}\mathrm{d}x$.

解 设$x=\sin t$，则$\sqrt{1-x^2}=\cos t$，$\mathrm{d}x=\cos t\mathrm{d}t$，于是

$$原式=\int\frac{\sin^2 t}{\cos t}\cdot\cos t\mathrm{d}t=\int\sin^2 t\mathrm{d}t=\int\frac{1-\cos 2t}{2}\mathrm{d}t$$

$$=\frac{1}{2}\int\mathrm{d}t-\frac{1}{4}\int\cos 2t\mathrm{d}(2t)=\frac{1}{2}t-\frac{1}{4}\sin 2t+C$$

$$=\frac{1}{2}\int t-\frac{1}{2}\sin t\cos t+C$$

为将变量 t 还原为 x，借助图 4-2 所示的直角三角形，有 $\sin t=x,\cos t=\sqrt{1-x^2}$，于是

$$原式=\frac{1}{2}\arcsin x-\frac{x}{2}\sqrt{1-x^2}+C$$

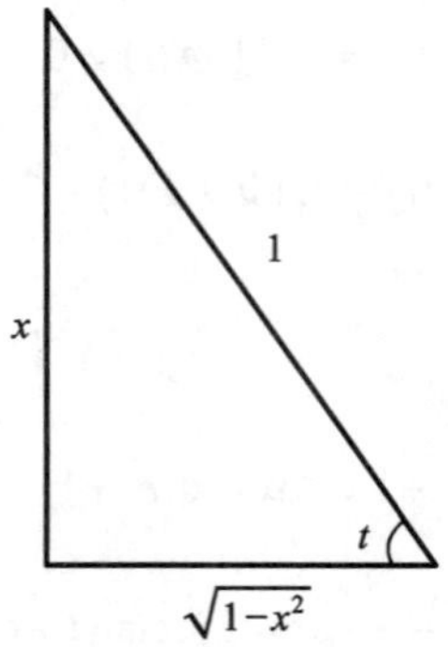

图 4-2

三、分部积分法

定理 4.3　设函数 $u=u(x)$，$v=v(x)$具有连续导数，则有

$$\int u\mathrm{d}v=uv-\int v\mathrm{d}u$$

该公式称为分部积分公式，它可以将求 $\int u\mathrm{d}v$ 的积分问题转化为求 $\int v\mathrm{d}u$ 的积分.

应用此公式，应注意：

（1）后面这个积分 $\int v\mathrm{d}u$ 比 $\int u\mathrm{d}v$ 容易求；

（2）如果被积函数是两个基本初等函数的积或可化成两个基本初等函数的积时，可考虑利用分部积分法求解；

（3）利用分部积分法的关键是选取 u 和 v，通常选择 u 的优先顺序一般是“对数函数、反三角函数、幂函数、指数函数、三角函数”.

例 10　求 $\int x\mathrm{e}^x\mathrm{d}x$.

解　选 $u=x$，$\mathrm{d}v=\mathrm{e}^x\mathrm{d}x=\mathrm{d}(\mathrm{e}^x)$，则由分部积分公式有

$$\int x\mathrm{e}^x\mathrm{d}x=\int x\mathrm{d}(\mathrm{e}^x)=x\mathrm{e}^x-\int\mathrm{e}^x\mathrm{d}x=x\mathrm{e}^x-\mathrm{e}^x+C.$$

例 11　求 $\int x\ln x\mathrm{d}x$.

解 选 $u=\ln x$，$\mathrm{d}v = x\mathrm{d}x = \mathrm{d}\left(\dfrac{x^2}{2}\right)$，则由分部积分公式有

$$\int x\ln x\mathrm{d}x = \int \ln x\mathrm{d}\left(\frac{x^2}{2}\right) = \frac{1}{2}x^2\ln x - \int\frac{x^2}{2}\mathrm{d}(\ln x)$$

$$= \frac{x^2}{2}\ln x - \frac{1}{2}\int x\mathrm{d}x = \frac{x^2}{2}\ln x - \frac{1}{4}x^2 + C.$$

在计算熟练后，可以省略选取 u,v 步骤，想好哪部分是 u、哪部分是 v 后，直接用分部积分公式计算即可. 根据需要，有时需反复使用分部积分法，或结合其他的积分方法才能求出积分.

例 12 求 $\int \ln x\mathrm{d}x$.

解 $\int \ln x\mathrm{d}x = x\ln x - \int x\mathrm{d}(\ln x) = x\ln x - \int x\cdot\dfrac{1}{x}\mathrm{d}x = x\ln x - x + C$

例 13 求 $\int x^2\cos x\mathrm{d}x$.

解

$$\begin{aligned}\int x^2\cos x\mathrm{d}x &= \int x^2\mathrm{d}(\sin x) = x^2\sin x - \int \sin x\mathrm{d}(x^2)\\ &= x^2\sin x - 2\int x\sin x\mathrm{d}x = x^2\sin x + 2\int x\mathrm{d}(\cos x)\\ &= x^2\sin x + 2\left(x\cos x - \int\cos x\mathrm{d}x\right) = x^2\sin x + 2x\cos x - 2\sin x + C\\ &= (x^2-2)\sin x + 2x\cos x + C\end{aligned}$$

例 14 求 $\int \arcsin x\mathrm{d}x$.

解

$$\begin{aligned}\int \arcsin x\mathrm{d}x &= x\arcsin x - \int x\mathrm{d}(\arcsin x) = x\arcsin x - \int\frac{x}{\sqrt{1-x^2}}\mathrm{d}x\\ &= x\arcsin x + \frac{1}{2}\int\frac{1}{\sqrt{1-x^2}}\mathrm{d}(1-x^2) = x\arcsin x + \sqrt{1-x^2} + C.\end{aligned}$$

四、积分表的使用

求积分时，可根据被积函数的类型直接地或经过简单变形后，在常用积分表中查得所需的结果.

例 15 求 $\int\sqrt{x^2-4x+8}\mathrm{d}x$.

解 被积函数含有 $\sqrt{ax^2+bx+c}$，在常用积分表中可查得结果.

$$\int\sqrt{ax^2+bx+c}\mathrm{d}x = \frac{2ax+b}{4a}\sqrt{ax^2+bx+c} + \frac{4ac-b^2}{8\sqrt{a^3}}\ln\left|2ax+b+2\sqrt{a}\sqrt{ax^2+bx+c}\right| + C$$

现在取 $a=1$，$b=-4$，$c=8$，于是

$$\int\sqrt{x^2-4x+8}\mathrm{d}x = \frac{2x-4}{4}\sqrt{x^2-4x+8} + \frac{32-16}{8}\ln\left|2x-4+2\sqrt{x^2-4x+8}\right| + C$$

$$= \frac{x-2}{2}\sqrt{x^2-4x+8} + 2\ln\left|x-2+\sqrt{x^2-4x+8}\right| + C$$

项目三　定积分的概念和性质

定积分是积分学中另一个重要的概念，它是一种特殊和式的极限，并在许多自然科学、工程技术、经济问题等方面都有广泛的应用. 本节将从实际问题出发，引入定积分的概念，然后讨论它的性质.

一、问题的引入

先来看一下定积分的实际背景.

引例 1（曲边梯形的面积）　若函数 $y=f(x)$ 在区间 $[a,b]$ 上非负、连续，则称由直线 $x=a,x=b,y=0$ 及曲线 $y=f(x)$ 所围成的图形为**曲边梯形**（见图 4-3）.

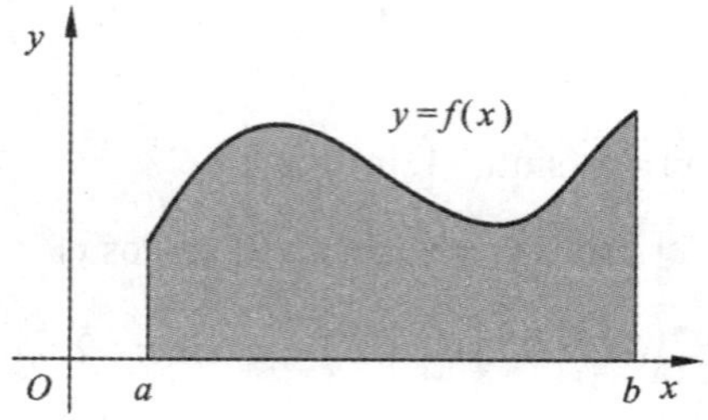

图 4-3

怎样求曲边梯形的面积呢?

最初的方法是利用割补原理求出其近似值，这种方法虽然不能解决根本问题，但给我们一种启示：可采用分割的方法将曲边梯形分成无数个小曲边梯形，当分割无限细时，小曲边梯形的面积就无限接近小矩形的面积，再用这些小矩形的面积之和来代替原曲边梯形的面积. 具体做法如下（见图 4-4）:

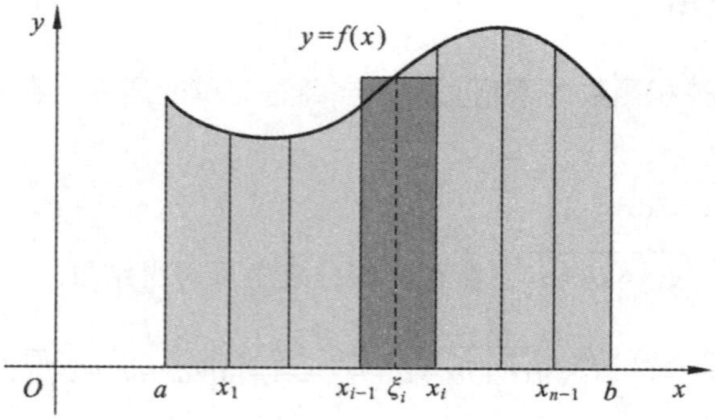

图 4-4

设 $f(x)\geqslant 0$，$x\in[a,b]$.

（1）分割：在 a 与 b 之间任意依次插入 $n-1$ 个分点 $a<x_1<x_2<\cdots<x_{n-1}<b$，令 $x_0=a$，$x_n=b$ 则区间 $[a,b]$ 被分割成 n 个小区间 $[x_{i-1},x_i]$ $(i=1,2,\cdots,n)$，记每个小区间的长度为 $\Delta x_i=x_i-x_{i-1}$.

（2）近似代替：在每一小区间$[x_{i-1},x_i]$上任取一点ξ_i，用小矩形的面积$f(\xi_i)\Delta x_i$来近似代替以$[x_{i-1},x_i]$为底的小曲边梯形的面积ΔA_i，即$\Delta A_i \approx f(\xi_i)\Delta x_i$.

（3）求和：把n个小曲边梯形面积的近似值相加得曲边梯形的面积A的近似值，即

$$A \approx \sum_{i=1}^{n} f(\xi_i)\Delta x_i .$$

（4）取极限：令$\lambda = \max\{\Delta x_1,\Delta x_2,\cdots,\Delta x_n\}$，则

$$A = \lim_{\lambda \to 0}\sum_{i=1}^{n} f(\xi_i)\Delta x_i .$$

引例 2（变速直线运动的路程） 已知物体做直线运动，其速度$v = v(t)$是时间段$[T_1,T_2]$上的一个连续函数，且$v(t) \geqslant 0$，现在来求物体在这段时间内所走过的路程s.

解决这个问题的思路、步骤与引例 1 中求曲边梯形的面积相似. 当物体做匀速运动时（v是常量），在这段时间t内所走过的路程$s = vt$；但当物体做变速运动时，速度v是时间t的函数$v(t)$，就不能再用公式$s = vt$来计算. 但由于$v(t)$是$[T_1,T_2]$上的连续函数，当时间间隔很小时，速度的变化也非常得小，在该时间段内可以近似地看成匀速直线运动. 这样，可将时间段$[T_1,T_2]$分成许多小段，在每一小段上视物体做匀速运动，相应地求出每一小段上物体所走路程的近似值，再把这些近似值相加就可得到总路程的一个近似值，当这种分割无限细时，这个近似值与总路程的精确值无限接近. 其详细步骤如下（见图 4-5）：

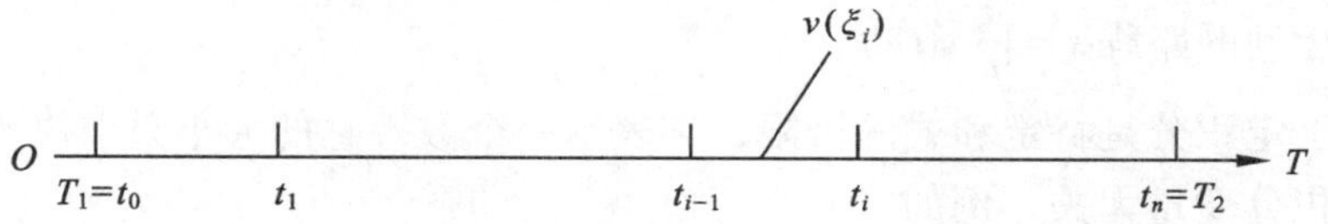

图 4-5

（1）分割：在时间间隔$[T_1,T_2]$中任意依次插入$n-1$个分点$T_i = t_0 < t_1 < t_2 < \cdots < t_{n-1} < t_n = T_2$，则$[T_1,T_2]$被分割成$n$个小时间段$[t_{i-1},t_i]$，记每个小时间段的长度为$\Delta t_i = t_i - t_{i-1}\ (i = 1,2,\cdots,n)$.

（2）近似代替：在每一小时间段内物体可看成做匀速运动，在$[t_{i-1},t_i]$上任取一点ξ_i，则在$[t_{i-1},t_i]$上物体所走路程Δs_i的近似值为$\Delta s_i \approx v(\xi_i)\Delta t_i$.

（3）求和：把n个时间段上路程的近似值加起来，就得到物体在$[T_1,T_2]$时间段内所走路程的近似值：

$$s \approx \sum_{i=1}^{n} v(\xi_i)\Delta t_i .$$

（4）取极限：显然，当分割无限细时，误差将无限小；令$\lambda = \max\{\Delta t_1,\Delta t_2,\cdots,\Delta t_n\}$，则

$$s = \lim_{\lambda \to 0}\sum_{i=1}^{n} v(\xi_i)\Delta t_i .$$

以上两个引例，一个是几何问题，一个是物理问题，但解决的方法是一样的，即采用分割、近似代替、求和、取极限的方法. 利用这种方法，可解决诸多类似问题. 因此将这种方法抽象成数学概念，从而得到定积分的定义.

二、定积分的定义

定义 4.3 设函数 $y=f(x)$ 在区间 $[a,b]$ 上有定义，任取分点 $a=x_0<x_1<x_2<\cdots<x_{n-1}<x_n=b$，把区间 $[a,b]$ 分成 n 个小区间 $[x_{i-1},x_i](i=1,2\cdots,n)$，记每个小区间的长度为 $\Delta x_i=x_i-x_{i-1}$. 在每个小区间 $[x_{i-1},x_i]$ 上任取一点 ξ_i，作乘积 $f(\xi_i)\Delta x_i$，把所有这些乘积求和式，即 $\sum\limits_{i=1}^{n}f(\xi_i)\Delta x_i$.

记 $\lambda=\max_{1\leqslant i\leqslant n}\{\Delta x_i\}$，如果 $\lambda\to 0$ 时，和式 $\sum\limits_{i=1}^{n}f(\xi_i)\Delta x_i$ 的极限存在（这个极限值与 $[a,b]$ 的分割及点 ξ_i 的取法均无关），则称函数 $f(x)$ 在闭区间 $[a,b]$ 上可积，并且称此极限值为函数 $f(x)$ 在 $[a,b]$ 上的**定积分**，记作 $\int_a^b f(x)\mathrm{d}x$，即

$$\int_a^b f(x)\mathrm{d}x=\lim_{\lambda\to 0}\sum_{i=1}^{n}f\left(\xi_i\right)\Delta x_i.$$

其中 $f(x)$ 称为**被积函数**，$f(x)\mathrm{d}x$ 称为**被积表达式**，x 称为**积分变量**，$[a,b]$ 称为**积分区间**，a 与 b 分别称为**积分下限**与**积分上限**，符号 $\int_a^b f(x)\mathrm{d}x$ 读作函数 $f(x)$ 从 a 到 b 的定积分.

有了这个定义，前面两个实际问题都可用定积分表示为：

曲边梯形的面积 $A=\int_a^b f(x)\mathrm{d}x$；

变速直线运动的路程 $s=\int_{T_1}^{T_2} v(t)\mathrm{d}t$.

说明 （1）定积分是特定和式的极限，它表示一个数. 它的大小只取决于被积函数与积分区间，而与积分变量无关，例如

$$\int_0^{\frac{\pi}{2}}\sin x\mathrm{d}x\int_0^{\frac{\pi}{2}}\sin t\mathrm{d}t.$$

（2）定积分的存在定理：如果 $f(x)$ 在闭区间 $[a,b]$ 上连续或只有有限个第一类间断点，则 $f(x)$ 在 $[a,b]$ 上可积.

（3）根据定积分定义可得 $\int_a^b 0\mathrm{d}x=0$，$\int_a^b \mathrm{d}x=b-a$，

再补充如下规定：当 $a=b$ 时，$\int_a^b f(x)\mathrm{d}x=0$；当 $a\neq b$ 时，$\int_a^b f(x)\mathrm{d}x=-\int_b^a f(x)\mathrm{d}x$.

三、定积分的几何意义

设 $f(x)$ 在 $[a,b]$ 上的定积分为 $\int_a^b f(x)\mathrm{d}x$.

（1）若 $f(x)>0$，其积分值等于曲线 $y=f(x)$、直线 $x=a,x=b$ 和 $y=0$ 所围成的曲边梯形的面积（见图 4-3），即

$$\int_a^b f(x)\mathrm{d}x=A.$$

（2）若 $f(x)\leqslant 0$，曲边梯形位于 x 轴下方，积分值为曲边梯形面积（见图 4-6）的负值，即

$$\int_a^b f(x)\mathrm{d}x = -A .$$

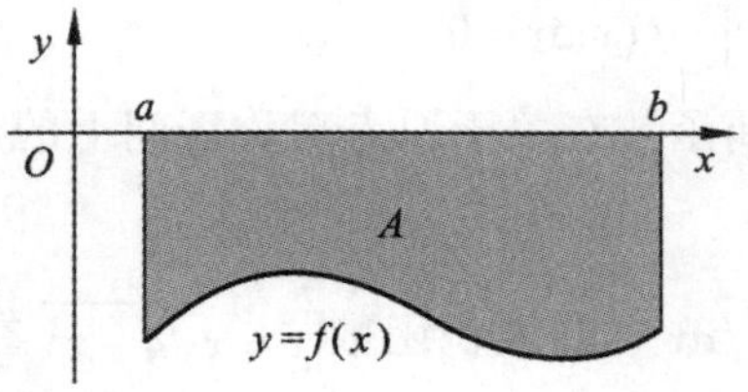

图 4-6

（3）若 $f(x)$ 在 $[a,b]$ 上有正有负时，积分值就等于曲线 $y=f(x)$ 在 x 轴上方部分与下方部分所围面积（见图 4-7）的代数和. 即

$$\int_a^b f(x)\mathrm{d}x = A_1 - A_2 + A_3 - A_4 .$$

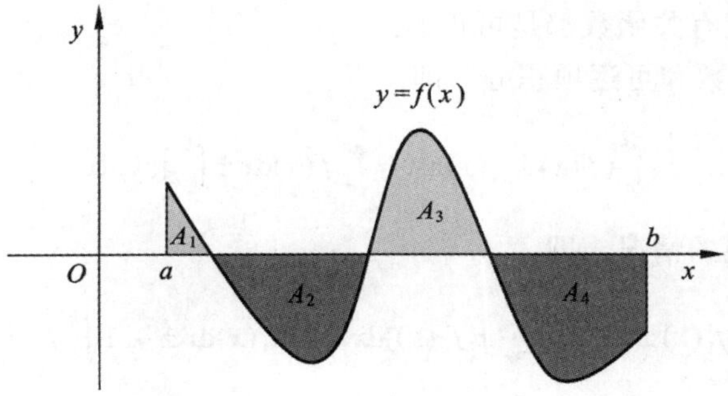

图 4-7

例 1 利用定积分的几何意义求 $\int_{-2}^{2}\sqrt{4-x^2}\mathrm{d}x$.

解 因为定积分 $\int_{-2}^{2}\sqrt{4-x^2}\mathrm{d}x$ 中的被积函数 $y=\sqrt{4-x^2}\geqslant 0$,所以该积分值等于图 4-8 所示图形的面积 S. 而

$$S=\frac{1}{2}\pi\cdot 2^2 = 2\pi ,$$

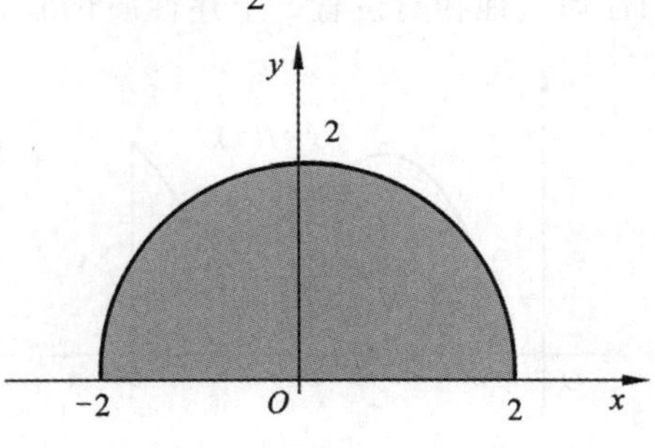

图 4-8

所以 $$\int_{-2}^{2}\sqrt{4-x^2}\mathrm{d}x = 2\pi .$$

注 用定积分的几何意义，可得到偶函数与奇函数在对称区间上的定积分的有关结论. 若函数 $f(x)$ 在关于原点对称的区间 $[-a,a]$ 上连续，则

（1）当 $f(x)$ 为偶函数时，$\int_{-a}^{a} f(x)\mathrm{d}x = 2\int_{0}^{a} f(x)\mathrm{d}x$；

（2）当 $f(x)$ 为奇函数时，$\int_{-a}^{a} f(x)\mathrm{d}x = 0$.

利用上述结论，可对奇、偶函数在关于原点对称区间上的定积分进行计算，且计算方便.

例 2 求 $\int_{-1}^{1} x\sqrt{4-x^2}\mathrm{d}x$.

解 因为定积分 $\int_{-1}^{1} x\sqrt{4-x^2}\mathrm{d}x$ 中的被积函数 $y = x\sqrt{4-x^2}$ 在积分区间 $[-1,1]$ 上为奇函数，则由上述结论，有

$$\int_{-1}^{1} x\sqrt{4-x^2}\mathrm{d}x = 0$$

四、定积分的性质

下面论述中，假定有关函数都是可积的.

性质 1 函数的代数和可逐项积分，即

$$\int_{a}^{b} (f(x) \pm g(x))\mathrm{d}x = \int_{a}^{b} f(x)\mathrm{d}x \pm \int_{a}^{b} g(x)\mathrm{d}x$$

该性质可推广到有限项的情况，即

$$\int_{a}^{b} (f_1(x) \pm f_2(x) \pm \cdots \pm f_n(x))\mathrm{d}x = \int_{a}^{b} f_1(x)\mathrm{d}x \pm \cdots \pm \int_{a}^{b} f_n(x)\mathrm{d}x$$

性质 2 被积函数的常数因子可提到积分符号外面，即

$$\int_{a}^{b} kf(x)\mathrm{d}x = k\int_{a}^{b} f(x)\mathrm{d}x \ (k\text{为常数}).$$

性质 3（积分对区间的可加性） 如果 $a < c < b$，则

$$\int_{a}^{b} f(x)\mathrm{d}x = \int_{a}^{c} f(x)\mathrm{d}x + \int_{c}^{b} f(x)\mathrm{d}x.$$

注意：对于 a,b,c 三点的任何其他相对位置，上述性质仍成立（见图 4-9）.

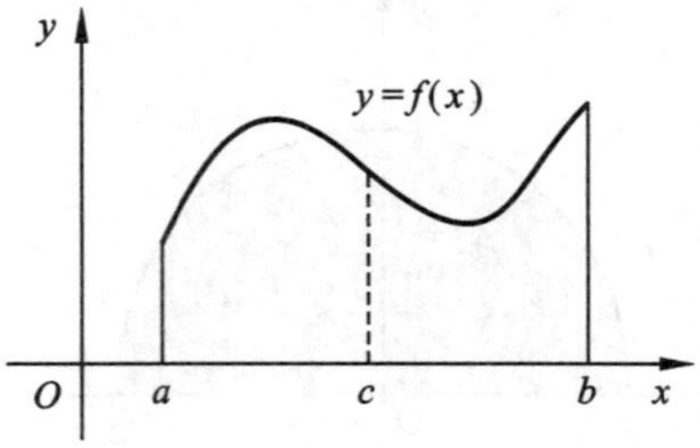

图 4-9

性质 4（积分的比较性质） 如果在区间 $[a,b]$ 上有 $f(x) \leqslant g(x)$，则

$$\int_{a}^{b} f(x)\mathrm{d}x \leqslant \int_{a}^{b} g(x)\mathrm{d}x.$$

性质 5（积分的估值性质） 设 M 与 m 分别是函数 $f(x)$ 在闭区间 $[a,b]$ 上的最大值与最小值，则

$$m(b-a) \leqslant \int_a^b f(x)\mathrm{d}x \leqslant M(b-a).$$

性质 6（积分中值定理） 如果函数 $f(x)$ 在闭区间 $[a,b]$ 上连续，则在区间 $[a,b]$ 上至少存在一点 ξ，使得

$$\int_a^b f(x)\mathrm{d}x = f(\xi)(b-a).$$

积分中值定理的几何意义是：曲边 $y=f(x)$ 在 $[a,b]$ 上所围成的曲边梯形面积，等于同一底边而高为 $f(\xi)$ 的一个矩形面积（见图 4-10）.

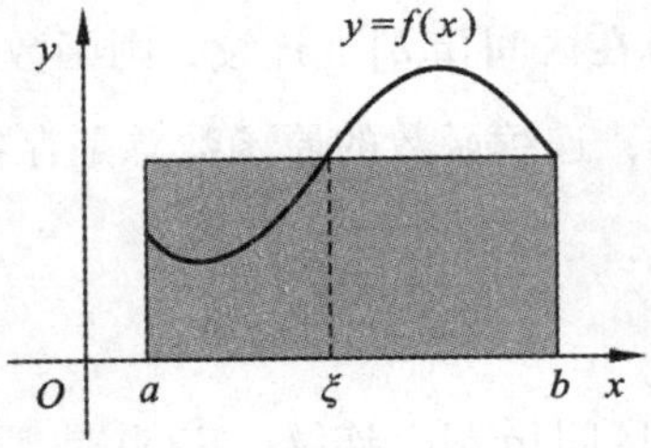

图 4-10

从几何角度容易看出，数值 $\mu = \dfrac{1}{b-a}\int_a^b f(x)\mathrm{d}x$ 表示连续曲线 $y=f(x)$ 在 $[a,b]$ 上的平均高度，也就是函数 $f(x)$ 在 $[a,b]$ 上的平均值.

例 3 不计算定积分，比较 $\int_0^{\frac{\pi}{2}} x\,\mathrm{d}x$ 与 $\int_0^{\frac{\pi}{2}} \sin x\mathrm{d}x$ 的值.

解 因为在区间 $\left[0,\dfrac{\pi}{2}\right]$ 上 $x \geqslant \sin x$，由定积分的性质 4 得

$$\int_0^{\frac{\pi}{2}} x\,\mathrm{d}x \geqslant \int_0^{\frac{\pi}{2}} \sin x\mathrm{d}x.$$

项目四 微积分基本公式

定积分作为一种特定和式的极限，直接按定义来计算是比较困难的，所以需要找到一种简便的方法. 本节介绍的牛顿-莱布尼茨公式把定积分与不定积分联系起来，解决了定积分的计算问题.

一、变上限积分函数

定义 4.4 设函数 $f(x)$ 在区间 $[a,b]$ 上连续，对于任一值 $x\in[a,b]$，以 x 为上限的定积分 $\int_a^x f(t)\mathrm{d}t$ 有唯一确定的值与 x 对应，因此 $\int_a^x f(t)\mathrm{d}t$ 在区间 $[a,b]$ 上是关于 x 的一个函数，称

$\int_a^x f(t)\mathrm{d}t$ 为变积分上限函数，记为 $\Phi(x)$，即

$$\Phi(x)=\int_a^x f(t)\mathrm{d}t \ (a \leqslant x \leqslant b)$$

由定积分的几何意义知，该积分上限函数表示的是图 4-10 所示阴影部分的面积.

对于变上限积分函数，有如下定理.

定理 4.4 如果函数 $f(x)$ 在区间 $[a,b]$ 上连续，则变上限积分函数 $\Phi(x)=\int_a^x f(t)\mathrm{d}t$ 在 $[a,b]$ 上可导，且它的导数是 $f(x)$，即

$$\Phi'(x)=\left(\int_a^x f(t)\mathrm{d}t\right)'=f(x) \ (a \leqslant x \leqslant b).$$

该定理表明，如果函数 $f(x)$ 在区间 $[a,b]$ 上连续，则函数 $\Phi(x)=\int_a^x f(t)\mathrm{d}t$ 就是 $f(x)$ 在区间 $[a,b]$ 上的一个原函数. 也就是说，连续函数的原函数总是存在的.

二、微积分基本定理

定理 4.5 设函数 $f(x)$ 在闭区间 $[a,b]$ 上连续，$F(x)$ 是 $f(x)$ 的一个原函数，则

$$\int_a^b f(x)\mathrm{d}x=F(b)-F(a)$$

以上公式称为**微积分基本公式**，又称**牛顿-莱布尼茨公式**. 这一公式揭示了定积分和不定积分的关系. 由此关系，定积分的计算就转化为求原函数问题，只要求出被积函数的一个原函数，再取其在积分上限和积分下限处的函数值之差就可得到所求结果. 为书写方便，公式的右边 $F(b)-F(a)$ 通常记作 $F(x)\big|_a^b$. 因此，上述公式常写成

$$\int_a^b f(x)\mathrm{d}x=F(x)\big|_a^b=F(b)-F(a).$$

例 1 求 $\int_1^2 x^2\mathrm{d}x$.

解 因为 $\int x^2\mathrm{d}x=\frac{x^3}{3}+C$，所以 $\frac{x^3}{3}$ 是被积函数 x^2 的一个原函数，则由牛顿-莱布尼茨公式得

$$\int_1^2 x^2\mathrm{d}x=\left.\frac{x^3}{3}\right|_1^2=\frac{2^3}{3}-\frac{1}{3}=\frac{7}{3}$$

例 2 求 $\int_0^1 \frac{1}{1+x^2}\mathrm{d}x$.

解 $\int_0^1 \frac{1}{1+x^2}\mathrm{d}x=\arctan x\big|_0^1=\arctan 1-\arctan 0=\frac{\pi}{4}-0=\frac{\pi}{4}$.

例 3 求 $\int_0^1 (x-2\mathrm{e}^x+3)\mathrm{d}x$.

解 $\int_0^1(x-2e^x+3)dx=\int_0^1 xdx-2\int_0^1 e^x dx+3\int_0^1 dx=\left.\frac{x^2}{2}\right|_0^1-2e^x\Big|_0^1+3x\Big|_0^1$

$$=\frac{1}{2}-0-2(e-e^0)+3(1-0)=\frac{11}{2}-2e$$

例 4 求 $\int_0^{\sqrt{2}} xe^{x^2}dx$.

解 $\int_0^{\sqrt{2}} xe^{x^2}dx=\frac{1}{2}\int_0^{\sqrt{2}} e^{x^2}d(x^2)=\left.\frac{1}{2}e^{x^2}\right|_0^{\sqrt{2}}=\frac{1}{2}(e^2-e^0)=\frac{1}{2}(e^2-1)$.

例 5 求 $\int_{-2}^3|1-x|dx$.

解 因为

$$|1-x|=\begin{cases}1-x, & x<1\\ x-1, & x>1\end{cases},$$

则由定积分对积分区间的可加性知

$$\int_{-2}^3|1-x|dx=\int_{-2}^1(1-x)dx+\int_1^3(x-1)dx$$

$$=\left.\left(x-\frac{x^2}{2}\right)\right|_{-2}^1+\left.\left(\frac{x^2}{2}-x\right)\right|_1^3=\frac{13}{2}.$$

微积分基本公式将定积分的计算转化为与不定积分相关的计算，而求不定积分有换元法和分部积分法等方法，因此，定积分的计算也有相应的方法.

三、定积分的换元法

定理 4.6 设函数 $f(x)$ 在 $[a,b]$ 上连续，若函数 $x=\varphi(t)$ 满足条件：

（1）$\varphi(t)$ 在 $[\alpha,\beta]$ 上单调且有连续导数；

（2）$\varphi(\alpha)=a,\varphi(\beta)=b$，且当 t 在 $[\alpha,\beta]$ 上变化时，对应 $x=\varphi(t)$ 值在 $[a,b]$ 上变化，

则有

$$\int_a^b f(x)dx=\int_\alpha^\beta f(\varphi(t))\varphi'(t)dt.$$

注意 关于定理中的条件，用变换 $x=\varphi(t)$ 把原来的积分变量 x 换为新变量 t 时，也要换限，原上限对应新上限，原下限对应新下限.

例 6 求 $\int_0^8\frac{dx}{1+\sqrt[3]{x}}$.

解 设 $\sqrt[3]{x}=t$，即 $x=t^3$，则 $dx=3t^2dt$，且当 $x=0$ 时，$t=0$；当 $x=8$ 时，$t=2$. 于是

$$\int_0^8\frac{dx}{1+\sqrt[3]{x}}=\int_0^2\frac{3t^2}{1+t}dt=3\left.\left(\frac{t^2}{2}-t+\ln|1+t|\right)\right|_0^2=3\ln 3.$$

例 7 求 $\int_0^a\sqrt{a^2-x^2}dx\ (a>0)$.

解 令 $x=a\sin t$，则 $\mathrm{d}x=a\cos t\mathrm{d}t$，且 $x=0$ 时，$t=0$；$x=a$ 时，$t=\dfrac{\pi}{2}$. 于是

$$\int_0^a\sqrt{a^2-x^2}\mathrm{d}x=a^2\int_0^{\frac{\pi}{2}}\cos^2t\mathrm{d}t=a^2\int_0^{\frac{\pi}{2}}\frac{1+\cos 2t}{2}\mathrm{d}t=\frac{a^2}{2}\left(t+\frac{1}{2}\sin 2t\right)\Bigg|_0^{\frac{\pi}{2}}=\frac{\pi a^2}{4}.$$

四、定积分的分部积分法

定理 4.7 设函数 $u(x),v(x)$ 在区间 $[a,b]$ 上均有连续导数，则

$$\int_a^b u\,\mathrm{d}v=(uv)\big|_a^b-\int_a^b v\mathrm{d}u$$

该公式称为定积分的分部积分公式，其原理与不定积分类似.

例 8 求 $\int_0^{\frac{1}{2}}\arcsin x\mathrm{d}x$.

解 原式 $=x\arcsin x\big|_0^{\frac{1}{2}}-\int_0^{\frac{1}{2}}\dfrac{x}{\sqrt{1-x^2}}\mathrm{d}x$

$$=\frac{\pi}{12}+\sqrt{1-x^2}\Big|_0^{\frac{1}{2}}=\frac{\pi}{12}+\frac{\sqrt{3}}{2}-1.$$

项目五　定积分的应用

一、定积分的微元法

前面引入定积分的定义时，用“分割、近似代替、求和、取极限”四步，得出了曲边梯形的面积及变速直线运动的路程的数学模型，即都表示成定积分. 结合这两个实际问题发现，用定积分计算的量一般具有如下两个特点：

（1）所求量 A 与一个给定的闭区间 $[a,b]$ 有关，且在该区间上具有可加性，即 A 可以分解为每个子区间上的部分量 ΔA_i 之和；

（2）所求量 A 在区间 $[a,b]$ 上的分布是不均匀的，且部分量 ΔA_i 的近似值可以表示为 $f(\xi_i)\Delta x_i$ 的形式.

那么怎样把量 A 表示为一个定积分呢？

通过分析定积分的概念中所体现的解决实际问题的四个步骤，我们可以将其转化为实用的两个步骤：

（1）在积分区间 $[a,b]$ 上任取一子区间 $[x,x+\mathrm{d}x]$，然后写出此区间上部分量 ΔA 的近似值 $\mathrm{d}A$，记为

$$\mathrm{d}A=f(x)\mathrm{d}x\text{（称为 }A\text{ 的微元）}$$

（2）将微元 $\mathrm{d}A$ 在积分区间 $[a,b]$ 上无限累加，即积分，得

$$A = \int_a^b dA = \int_a^b f(x)dx$$

上述两步解决问题的方法称为**微元法**.

注 关于微元 $dA = f(x)dx$，我们有两点要说明：

（1）$f(x)dx$ 作为 ΔA 的近似表达式，应该足够准确，确切地说，就是要求其差是关于 Δx 的高阶无穷小，即 $\Delta A - f(x)dx = o(\Delta x)$. 所以 A 的微元 $f(x)dx$ 实际上就是所求量的微分 dA.

（2）具体怎样求微元呢？这是问题的关键，需要分析问题的实际意义及数量关系. 一般按在局部 $[x, x+dx]$ 上以“常代变”“直代曲”的思路（局部线性化），写出局部上所求量的近似值，即微元 $dA = f(x)dx$.

例 1 在区间 $[a,b]$ 上有一细杆，它的密度是不均匀的，设它的线密度为 $f(x) = \dfrac{1}{x}$，求它的质量（见图 4-11）.

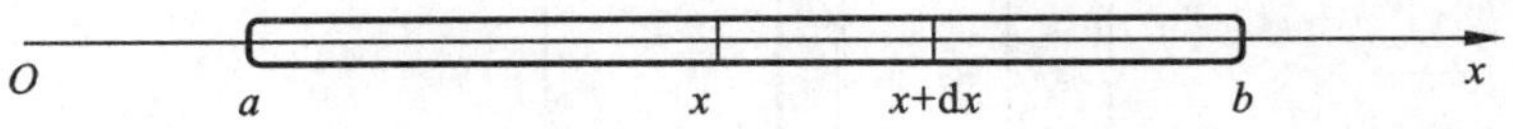

图 4-11

解 杆的质量对区间 $[a,b]$ 具有可加性，故可以考虑转化为一个定积分来计算.

（1）在积分区间 $[a,b]$ 上任取一子区间 $[x, x+dx]$，由于这段杆很短，线密度函数 $f(x) = \dfrac{1}{x}$ 在此区间上的变化很小，可以视为一个常量 $\dfrac{1}{x}$（用子区间左端点的线密度代替这段杆各点处的线密度），则质量微元为

$$dm = \frac{1}{x}dx$$

（2）将微元 dA 在积分区间 $[a,b]$ 上无限累加，即积分，得

$$m = \int_a^b dm = \int_a^b \frac{1}{x}dx = (\ln x)\Big|_a^b = \ln b - \ln a$$

例 2 设水流到水箱的速度为 $r(t)$ L/min，问从 $t=0$ 到 $t=2$ min 这段时间内水流入水箱的总量 W 是多少？

解 水流入水箱的总量 W 对时间段区间 $[0,2]$ 具有可加性，故可以考虑转化为一个定积分来计算.

（1）在积分区间 $[0,2]$ 上任取一子区间 $[t, t+dt]$，由于该时间段很短，水流的速度在此区间上的变化很小，可以视为一个常量 $r(t)$（用 t 时刻的水流速度代替 $[t, t+dt]$ 上的速度），则水量微元为

$$dW = r(t)dt$$

（2）将微元 dW 在区间 $[0,2]$ 上积分，得

$$W = \int_0^2 dW = \int_0^2 r(t)dt$$

二、直角坐标系下平面图形的面积

用微元法可以将下列图形面积表示为定积分.

（1）由曲线 $y=f(x)\geqslant 0$, $x=a$, $x=b$ 及 x 轴所围成的图形（见图 4-12），其面积微元 $\mathrm{d}A=f(x)\mathrm{d}x$，面积

$$A=\int_a^b f(x)\mathrm{d}x \tag{4-1}$$

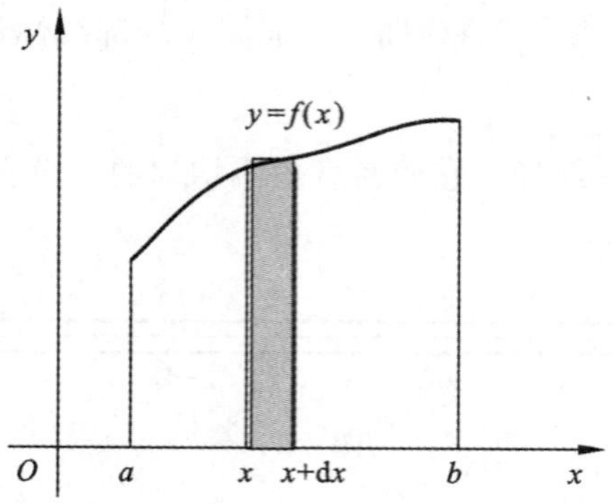

图 4-12

（2）由上下两条曲线 $y=f_2(x), y=f_1(x)$（$f_2(x)\geqslant f_1(x)$）以及直线 $x=a, x=b$ 所围成的图形（见图 4-13），其面积微元 $\mathrm{d}A=(f_2(x)-f_1(x))\mathrm{d}x$，面积

$$A=\int_a^b (f_2(x)-f_1(x))\mathrm{d}x \tag{4-2}$$

（3）由左右两条曲线 $x=g_1(y), x=g_2(y)(g_2(y)\geqslant g_1(y))$ 以及 $y=c, y=d$ 所围成的图形（见图 4-14），其面积微元 $\mathrm{d}A=(g_2(y)-g_1(y))\mathrm{d}y$（注意，这时应取横条矩形为 $\mathrm{d}A$，即取 y 为积分变量），面积为

$$A=\int_c^d (g_2(y)-g_1(y))\mathrm{d}y \tag{4-3}$$

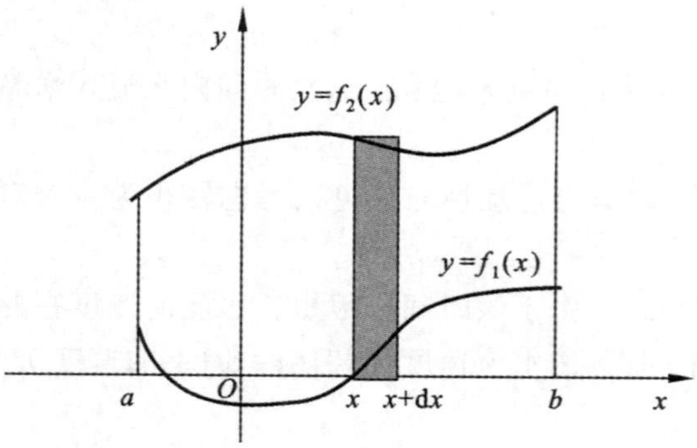

图 4-13

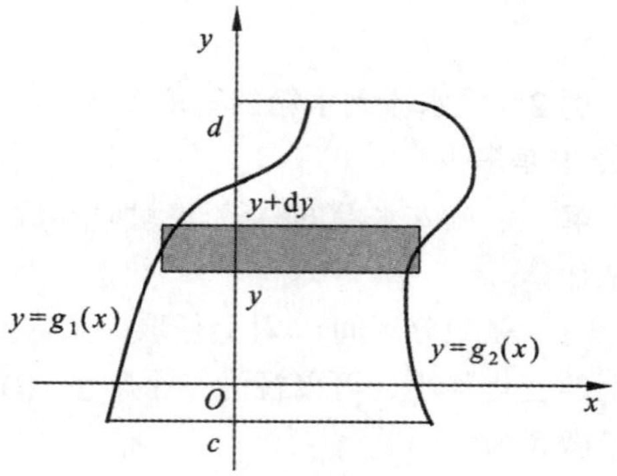

图 4-14

注 式（4-2）、式（4-3）的区别为：式（4-2）以 x 为积分变量，而式（4-3）以 y 为积分变量.

关于积分变量的选取，理论上选 x 和选 y 都是可以的，实际应用时主要看选哪一个使运算更简便.

例 3 求两条抛物线 $y^2 = x$, $y = x^2$ 所围成的图形的面积.

解 根据题意画出图形简图（见图 4-15），并求曲线交点以确定积分区间.

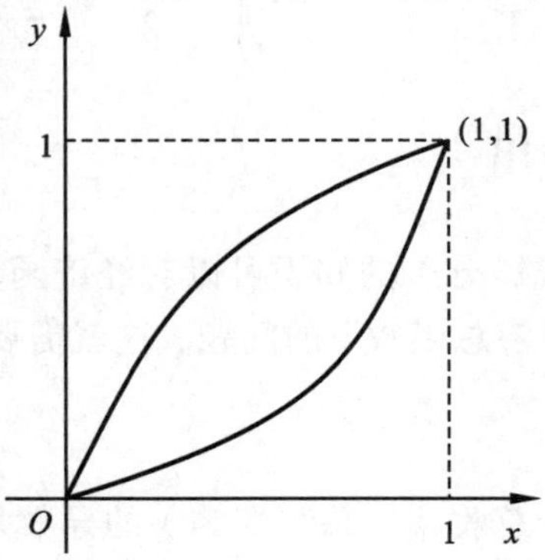

图 4-15

解方程组 $\begin{cases} y = x^2 \\ y^2 = x \end{cases}$，得交点(0,0)及(1,1).

选 x 为积分变量，由公式（4-2）得

$$A = \int_0^1 (\sqrt{x} - x^2)\mathrm{d}x = \left(\frac{2}{3}x^{\frac{3}{2}} - \frac{1}{3}x^3\right)\Bigg|_0^1 = \frac{1}{3}$$

例 4 求曲线 $y^2 + x = 0$ 和 $x + y = -2$ 所围成的图形的面积（见图 4-16）.

解 方法一：由 $\begin{cases} y^2 + x = 0 \\ x + y = -2 \end{cases}$，得交点(－1,－1)，(－4, 2).

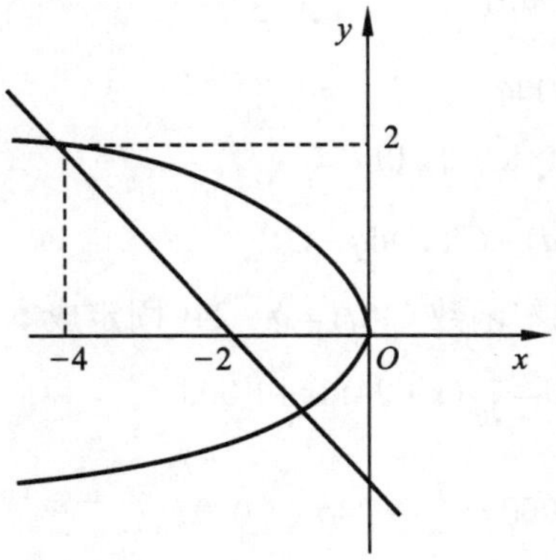

图 4-16

选 x 为积分变量，把面积分成两部分：

$$A = \int_{-4}^{-1}\left[\sqrt{-x} - (-x-2)\right]\mathrm{d}x + \int_{-1}^{0} 2\sqrt{-x}\mathrm{d}x = \frac{9}{2}.$$

方法二：选 y 为积分变量，积分区间为[－1，2]，则

$$A=\int_{-1}^{2}[-y^2-(-y-2)]\mathrm{d}y=\int_{-1}^{2}(-y^2+y+2)\mathrm{d}y$$

$$=\left(-\frac{1}{3}y^3+\frac{1}{2}y^2+2y\right)\Bigg|_{-1}^{2}=\frac{9}{2}.$$

三、积分在经济中的应用

在经济分析中，用导数（或微分）的知识可以对经济函数进行边际分析．而在实际问题中往往涉及“已知边际函数求经济总函数”的问题，这就需要利用定积分或不定积分来完成．

1．由边际函数求总函数

因为总量函数（如总成本、总收益、总利润等）的导数是边际函数（如边际成本、边际收益、边际利润等），所以当已知初始条件时，可用积分求出总量函数．常见的形式有：

（1）已知边际函数 $f(x)$，求相应的经济总量函数 $F(x)$ 在某区间 $[a,b]$ 内的总量（即经济函数 $F(x)$ 从 a 变化到 b 时的改变量）时，则有

$$F(b)-F(a)=\int_{a}^{b}f(x)\mathrm{d}x$$

（2）已知边际函数 $f(x)$，求相应的经济总量函数 $F(x)$ 时，一般有

$$F(x)-F(0)=\int_{0}^{x}f(t)\mathrm{d}t.$$

例如，已知边际成本 $C'(q)$，固定成本 C_0，边际收益 $R'(q)$，则

总成本函数：$C(q)=\int_{0}^{q}C'(q)\mathrm{d}q+C_0$，

其中 $\int_{0}^{q}C'(q)dq$ 为 $[0,q]$ 上的可变成本.

总收益函数：$R(q)=\int_{0}^{q}R'(q)\mathrm{d}q$．

由于总利润＝总收入－总成本，所以

总利润函数：$L(q)=\int_{0}^{q}(R'(q)-C'(q))\mathrm{d}q-C_0$．

例 5　已知某产品的边际成本函数 $C'(q)=q+24$，固定成本为 1 000 元，求总成本函数 $C(q)$．

解　$C(q)=\int_{0}^{q}C'(x)\mathrm{d}x+1\,000=\int_{0}^{q}(x+24)\mathrm{d}x+1\,000$

$$=\left(\frac{x^2}{2}+24x\right)\Bigg|_{0}^{q}+1\,000=\frac{q^2}{2}+24q+1\,000.$$

例 6　已知生产某种产品 q 单位时，边际收益为 $R'(q)=200-\dfrac{q}{200}$（元/单位）．求：

（1）总函数 $R(q)$ 和平均收益 $\overline{R}(q)$；

（2）生产 100 个单位产品的总收益；

（3）生产 100 个单位产品后再生产 100 个单位产品的总收益.

解　（1）$R(q)=\int_0^q R'(q)\mathrm{d}q=\int_0^q\left(200-\dfrac{q}{200}\right)\mathrm{d}q$

$$=\left(200q-\frac{q^2}{400}\right)\Bigg|_0^q=200q-\frac{q^2}{400}$$

$$\overline{R}(q)=\frac{R(q)}{q}=200-\frac{q}{400}\ （元/单位）$$

（2）$R(100)=\left(200q-\dfrac{q^2}{400}\right)\Bigg|_{q=100}=19\ 975$（元）.

（3）$R=\int_{100}^{200}\left(200-\dfrac{q}{200}\right)\mathrm{d}q=\left(200q-\dfrac{q^2}{400}\right)\Bigg|_{100}^{200}=19\ 925$（元）.

例 7　设某种商品每天固定成本为 20 元，生产 q 单位时，边际成本函数 $C'(q)=0.4q+2$（元/单位），求总成本函数 $C(q)$. 如果这种商品的销售单价为 18 元，且产品可以全部售出，求总利润函数 $L(x)$，并问每天生产多少单位时才能获得最大利润.

解　总成本函数为

$$C(q)=\int_0^q(0.4q+2)\mathrm{d}q+C_0=(0.2q^2+2q)\Big|_0^x+20$$
$$=0.2x^2+2x+20\ .$$

设销售 x 单位商品得到的总收益为 $R(x)$，根据题意有 $R(x)=18x$.

因为

$$L(x)=R(x)-C(x)=18x-(0.2x^2+2x+20)=-0.2x^2+16x-20\ .$$

则
$$L'(x)=-0.4x+16$$

令 $L'(x)=0$，得唯一驻点 $x=40$.

所以每天生产 40 单位时才能获得最大利润，最大利润为

$$L(40)=-0.2\times40^2+16\times40-20=300\ （元）$$

2. 资本现值与投资问题

由连续复利知，若现有本金 P_0 元，以年利率 r 的连续复利计算 t 年后的本利和为 $A(t)=P_0\mathrm{e}^{rt}$.

反之，若某项投资资金 t 年后的本利和 A 已知，则按连续复利计算，现在应有资金 $P_0=A\mathrm{e}^{-rt}$，称 P_0 为资本现值. 在时间区间 $[0,T]$ 内，t 时刻的单位时间收入为 $A(t)$，称为**收入率**，按年利率为 r 的连续复利计算，则在时间区间 $[t,t+\mathrm{d}t]$ 内的收入现值为 $A(t)\mathrm{e}^{-rt}\mathrm{d}t$，在 $[0,T]$ 内得到的总收入现值为

$$P=\int_0^T A(t)\mathrm{e}^{-rt}\mathrm{d}t$$

特别地，当收入率为常数 A 时，总收入现值

$$P=\int_0^T A\mathrm{e}^{-rt}\mathrm{d}t=\frac{A}{r}(1-\mathrm{e}^{-rT}).$$

即 纯收入的贴现值 = 总收入现值 − 总投资

例 8 现对某企业给予一笔投资 B，经测算该企业可以按每天 a 元的平均收入率获得收入，若年利率为 r，试求该投资的纯收入贴现值及收回该笔投资的时间.

解 因收入率为 a，年利率为 r，故投资 T 年后总收入现值为

$$P=\int_0^T a\mathrm{e}^{-rt}\mathrm{d}t=\frac{a}{r}(1-\mathrm{e}^{-rT})$$

从而投资所得的纯收入的贴现值为

$$R=P-B=\frac{a}{r}(1-\mathrm{e}^{-rT})-B.$$

若设收回投资所用的时间为 T 年，则 T 年后总收入现值等于投资 B，故有

$$\frac{a}{r}(1-\mathrm{e}^{-rT})=B$$

由此解得收回投资的时间

$$T=\frac{1}{r}\ln\frac{a}{a-Br}$$

例 9 若对某企业投资 1 000 万元，年利率为 5%，设 20 年内的平均收入率为 $a=200$ 万元，求 20 年内的总收入现值、20 年内的纯收入贴现值及收回该笔投资的时间.

解 20 年内的总收入现值为

$$P=\frac{a}{r}(1-\mathrm{e}^{-rT})=\frac{200}{0.05}(1-\mathrm{e}^{-0.05\times 20})=4\,000(1-\mathrm{e}^{-1})\approx 2\,528.5\text{（万元）}$$

从而投资所得的纯收入的贴现值为

$$R=P-B=2\,528.5-1\,000=1\,528.5\text{（万元）}$$

收回投资的时间

$$T=\frac{1}{r}\ln\frac{a}{a-Br}=\frac{1}{0.05}\ln\frac{200}{200-1\,000\times 0.05}=20\ln\frac{4}{3}\approx 5.75\text{（年）}$$

所以该笔投资在 20 年内总收入现值为 2 528.5 万元，可获纯收入贴现值为 1 528.5 万元，投资回收期约为 5.75 年.

知识拓展

在历史上，积分观念的形成比微分要早. 公元 263 年我国刘徽提出的割圆术，就是定积分的思想，即“化整为零→近似代替→积零为整→取极限”. 其重要的功能是为我们研究某些

问题提供一种思想方法（或思维模式），即用无限的过程处理有限的问题. 定积分的概念及微积分基本公式，是数学史、科学思想史上的重要创举.

模块四小结

本模块主要介绍了一元函数积分学，包括不定积分和定积分两大部分内容，需要掌握的知识点总结如下：

（1）不定积分的概念；

（2）不定积分的计算方法：直接积分法、换元积分法、分部积分法；

（3）定积分产生的实际背景、定义、几何意义、性质；

（4）定积分的计算；

（5）定积分的应用.

模块笔记

项目	相关知识点
项目一 不定积分的概念	
项目二 不定积分的计算	

模块笔记

项目	相关知识点
项目三 定积分的概念和性质	
项目四 微积分基本公式	

模块笔记

项目	相关知识点
项目五 定积分的应用	

模块五 概率统计与经济应用

内容概要

概率统计有着系统而丰富的内容，作为研究和揭示随机现象规律的主要理论工具，它在自然科学、国民经济以及社会活动的方方面面都得到了广泛应用. 在这一模块中，我们要学习到的主要内容包括：随机事件及其概率、随机变量、极限定理、统计方法以及概率统计在经济中的应用.

学习目标

- 理解随机事件及其概率，掌握古典概型的定义；
- 理解条件概率的概念，掌握和运用公式进行概率计算；
- 理解随机变量、分布函数；
- 掌握数学期望以及方差的定义与计算方法；
- 在对数据描述的基础上进行推断和统计，具备中等数量分析能力；
- 掌握概率统计在经济中的应用.

【数学小事例】 概率论这门学科起源于生活中诸如“投掷色子”的随机现象，把随机现象当作数学问题处理是在 1654 年，一个名叫 A. G. C. de M′er′e（作安托万·古保德）的法国贵族（也称梅累骑士）对此类问题很感兴趣，但他对一些问题感到很困惑，为解决自己的困惑，他向著名数学家 B. Pascal（帕斯卡）求助，帕斯卡自己也思考了三年，中间还不断写信和 P. Fermat（费马）讨论. 1655 年，荷兰科学家 C. Huygens（惠更斯）首次访问巴黎，其间他学习了帕斯卡与费马关于概率论的研究工作. 1657 年，当他回到荷兰后，写了一本小册子，名叫 *De Ratiociniis in Ludo Aleae*（《关于机会游戏的计算》），这是关于概率论的第一本书. 在这个时期，“数学期望”这一基本概念以及关于概率的可加性、可乘性已经建立.

项目一 随机事件

引例 1（经济类问题） 你知道质量保证期应确定为多少小时吗？

DH 教学设备有限公司研发了一款投影仪节能型灯泡. 经过大量测试，研发人员估计在正常的情况下，产品使用寿命服从 3 800 小时到 12 960 小时的均匀分布. 试问：

（1）使用寿命在 5 000 小时到 11 500 小时之间的概率；

（2）为让更多的购买者愿意接受此产品，公司经理欲提出一个质量保证期，凡正常使用寿命没超过质量保证期的产品，公司将予以更换，但希望更换的产品数不超过10%，问质量保证期应确定为多少小时？

在市场经济中，企业处于一种不确定的经营环境中. 经营者、管理者常常面临类似这样大大小小的决策与预测问题.

一、随机事件及其关系

1. 必然现象与随机现象

在客观世界中，我们常遇到两类不同的现象：一类是必然现象（或称确定性现象），另一类是随机现象（或称偶然现象）.

必然现象是指在一定的条件下，必然会出现某种结果的现象. 例如

（1）标准大气压下，水加热到 100 °C，必然沸腾.

（2）国家提高印花税，必然会在短时间内造成股票下滑.

（3）过度砍伐森林，必然造成水土流失.

随机现象是指在一定条件下，其结果不止一个，至于是哪种结果，事先是无法确定的. 例如

（1）从含有 2 件次品的 10 件商品中任意抽取 3 件，抽到次品的件数可能是 0，也可能是 1 或 2，抽取前不能确定抽到的次品数.

（2）夏季某种新型饮料上市，可能畅销，也可能滞销，销售前无法断定.

（3）未来一年全国各省的城镇居民的人均收入.

对随机现象进行一次具体的观察，其结果具有偶然性，但是，在相近的条件下，对这种现象作大量重复观察，就会发现各种结果的出现有一定的规律性. 例如

（1）对某企业的产品进行重复抽查，可以得到它的合格率.

（2）对某类人群进行大量调查，能够得到某种疾病的发病率.

（2）对经济频道某时段的收视情况进行调查，可得到收视率.

在自然界和现实生活中随机现象不胜枚举，随机现象的规律性是客观存在的，研究随机现象是为了掌握它的规律性.

2. 随机试验与随机事件

定义 5.1 对某事物特征进行观察，统称试验. 若它有如下特点：

（1）试验可以在相同的条件下重复进行；

（2）每次试验的可能结果不止一个，试验前能明确知道所有的可能结果；

（3）试验前不能肯定会出现哪种结果，但可以肯定每次试验出现这些可能结果中的一个，则称为随机试验，用 E 表示.

定义 5.2 在一定的条件下，随机试验中可能出现的每一种结果称为**随机事件**，简称**事件**，常用大写字母 A，B，C 等表示.

样本空间——随机试验 E 所有可能的结果组成的集合称为样本空间，记为 Ω.

样本空间的元素，即 E 的直接结果，称为样本点（或基本事件），常记为 ω ，$\Omega=\{\omega\}$.
随机事件——Ω 的子集，记为 $A,B,\cdots$ ，它是满足某些条件的样本点所组成的集合.
随机事件发生——组成随机事件的一个样本点发生.
必然事件——全体样本点组成的事件，记为 Ω ，每次试验必定发生的事件.
不可能事件——不包含任何样本点的事件，记为 $\varnothing$ ，每次试验必定不发生的事件.

例 1 给出一组随机试验及相应的样本空间.

解 E_1：投一枚硬币 3 次，观察正面出现的次数.
$\Omega_1=\{0,1,2,3\}$——有限样本空间.
E_2：观察总机每天 9:00—10:00 接到的电话次数.
$\Omega_2=\{0,1,2,3,\cdots,N\}$.
E_3：观察某地区每天的最高温度与最低温度.
$\Omega_3=\{(x,y)\mid T_1\leqslant x\leqslant T_2\}$——无限样本空间.
（其中 T_1 ，T_2 分别是该地区的最低与最高温度）

3. 事件的关系和运算

（1）事件的包含.
$A\subset B$—— A 包含于 B .
$A\subset B \Leftrightarrow$ 事件 A 发生必导致事件 B 发生（见图 5-1）.

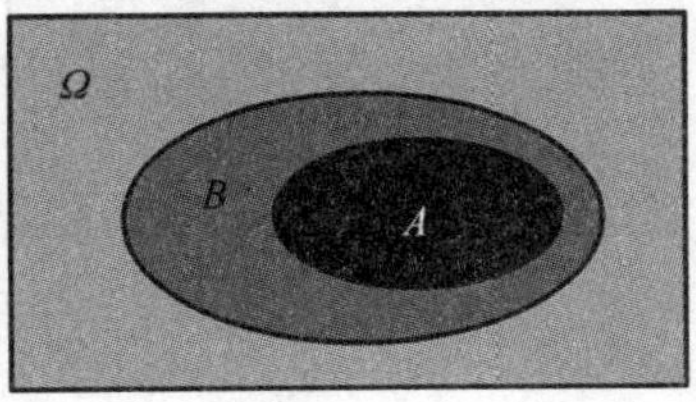

图 5-1　$A\subset B$

（2）事件的相等.
$A=B \Leftrightarrow A\subset B$ 且 $B\subset A$.
（3）事件的并（和）（见图 5-2）.
$A\cup B$ 或 $A+B$—— A 与 B 的和事件.
$A\cup B$ 发生 $\Leftrightarrow$ 事件 A 与事件 B 至少有一个发生.

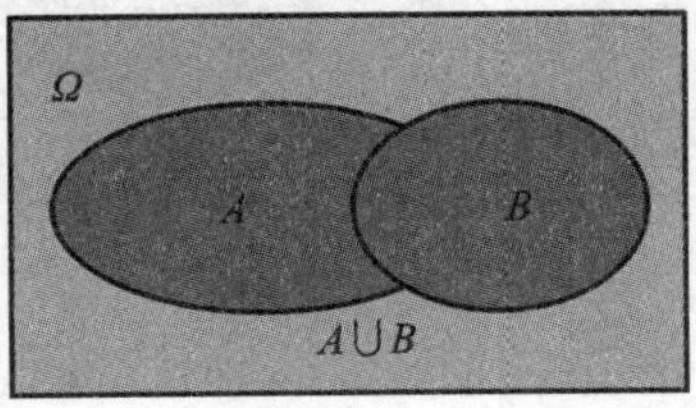

图 5-2　$A\cup B$

（4）事件的交（积）（见图 5-3）.
$A\cap B$ 或 AB—— A 与 B 的积事件.

$A\cap B$ 发生 $\Leftrightarrow$ 事件 A 与事件 B 同时发生.

$A_1,A_2,\cdots,A_n$ 的积事件—— $\bigcap\limits_{i=1}^{n}A_i$.

$A_1,A_2,\cdots,A_n,\cdots$ 的积事件—— $\bigcap\limits_{i=1}^{\infty}A_i$.

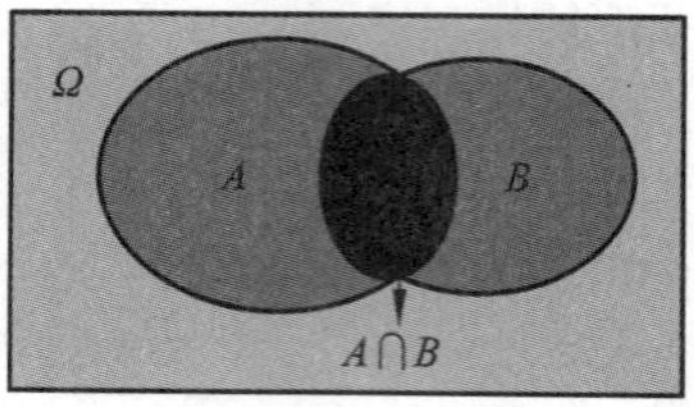

图 5-3 $A\cap B$

（5）事件的差（见图 5-4）.

$A-B$ —— A 与 B 的差事件.

$A-B$ 发生 $\Leftrightarrow$ 事件 A 发生，但事件 B 不发生.

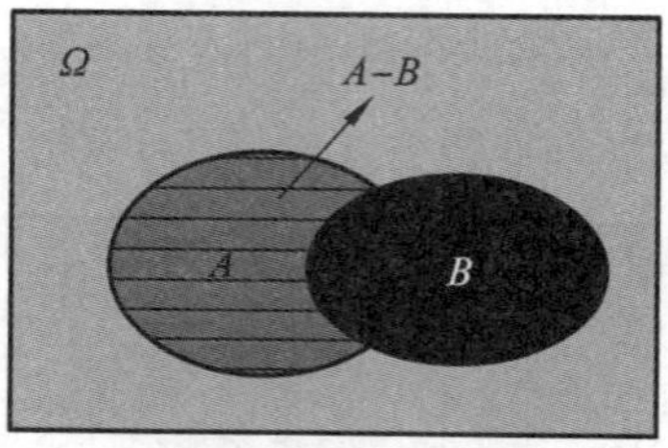

图 5-4 $A-B$

（6）事件的互斥（互不相容）（见图 5-5）.

$AB=\varnothing$ —— A 与 B 互斥 $\Leftrightarrow$ A 、B 不可能同时发生.

$A_1,A_2,\cdots,A_n$ 两两互斥 $\Leftrightarrow$ $A_iA_j=\varnothing\,(i\neq j,\ \ j=1,2,\cdots,n)$.

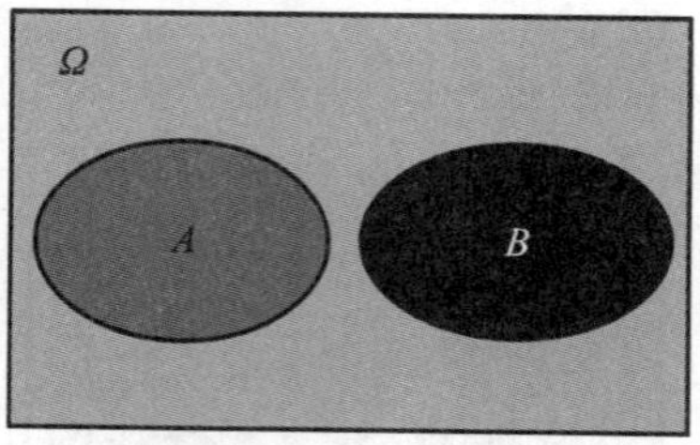

图 5-5 $AB\neq\varnothing$

（7）事件的对立（见图 5-6）.

$AB=\varnothing$，$A\cup B=\Omega$ —— A 与 B 互相对立 $\Leftrightarrow$ 每次试验 A，B 中有且只有一个发生. 称 B 为 A 的对立事件（或逆事件），记为 $B=\overline{A}$.

注意 “A 与 B 互相对立”与“A 与 B 互斥”是不同的概念.

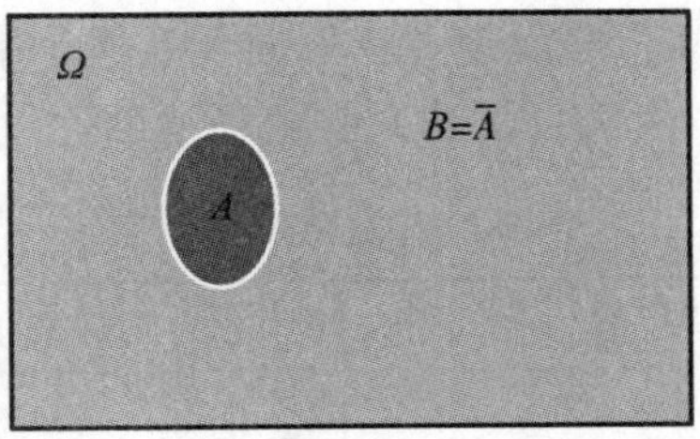

图 5-6　$B=\overline{A}$

（8）完备事件组.

若 $A_1,A_2,\cdots,A_n$ 两两互斥，且 $\Omega=\bigcup\limits_{i=1}^{n}A_i$，则称 $A_1,A_2,\cdots,A_n$ 为完备事件组，或称 $A_1,A_2,\cdots,A_n$ 为 Ω 的一部分.

4. 运算律

（1）吸收律：$A\cup\Omega=\Omega, A\cap\Omega=A, A\cup\varnothing=A, A\cap\varnothing=\varnothing, A\cup(AB)=A, A\cap(A\cup B)=A$.

（2）差化积：$A-B=A\overline{B}=A-(AB)$.

（3）结合律：$(A\cup B)\cup C=A\cup(B\cup C)$，$(AB)C=A(BC)$.

（4）分配律：$(A\cup B)\cap C=(A\cap C)\cup(B\cap C)$，$A\cup(BC)=(A\cup B)(A\cup C)$.

（5）反演律：$\overline{A\cup B}=\overline{A}\,\overline{B}$，$\overline{AB}=\overline{A}\cup\overline{B}$，$\overline{\bigcup\limits_{i=1}^{n}A_i}=\bigcap\limits_{i=1}^{n}\overline{A_i}$，$\overline{\bigcap\limits_{i=1}^{n}A_i}=\bigcup\limits_{i=1}^{n}\overline{A_i}$.

运算顺序：逆交并差，括号优先.

例 2　在图书馆中随意抽取一本书，事件 A 表示数学书，B 表示中文书，C 表示平装书. 则

$AB\overline{C}$——抽取的是精装中文版数学书；

$\overline{C}\subset B$——精装书都是中文书；

$\overline{A}=B$——非数学书都是中文版的，且中文版的书都是非数学书.

二、随机事件的概率

除必然事件和不可能事件外，一般随机事件是否发生是无法预先确定的，而只能考察事件发生的“可能性”大小问题. 但人们发现，在基本条件相同的情况下，大量地观察某一类随机现象，随机事件发生的“可能性”总会呈现出某种内在的规律性. 如何揭示这种规律性以及表示这种“可能性”的大小就是概率论要讨论的问题.

1. 概率的统计定义

定义 5.3　在相同的条件下进行 n 次试验，若事件 A 发生了 m 次，则称比值 $\frac{m}{n}$ 为事件 A 发生的频率，记为 $f_n(A)$，即

$$f_n(A)=\frac{m}{n}$$

例如，历史上不少人做过“投硬币”这一试验，尽管试验的人、试验的时间、试验的地

点不同，但通过大量的试验观察，会发现“正面向上”这个事件出现的次数与试验总次数的比总稳定在 0.5 附近，如表 5-1 记录了几个人的试验结果.

表 5-1 “投硬币”试验

试验者	投币次数	正面向上次数	比值
德·摩根	2 048	1 061	0.518 1
蒲丰	4 040	2 048	0.506 9
皮尔逊	12 000	6 019	0.501 6
皮尔逊	24 000	12 012	0.500 5

从表 5-1 中可以看出，事件 A 在 n 次试验中发生的频率 $f_n(A)$ 具有波动性，当 n 较小时，频率 $f_n(A)$ 偏离常数 0.5 的“波动性”较大；n 充分大时，频率 $f_n(A)$ 偏离常数 0.5 的“波动性”就逐渐偏小.

一般地，只要试验是在相同的条件下进行的，那么，当试验次数 n 充分大时，频率就会稳定在某个常数 p 上，它反映了事件内在的规律，因而可以用这个常数 p 表示事件发生“可能性”的大小.

定义 5.4（概率的统计定义） 在相同的条件下进行大量重复试验，当试验次数充分大时，事件 A 发生的频率会稳定在某一常数 $p(0 \leqslant p \leqslant 1)$ 上，则称数 p 为事件 A 发生的**概率**，记为 $P(A)=p$.

2. 概率的古典定义

为方便讨论，我们把具有以下特点的试验称为**古典概型**：

（1）试验所有可能的结果个数有限，即基本事件个数有限；

（2）每次试验只有一个基本事件发生；

（3）基本事件发生的概率相等.

定义 5.5（概率的古典定义） 设试验 E 是古典概型，其样本空间 Ω 由 n 个样本点组成，事件 A 由 k 个样本点组成，则定义事件 A 的概率为

$$P(A)=\frac{k}{n} \text{（事件 } A \text{ 所包含的基本事件数/基本事件总数）}$$

容易看到，概率的古典定义与统计定义虽然是从不同的侧面表示概率，但同样刻画揭示了事件 A 发生的可能性. 由于概率的统计定义依赖于大量的试验次数及其数据，客观上是难以实现的，所以我们一般用概率的古典定义来讨论有关的问题.

3. 概率的性质

由概率的定义，可以推出概率有如下性质：

（1）（非负性）$0 \leqslant P(A) \leqslant 1$；

（2）（规范性）$P(\Omega)=1$，$P(\varnothing)=0$；

（3）（可比性）若 $A \subseteq B$，则有 $P(A) \leqslant P(B)$；

（4）对任一事件 A，有 $P(\overline{A})=1-P(A)$；

（5）（有限可加性）设 $A_1,A_2,\cdots,A_n$ 两两互斥，则有

$$P(A_1\cup A_2\cup\cdots\cup A_n)=P(A_1)+P(A_2)+\cdots+P(A_n)$$

（6）设 A,B 是事件，若 $A\subset B$，则有 $P(B-A)=P(B)-P(A)$，$P(B)\geqslant P(A)$.

例 3 掷两颗均匀骰子，求出现点数之和等于 3 的事件 A 的概率：

解 掷两颗骰子，观察发现可能出现的点数情况可表示如下：

$$\begin{gathered}(1,1),(1,2),\cdots,(1,6)\\(2,1),(2,2),\cdots,(2,6)\\\vdots\\(6,1),(6,2),\cdots,(6,3)\end{gathered}$$

基本事件总数 $n=36$，事件 A 包含 $(1,2)$，$(2,1)$，所以

$$P(A)=\frac{2}{36}=\frac{1}{18}$$

当基本事件总数较小时，可以把基本事件组列出来，直接可得 n,k 并求出结果，如例 3；但当基本事件总数较大时列出很麻烦，此时可以利用排列组合加以计算.

例 4（督查问题） 某城市共有 100 个村（居委会），假设该城市有 60 个村（居委会）文明卫生工作做得较好，30 个村（居委会）中等，10 个村（居委会）做得较差. 现有工作组拟随机走访其中 2 个村（居委会），问工作组没有走访到工作做得较好的村（居委会）及恰好走访到 1 个和 2 个工作做得较好的村（居委会）的概率分别是多少？

解 设事件 A_m 表示"走访到 m 个（$m=0,1,2$）工作做得较好的村（居委会）"，基本事件总数为 C_{100}^2 个，A_m 包含的基本事件数为 $C_{60}^m C_{40}^{2-m}$ 个，由此可以算得：

$$P(A_0)=\frac{26}{165},\quad P(A_1)=\frac{16}{33},\quad P(A_2)=\frac{59}{165}$$

工作组没有走访到工作做得较好的村（居委会）及恰好走访到 1 个和 2 个工作做得较好的村（居委会）的概率分别是 $\frac{26}{165}$，$\frac{16}{33}$，$\frac{59}{165}$.

古典概型解题的要点是：计算样本空间 Ω 包含的基本事件总数 n 以及事件 A 包含的基本事件数 k. 解题的关键是：辨别是排列问题还是组合问题，以及概率如何表示.

例 5 已知某城市中有 50% 的用户订日报，65% 的用户订晚报，85% 用户订至少两种报中的一种，问同时订两种报的用户占百分之几？

解 设"用户订日报"事件为 A，"用户订晚报"事件为 B，则"订两种报中的一种"事件为 $A\cup B$，由已知

$$P(A)=50\%,\quad P(B)=65\%,\quad P(A\cup B)=85\%$$

则所求概率为

$$P(AB)=P(A)+P(B)-P(A\cup B)$$

$$=50\%+65\%-85\%$$
$$=30\%$$

即同时订两种报的用户占 30%.

项目二　概率的基本公式

概率的基本公式包括和事件公式、条件事件公式、积事件公式、全概率公式和逆概率公式等. 其中，和事件、条件事件、积事件的概率公式类似于“四则运算”中的“加、除、乘”三种运算.

一、和事件公式

对任意的两个事件 A,B ，有

$$P(A+B)=P(A)+P(B)-P(AB)\text{（加法公式）}$$

上述加法公式可推广到三个事件，则有

$$P(A_1+A_2+A_3)=P(A_1)+P(A_2)+P(A_3)-P(A_1A_2)-P(A_1A_3)-P(A_2A_3)+P(A_1A_2A_3)$$

二、条件概率

在实际问题中，常常会遇到在事件 B 已经发生的条件下，求事件 A 发生的概率. 由于有了附加条件“事件 B 已经发生”，称这种概率为事件 A 在事件 B 已经发生的条件下发生的概率（简称**条件概率**），记为 $P(A|B)$. 相应地，$P(A)$ 称为无条件概率.

条件概率用古典概型的定义可表示为

$$P(A|B)=\frac{P(AB)}{P(B)}\text{—— }A\text{ 在 }B\text{ 中包含的基本事件数}/B\text{ 所包含的基本事件数（ }P(B)\neq 0\text{ ）.}$$

$$P(B|A)=\frac{P(AB)}{P(A)}\text{—— }B\text{ 在 }A\text{ 中包含的基本事件数}/A\text{ 所包含的基本事件数（ }P(A)\neq 0\text{ ）.}$$

注意　$P(A)$ 与条件概率 $P(A|B),P(B|A)$ 不同，$P(A)$ 是相对于样本空间 Ω 考虑，而 $P(A|B)$ 是相对于事件 B 考虑，$P(B|A)$ 是相对于事件 A 考虑.

例 1　某班有 40 名学生，其中男生 25 名、女生 15 名. 男生中有 18 名是独生子女，女生中有 10 名是独生子女. 现任抽一名学生参加暑期社会实践活动，求：

（1）抽到男生的概率；

（2）抽到男生独生子女的概率；

（3）抽到的是一名男生，这名男生是独生子女的概率.

解　设 A 表示事件“抽到男生”，B 表示事件“抽到独生子女”.

（1）抽到男生的概率为

$$P(A)=\frac{C_{25}^{1}}{C_{40}^{1}}=\frac{25}{40}=0.625$$

（2）抽到男生独生子女的概率即为求事件 AB 的概率，基本事件总数是 C_{40}^{1}，故

$$P(AB)=\frac{C_{18}^{1}}{C_{40}^{1}}=\frac{18}{40}=0.45$$

（3）在事件 A 的条件下，求事件 B 发生的概率 $P(B|A)$. 因此，新样本空间应为班级男生，基本事件总数是 C_{25}^{1}，$B|A$ 包含的基本事件数是新样本空间中的独生子女 C_{18}^{1}，故有

$$P(B|A)=\frac{C_{18}^{1}}{C_{25}^{1}}=\frac{18}{25}=0.72$$

例 2 某厂生产的灯泡能用 1 000 小时的概率为 0.8，能用 1 500 小时的概率为 0.4，求已用 1 000 小时的灯泡能用到 1 500 小时的概率.

解 令 A 为事件"灯泡能用到 1 000 小时"，B 为事件"灯泡能用到 1 500 小时"，因 $B\subset A$，故所求概率为

$$P(B|A)=\frac{P(AB)}{P(A)}=\frac{P(B)}{P(A)}=\frac{0.4}{0.8}=\frac{1}{2}$$

定义 5.6 对于事件 A 与事件 B，若 $P(A|B)=P(A)$，$P(B|A)=P(B)$，则称 A 与 B **相互独立**.

注意 所谓事件 A 与 B 相互独立，即事件 A 发生与否与事件 B 没有关系，按照定义可以判定两事件是否相互独立，一般也可以根据经验判定. 如两人同时射击、从大量的产品中抽检几件等都可看作相互独立的事件.

例 3 从一幅 52 张的扑克牌中任取一张，若 A = {抽到 K}，B = {抽到的牌是黑色的}，试判断 A 与 B 是否独立.

解 利用条件概率判断. $P(A)=\frac{4}{52}=\frac{1}{13}$，$P(A|B)=\frac{2}{26}=\frac{1}{13}$，即 $P(A)=P(A|B)$，故事件 A 与 B 相互独立.

三、积事件概率公式（乘法公式）

根据条件概率公式，可得到概率的乘法公式：

$$P(AB)=P(A)P(B|A)=P(B)P(A|B)$$

显然，事件 A 与事件 B 相互独立时，有

$$P(AB)=P(A)P(B)$$

注意 根据乘法公式计算时，显然有两种选择，选 A 还是选 B 作为条件，应视计算的方便而定，一般以已经发生的事件为条件事件. 一般地，对于事件 A,B，哪个先发生就把哪个当成条件.

例 4 有 5 支竹签分别标有 1，2，3，4，5 这五个数字，现从中无放回地取两次，每次取一支，求：

（1）第一次取到奇数签的概率；（2）在第一次取到偶数签的情况下，第二次取到奇数签的概率；（3）第一次取到偶数签，且第二次取到奇数签的概率；（4）第二次取到奇数签的概率.

解 令 $A_i=\{$第 i 次取到奇数签$\}\ (i=1,2)$，则

（1）$P(A_i)=\dfrac{3}{5}$；

（2）$P(A_2\,|\,\overline{A_1})=\dfrac{3}{4}$（在缩减的样本空间中求，由于第一次已取到偶数签，所以还剩 1 支偶数签和 3 支奇数签）；

（3）$P(\overline{A_1}A_2)=P(\overline{A_1})P(A_2\,|\,\overline{A_1})=\dfrac{2}{5}\times\dfrac{3}{4}=0.3$；

（4）先确定第二次，然后第一次是必然事件，故 $P(A_2)=\dfrac{3}{5}$.

例 5 盒中有 10 张彩票，其中一等奖 3 张，二等奖 7 张，甲、乙、丙三人依次从盒中摸取两张，求：

（1）甲摸到两张二等奖彩票的概率；

（2）甲摸到两张二等奖彩票的条件下，乙摸到一、二等奖彩票各一张的概率.

解 设 A 表示"甲摸到两张二等奖的彩票"，B 表示"乙摸到一、二等奖彩票各一张"，则

（1）$P(A)=\dfrac{C_7^2}{C_{10}^2}=0.467$；

（2）$P(B\,|\,A)=\dfrac{C_3^1C_5^1}{C_8^2}=0.536$.

例 6 在通常情况下，股市中股票的涨跌有时候是相互关联着的，有时候则是毫无关系的. 根据股市的情况，甲、乙两种股票上涨的概率分别是 0.8 和 0.7，某位股民决定购买这两种股票，如果这两种股票的涨跌相互独立，求：

（1）买入的股票至少有一种涨的概率；

（2）两种股票同时涨的概率.

解 设 A,B 分别表示"股票甲上涨"和"股票乙上涨"，则

（1）两种股票至少有一种涨，即 $A+B$，其概率为

$$P(A+B)=P(A)+P(B)-P(AB)=0.8+0.7-0.8\times0.7=0.94$$

（2）两种股票同时涨，即 AB，其概率为

$$P(AB)=0.8\times0.7=0.56$$

四、全概率公式

唐代杜甫的《望岳》中的诗句"会当凌绝顶，一览众山小"描绘了泰山的雄伟磅礴，就是在"众山"这一背景中衬托出来的. 类似地，当我们不能直接计算一个事件发生的概率时，

也可以把事件“粘贴”到与之相关的一组事件（背景）中去考虑. 全概率公式提供的就是把一个抽象的求概率问题（求 $P(A)$）“粘贴”到一个具体的背景（完备事件组）上来考虑的思想和方法.

下面我们来介绍“完备事件组”的概念，然后引入全概率公式.

首先以三个事件为例，然后对 n 个事件进行类推.

1. 完备事件组

若事件组 A_1, A_2, A_3 满足以下条件：

（1）$\Omega = A_1 + A_2 + A_3$；

（2）$A_i A_j = \varnothing (i \neq j)$，

则称事件组 A_1, A_2, A_3 为样本空间 Ω 的一个**完备事件组**.

2. 全概率公式的定义

若 A_1, A_2, A_3 为样本空间 Ω 的一个完备事件组，则对于任意事件 A，有

$$P(A) = P(A_1)P(A \mid A_1) + P(A_2)P(A \mid A_2) + P(A_3)P(A \mid A_3)$$

上述公式称为**全概率公式**.

全概率公式的作用在于：当直接求 $P(A)$ 比较抽象时，可以把事件 A “粘贴”到一个与之相关的具体的完备事件组 A_1, A_2, A_3 上考虑，问题可能就变得容易解决了，其关键是寻找相关的完备事件组.

3. 全概率公式的推广

如果事件 $B_1, B_2, \cdots, B_n$ 互不相容，且 $P(B_i) > 0 (i = 1, 2, \cdots, n)$，又 $B_1 \cup B_2 \cup \cdots \cup B_n = \Omega$，那么称 $B_1, B_2, \cdots, B_n$ 为样本空间 Ω 的一个完备事件组. 因此对任意事件 A，有

$$P(A) = \sum_{i=1}^{n} P(AB_i) = \sum_{i=1}^{n} P(B_i)P(A \mid B_i)$$

上式可以由概率的古典定义证明，请读者自行完成.

使用全概率公式需注意以下三点：

（1）看问题是否为两个步骤；

（2）$B_1, B_2, \cdots, B_n$ 为第一个步骤的完备事件组；

（3）A 发生在第二个步骤.

全概率公式在现实世界中有着广泛的应用.

例 7（彩票中奖率） 100 张彩票中有 3 张有奖彩票，甲先乙后各买一张，问甲和乙中奖率是否相同?

解 设 A 表示甲中奖，从而 $\overline{A}$ 表示甲不中奖，则 $P(A) = \dfrac{3}{100}$，$P(\overline{A}) = \dfrac{97}{100}$. 再设 B 表示乙中奖，根据全概率公式，有

$$
\begin{aligned}
P(B) &= P(AB+\overline{A}B) = P(AB)+P(\overline{A}B) \\
&= P(A)P(B\mid A)+P(\overline{A})P(B\mid \overline{A}) \\
&= \frac{3}{100}\times\frac{2}{99}+\frac{97}{100}\times\frac{3}{99}=\frac{3}{100}
\end{aligned}
$$

即甲和乙中奖率是相同的. 以此计算类推，从第 3 个到第 100 个人买彩票的中奖率都是相同的，即都等于 $\frac{3}{100}$.

例 8（投资收益率） 某投资人综合投资与风险的考量，今年拟将全部资金按比例 6 : 3 : 1 分别投资债券、基金和证券. 按往年分别投资债券、基金和证券的年收益率（即指投资的回报率）5%、9%、15%，问该投资人今年投资的收益率大概是多少？

解 设 B_1, B_2, B_3 分别表示投资债券、基金和证券，则 $P(B_1)=\frac{6}{10}$, $P(B_2)=\frac{3}{10}$, $P(B_3)=\frac{1}{10}$. 再设 A 表示投资人今年投资的收益，根据全概率公式，有

$$
\begin{aligned}
P(A) &= P(AB_1+AB_2+AB_3) \\
&= P(AB_1)+P(AB_2)+P(AB_3) \\
&= P(B_1)P(A\mid B_1)+P(B_2)P(A\mid B_2)+P(B_3)P(A\mid B_3) \\
&= \frac{6}{10}\times 5\%+\frac{3}{10}\times 9\%+\frac{1}{10}\times 15\% = 7.2\%
\end{aligned}
$$

即该投资人今年投资的收益率大概是 7.2%.

五、逆概公式（贝叶斯公式）

当完备事件组为 $B_1, B_2, B_3, \cdots$ 时，综合应用积事件与全概率公式可得**逆事件概率公式**，简称**逆概公式**，又称**贝叶斯公式**，即

$$
P(B_i\mid A)=\frac{P(AB_i)}{P(A)}=\frac{P(B_i)P(A\mid B_i)}{\sum_{j=1}^{n}P(B_j)P(A\mid B_j)}\,(i=1,2,3,\cdots)
$$

上述公式与全概率公式解决的问题的是相反的，所以称之为逆概公式. 逆概公式用于事件已经发生的情况下，追寻其原因. 所以，逆概公式常用于事故处理和案件的侦破等.

例 9 地区肝癌的发病率为 0.000 4，先用甲胎蛋白法进行普查. 医学研究表明，化验结果是存在错误的. 已知患有肝癌的人的化验结果 99% 呈阳性（有病），而没有患肝癌的人的化验结果 99.9% 呈阴性（无病）. 现某人的检查结果呈阳性，问他患肝癌的概率是多少？

解 记 B 为事件“被检查者患有肝癌”，A 为事件“检查结果为阳性”，由题设知

$$
P(B)=0.000\,4,\quad P(\overline{B})=0.999\,6,\quad P(A\mid B)=0.99,\quad P(A\mid \overline{B})=0.001
$$

我们现在的目的是求 $P(B\mid A)$. 由贝叶斯公式，得

$$P(B|A)=\frac{P(B)P(A|B)}{P(B)P(A|B)+P(\overline{B})P(A|\overline{B})}$$

$$=\frac{0.000\ 4\times 0.99}{0.000\ 4\times 0.99+0.999\ 6\times 0.001}\approx 0.284$$

这表明，在检查结果呈阳性的人中，患肝癌的人不到 30%.

六、伯努利概型

如果在相同条件下重复进行 n 次试验，每一次试验的结果均不受其他各次试验的影响，那么称这 n 次试验为 **n 重独立重复试验**.

在 n 重独立重复试验中，如果每次试验只有两种互相对立的结果 A 和 $\overline{A}$，并设 $P(A)=p$，$P(\overline{A})=1-p=q$，那么称这种试验为 **n 重伯努利试验**. 这是大自然界中一种常见的且应用很广泛的数学模型，称之为伯努利概率模型，简称**伯努利概型**.

例如，连续 20 次进行某种科学实验，只有成功与失败两种情形，这是 20 重伯努利试验.

在 n 重独立重复试验中，事件 A 恰好发生 k 次（$0\leqslant k\leqslant n$）的概率，记为 $P_n(k)$. 事件 A 在某 k 次试验中发生，而在其余 $n-k$ 次试验中不发生的概率为 $p^k q^{n-k}$，如果只考虑事件 A 在 n 次试验中出现 k 次，而不论它在哪 k 次出现，则由组合计算公式知应有 C_n^k 种不同方式，按概率加法公式，有

$$P_n(k)=\mathrm{C}_n^k p^k(1-p)^{n-k}$$

上述概率的表示式称为**伯努利概型计算公式**. 由于 $\mathrm{C}_n^k p^k(1-p)^{n-k}$ 恰好是 $(p+q)^n$ 按二项公式展开的 $k+1$ 项，所以上述公式也称**二项概率公式**.

例 10 投篮命中的概率为 0.6，他共投了 5 次，求命中次数不低于 3 次的概率.

解 令 $A=\{$命中次数不低于 3 次$\}$，则有

$$P(A)=\mathrm{C}_5^3\cdot 0.6^3\cdot 0.4^2+\mathrm{C}_5^4\cdot 0.6^4\cdot 0.4^1+\mathrm{C}_5^5\cdot 0.6^5\cdot 0.4^0=0.682\ 56$$

例 11 有一批产品的次品率为 10%，现进行重复抽样检查，共取 4 件样品，求：（1）这 4 件样品中恰好有 1 件次品；（2）这 4 件样品中至少有 1 件次品的概率.

解 令 $A=\{$恰有 1 件次品$\}$，$B=\{$至少有 1 件次品$\}$. 由题意得 $n=4$，$p=0.1$，则

（1）$P(A)=\mathrm{C}_4^1\left(\frac{1}{10}\right)^1\left(\frac{9}{10}\right)^3=0.291\ 6$；

（2）$P(B)=1-P(\overline{B})=\mathrm{C}_4^0\left(\frac{1}{10}\right)^0\left(\frac{9}{10}\right)^4=0.343\ 9$.

例 12 对一目标进行独立重复射击 4 次，至少命中一次的概率为 $\frac{80}{81}$，求此人的命中率.

解 设此人的命中率为 p，由题意得 $1-(1-p)^4=\frac{80}{81}$，解得 $p=\frac{2}{3}$.

项目三　统计数据的特征描述

前两个项目讨论了随机变量的分布函数，我们看到，分布函数能够完整地描述随机变量的统计特征，但在一些实际问题中，随机变量的分布函数并不容易求得；另外，在一些实际问题中，我们往往并不直接对分布函数感兴趣，而只对分布的少数几个特征指标感兴趣，例如分布的中心位置、分散程度等，一般称之为随机变量的数字特征，而这些数字特征在理论和实践中都具有十分重要的意义. 接下来我们将介绍随机变量的常用数字特征.

一、数学期望

1. 离散型随机变量的数学期望

随机变量 X 的每个取值与对应概率乘积的和能表示 X 的平均值，数学期望就是这样定义的.

先看一个例子.

引例 1　某个数学老师考查所教班上 10 名学生的数学期末考试的平均成绩情况.

考试前根据平时对学生的了解，数学老师可以有个“期望”值，如 60 分和 75 分可能各 2 名，85 分可能有 3 名，90 分、95 分、100 分可能各 1 名. 这位老师对这 10 名学生的数学期末考试成绩的“期望”平均值如下：

$$60\times0.2+75\times0.2+85\times0.3+90\times0.1+95\times0.1+100\times0.1$$

此即随机变量的值与其概率乘积的和.

但是如果考后老师想对学生有所了解就简单了，只需计算这 10 名学生成绩的平均值，即

$$\frac{1}{10}(60\times2+75\times2+85\times3+90\times1+95\times1+100\times1)$$

这就是算术平均.

以上两种都表示“平均值”，所不同的是，前者表示的“平均值”仅是一种“期望”的值，带有某种程度的不确定性，而后者表示的“平均值”是确定的值.

所谓“期望”的平均值就是我们现在要讨论的数字特征之一：数学期望.

定义 5.7　设 $P(X=x_k)=p_k\ (k=1,2,\cdots)$，若 $\sum\limits_{k=1}^{+\infty}x_k p_k$ 绝对收敛，则称其和为 X 的**数学期望**，记作 $E(X)$，即

$$E(X)=\sum_{k=1}^{+\infty}x_k p_k$$

注意　数学期望指的是随机变量“期望”的平均值，虽然所表示的也是平均值的概念，但明显不同于算术平均值.

对于离散型随机变量 X，函数 $Y=f(X)$ 的数学期望有如下公式：

$$E(f(X))=\sum_k f(x_k)p_k\ (k=1,2,\cdots)$$

例 1 对服从 0-1 分布的随机变量 X，其分布列为：$P(X=1)=p$，$P(X=0)=1-p_0$. 求 X 的数学期望.

解 由数学期望定义有

$$E(X)=P(X=1)\cdot 1+P(X=0)\cdot 0=p\cdot 1+(1-p)\cdot 0=p.$$

例 2 设 $X\sim B(n,p)$，求 $E(X)$.

解 已知二项分布的分布列为 $P(X=k)=\mathrm{C}_n^k\cdot p^k\cdot(1-p)^{n-k}\ (k=0,1,2,\cdots,n)$，则 X 的数学期望为

$$\begin{aligned}E(X)&=\sum_{k=0}^{n}k\cdot P(X=k)=\sum_{k=0}^{n}k\cdot \mathrm{C}_n^k\cdot p^k\cdot(1-p)^{n-k}\\&=np\cdot\sum_{k=1}^{n}\mathrm{C}_{n-1}^{k-1}\cdot p^{k-1}\cdot(1-p)^{n-k}\\&=np[p+(1-p)]^{n-1}=np\end{aligned}$$

例 3 设 X 服从参数为 λ 的泊松分布，求 $E(X)$.

解 已知泊松分布的分布列为 $P(X=k)=\dfrac{\lambda^k}{k!}\mathrm{e}^{-\lambda}\ (k=0,1,2,\cdots)$，则 X 的数学期望为

$$\begin{aligned}E(X)&=\sum_{k=0}^{\infty}k\cdot P(X=k)=\sum_{k=0}^{\infty}k\cdot\frac{\lambda^k}{k!}\cdot\mathrm{e}^{-\lambda}\\&=\lambda\mathrm{e}^{-\lambda}\sum_{k=1}^{\infty}\frac{\lambda^{k-1}}{(k-1)!}=\lambda\mathrm{e}^{-\lambda}\cdot\mathrm{e}^{\lambda}=\lambda\end{aligned}$$

例 4 根据长期的统计，甲、乙两人在一天生产中出现废品数的概率分布如表 5.2 所示（假设两人的日产量相等）.

表 5-2

工人	甲				乙			
废品	0	1	2	3	0	1	2	3
概率	0.4	0.3	0.2	0.1	0.3	0.5	0.2	0

试比较谁的技术好？

解 只看分部列，很难作出判断. 下面求出两者出现废品的数学期望. 设甲一天生产中出现的废品数为 X，乙一天生产中出现的废品数为 Y，则

$$E(X)=0\times0.4+1\times0.3+2\times0.2+3\times0.1=1,$$
$$E(Y)=0\times0.3+1\times0.5+2\times0.2+3\times0=0.9$$

比较上面两者出现废品数的数学期望，即可判定乙工人的技术比甲好.

例 5 已知随机变量 X 的分布列如表 5-3 所示.

表 5-3

X	1	4	5
P	0.4	0.5	c

求 c 和 $E(X)$ 及 $E(X^2)$.

解 由已知得 $c=1-0.4-0.5=0.1$，则

$$E(X)=1\times 0.4+4\times 0.5+5\times 0.1=2.9,$$
$$E(X^2)=1^2\times 0.4+4^2\times 0.5+5^2\times 0.1=10.9$$

2. 连续型随机变量的数学期望

定义 5.8 若广义积分 $\int_{-\infty}^{+\infty}xf(x)\mathrm{d}x$ 绝对收敛，则称此积分为 X 的数学期望记作 $E(X)$，即

$$E(X)=\int_{-\infty}^{+\infty}xf(x)\mathrm{d}x$$

（数学期望的本质——加权平均——它是一个数）

注意 $E(X)=\int_{-\infty}^{+\infty}xf(x)\mathrm{d}x$ 中的 $xf(x)$ 类似于离散型随机变量的数学期望公式中的 $x_k p_k$，因此 $E(X)=\int_{-\infty}^{+\infty}xf(x)\mathrm{d}x$ 也表示随机变量 X "期望"的平均值.

同样，对于连续型随机变量 X，函数 $Y=g(X)$ 的数学期望有如下公式：

$$E(g(X))=\int_{-\infty}^{+\infty}g(x)f(x)\mathrm{d}x$$

其中 $f(x)$ 是 X 的密度函数.

例 6 设 X 服从 $[a,b]$ 区间上的均匀分布，求 X 的数学期望.

解 已知 X 的概率密度为

$$f(x)=\begin{cases}\dfrac{1}{b-a}, & a\leqslant x\leqslant b\\ 0, & \text{其他}\end{cases}$$

则
$$E(x)=\int_{-\infty}^{+\infty}xf(x)\mathrm{d}x=\int_a^b x\cdot\frac{1}{b-a}\mathrm{d}x=\frac{1}{2}(a+b)$$

即正好是区间 $[a,b]$ 的中点.

例 7（收费问题） 某商店对某种家用电器的销售采用先使用后付款的方式. 记该家用电器的使用寿命为 X（以年计），并对该类家用电器一台的收费 Y 规定如下：

$$Y=g(X)=\begin{cases}1\,500, & X\leqslant 1\\ 2\,000, & 1<X\leqslant 2\\ 2\,500, & 2<X\leqslant 3\\ 3\,000, & X>3\end{cases}$$

设寿命 X 服从指数分布，概率密度为

$$f(x)=\begin{cases}\frac{1}{10}e^{-\frac{x}{10}}, & x>0\\ 0, & x\leqslant 0\end{cases}$$

试求该类家用电器一台收费 Y 的数学期望.

解 该类家用电器一台收费 Y 的数学期望为

$$E(Y)=E(g(X))=\int_0^1 1\,500\times\frac{1}{10}e^{-\frac{x}{10}}dx+\int_1^2 2\,000\times\frac{1}{10}e^{-\frac{x}{10}}dx+$$

$$\int_2^3 2\,500\times\frac{1}{10}e^{-\frac{x}{10}}dx+\int_3^{+\infty} 3\,000\times\frac{1}{10}e^{-\frac{x}{10}}dx=2\,732.5$$

即平均一台收费 2 732.5 元.

3. 数学期望的性质

性质 1 若 C 为常数，则 $E(C)=C$.

性质 2 若 a,b 为常数，则 $E(aX+b)=aE(X)+b$.

性质 3 设 X,Y 为两个随机变量，则 $E(X+Y)=E(X)+E(Y)$.

性质 4 设 X,Y 为两个相互独立的随机变量，则 $E(XY)=E(X)E(Y)$.

以上性质同样适用于离散型随机变量，证明略.

例 8 已知随机变量 X 的分布列如表 5-4 所示.

表 5-4

X	0	1	2
P	0.2	0.3	0.5

求：（1）$Y=X^2$ 的数学期望；（2）$Z=2X+3$ 的数学期望.

解 数学期望 $E(X)=0\times0.2+1\times0.3+2\times0.5=1.3$，根据数学期望的性质有

（1）$E(Y)=E(X^2)=\sum_{i=1}^{3}x_i^2p_i=0^2\times0.2+1^2\times0.3+2^2\times0.5=2.3$；

（2）$E(Z)=2E(X+3)=2E(X)+3=2\times1.3+3=2\times1.3+3=5.6$.

二、方差

1. 方差的定义

在实际问题中，有时只掌握随机变量的数学期望还不够，还要考虑随机变量取值的分散和波动的程度情况.

引例 2 有两批相同型号的照明灯，每批各抽 10 只，测得它们的寿命（h）数据如下：

第一批：960，1 034，960，987，1 000，1 036，992，1 023，1 025，983

第二批：930，1 220，655，1342，654，942，680，1 176，1 352，1051

计算出两批照明灯的寿命平均值都是 1 000 h. 但是不难看出，第一批照明灯的寿命与其平均

值偏差较小，所以质量比较稳定；第二批照明灯的寿命与其平均值偏差较大，所以质量比较不稳定. 因此，可以认为第一批照明灯的质量比第二批好. 由此可见，在实际问题中，除了掌握随机变量的数学期望以外，还需要掌握随机变量取值与其数学期望的偏离程度，常用 $(X-E(X))^2$ 的期望来衡量这种偏离的程度.

定义 5.9 对随机变量 X，如果数学期望 $E(X)$ 存在，且 $(X-E(X))^2$ 的数学期望也存在，则称 $E(X-E(X))^2$ 的值为随机变量 X 的**方差**，记为 $D(X)$.

$$D(X)=E(X-E(X))^2$$

方差的算术平方根 $\sqrt{D(X)}$ 称为随机变量 X 的**标准差**或**均方差**，记为 $\sigma(X)$，即

$$\sigma(X)=\sqrt{D(X)}$$

根据数学期望的性质可得

$$\begin{aligned}D(X)&=E(X-E(X))^2=E(X^2-2XE(X)+(E(X))^2)\\&=E(X^2)-2E(X)E(X)+(E(X))^2\\&=E(X^2)-(E(X))^2\end{aligned}$$

从而得到常用的方差的计算公式：

$$D(X)=E(X^2)-(E(X))^2$$

例 9 在上述引例中，第一批照明灯的寿命 X_1 和第二批照明灯的寿命 X_2 的方差分别为 $D(X_1)$ 和 $D(X_2)$.

解 由题意知 $E(X_1)=E(X_2)=1\ 000$，则

$$D(X_1)=(960-1\ 000)^2\times\frac{1}{10}+(1\ 034-1\ 000)^2\times\frac{1}{10}+\cdots+(983-1\ 000)^2\times\frac{1}{10}=572.8$$

$$D(X_2)=(930-1\ 000)^2\times\frac{1}{10}+(1\ 220-1\ 000)^2\times\frac{1}{10}+\cdots+(1\ 051-1\ 000)^2\times\frac{1}{10}=67\ 225$$

由于 $D(X_1)<D(X_2)$，故可判断第一批照明灯的质量比第二批照明灯的质量稳定.

例 10 对服从 0-1 分布的随机变量 X，分布列如表 5-5 所示.

表 5-5

X	0	1
P_k	$1-p$	p

解 已知 $E(X)=p$，且 $E(X^2)=1^2\cdot p+0^2\cdot(1-p)=p$，则 X 的方差为

$$D(X)=E(X^2)-(E(X))^2=p-p^2=p(1-p).$$

例 11 设随机变量 X 服从参数为 λ 的泊松分布，求 $D(X)$.

解 已知$E(X)=\lambda$，且$E(X^2)=\lambda^2+\lambda$，从而

$$D(X)=E(X^2)-(E(X))^2=\lambda^2+\lambda-\lambda^2=\lambda.$$

例 12 对服从$[a,b]$区间上均匀分布的随机变量X，计算$D(X)$.

解 已知$E(X)=\frac{1}{2}(a+b)$，且

$$E(X^2)=\int_{-\infty}^{+\infty}x^2\cdot f(x)\mathrm{d}x=\int_a^b x^2\cdot\frac{1}{b-a}\mathrm{d}x=\frac{1}{3}(a^2+ab+b^2)$$

从而 $$D(X)=E(X^2)-(E(X))^2=\frac{1}{3}(a^2+ab+b^2)-\frac{1}{4}(a+b)^2=\frac{1}{12}(b-a)^2.$$

2. 方差的性质

关于方差的性质，常见的有：

（1）$D(C)=0$（C为常数）；

（2）$D(X+C)=D(X)$；

（3）$D(CX)=C^2\cdot D(X)$；

（4）若X与Y相互独立，则$D(X\pm Y)=D(X)\pm D(Y)$；

（5）$D(X)=0$的充分必要条件是X以概率 1 取常数C，即$P(X=C)=1$.

例 13 设X在$[a,b]$上服从均匀分布，求$D(4X+3)$.

解 由例 12 知，$D(X)=\frac{1}{12}(b-a)^2$，从而根据方差的性质有

$$D(4X+3)=4^2D(X)=16D(X)=16\times\frac{1}{12}(b-a)^2=\frac{4}{3}(b-a)^2$$

为了便于记忆和查询，我们将常见的数学期望和方差列于表 5-6 中（具体的推导计算留给读者完成）.

表 5-6

分布名称	符号	数学期望	方差
0-1分布	$B(1,p)$	p	$p(1-p)$
二项分布	$B(n,p)$	np	$np(1-p)$
泊松分布	$P(\lambda)$	λ	λ
几何分布	$G(p)$	$\frac{1}{p}$	$\frac{1-p}{p^2}$
超几何分布	$H(n,M,N)$	$\frac{nM}{N}$	$\frac{nM}{N}\left(1-\frac{M}{N}\right)\left(\frac{N-n}{N-1}\right)$
均匀分布	$U(a,b)$	$\frac{a+b}{2}$	$\frac{(b-a)^2}{12}$
指数分布	$e(\lambda)$	$\frac{1}{\lambda}$	$\frac{1}{\lambda^2}$
正态分布	$N(\mu,\sigma^2)$	μ	σ^2

项目四　经济学中的应用

一、风险决策问题

在进行经济管理决策之前，往往存在不确定的随机因素，从而所做的决策有一定的风险，只有正确、科学的决策才能达到以最小的成本获得最大的安全保障的总目标，才能尽可能节约成本. 利用概率统计知识可以获得合理的决策，从而实现这个目标.下面以数学期望、方差等数学特征为例说明它在经济管理决策中的应用.

例 1（投资决策案例） 某人有一笔资金，可投资两个项目：房地产和商业，其收益都与市场状态有关. 若把未来市场分为好、中、差三个等级，其发生的概率分别为 0.2、0.7、0.1. 通过调查，该投资人认为投资于房地产的收益 X（万元）与投资于商业的收益 Y（万元）的分布列分别为：

X	11	3	−3
P	0.2	0.7	0.1

Y	6	4	−1
P	0.2	0.7	0.1

请问该投资者如何投资为好？

解 随机变量 X 和 Y 的数学期望分别为

$$E(X)=11\times0.2+3\times0.7+(-3)\times0.1=4,$$
$$E(Y)=6\times0.2+4\times0.7+(-1)\times0.1=3.9$$

从平均收益看，投资房地产的收益大，比投资商业多得 0.1 万元.

随机变量 X 和 Y 的方差分别为

$$D(X)=E(X^2)-E^2(X)=31.4-4^2=15.4,$$
$$D(Y)=E(Y^2)-E^2(Y)=18.5-3.9^2=3.29$$

从而标准差为

$$\sqrt{D(X)}=\sqrt{15.4}\approx3.92,\quad \sqrt{D(Y)}=\sqrt{3.29}\approx1.81$$

由于标准差越大，收益的波动就越大，所以综合权衡收益和波动，选择投资房地产的平均收益虽然比投资商业多得 0.1 万元，但仅仅多了 $\dfrac{1}{39}$，波动却提高了一倍多，因此投资商业更划算.

二、抽样检验问题

例 2 有 100 件产品，次品率为 0.1，现从中任取 3 件，每次取 1 件，取后不放回. 求第 3 次才取到正品的概率.

解 令 $A_i\ (i=1,2,3)$表示“第 i 次取到正品”，则

$$P(\overline{A_1}\,\overline{A_2}A_3)=P(\overline{A_1})P(\overline{A_2}\mid A_1)P(A_3\mid \overline{A_1A_2})$$

$$=0.1\times\frac{9}{99}\times\frac{90}{98}\approx 0.008\ 35$$

例 3（产品检测） 某公司生产一种产品 300 件. 根据历史生产记录知废品率为 0.01，问现在这 300 件产品经检验废品数大于 5 的概率是多少？

解 把每件产品的检验看作一次伯努利试验，两个结果分别表示为：$A=\{正品\}$，$\overline{A}=\{废品\}$. 检验 300 件产品就是做 300 次独立的伯努利试验. 用 X 表示检验出的废品数，则 $X\sim B(300,0.01)$. 由 $n=300$，$p=0.01$，得 $\lambda=np=3$，则

$$P(X>5)=\sum_{k=6}^{\infty}P(X=k)\approx 1-\sum_{k=6}^{\infty}\frac{3^k}{k!}\mathrm{e}^{-3}$$

查泊松分布表，得

$$P(X>5)\approx 1-0.916\ 082=0.083\ 918$$

三、保险问题

目前，保险问题在我国是一个热点. 保险公司为各企业、各单位和个人提供了各种各样的保险保障服务，人们总会预测某一业务对自己的利益有多大，会怀疑保险公司的大量赔偿是否会亏本. 下面来说明中心极限定理在这一方面的应用.

例 4 某保险公司从保险的角度认为，人可分为两类：一类是容易发生意外的人，另一类是比较谨慎的人. 据该公司统计，易发生意外的人在某一年内的某个时刻出一次事故的概率为 0.4，而比较谨慎的人的概率为 0.2，若假定第一类人占 30%，则一个新保险客户在他购买保险单后一年内可能发生一次意外事故的概率是多少？

解 设 A 为事件“新保险客户在一年期间出现一次意外”，B_1 为事件“新客户属于第一类”，B_2 为事件“新客户属于第二类”，所以

$$P(A)=P(B_1)P(A\mid B_1)+P(B_2)P(A\mid B_2)=30\%\times 0.4+70\%\times 0.2=0.26$$

四、彩票问题

随着福利彩票和体育彩票在全国各地普遍发行，一股购买彩票、谈论彩票中奖的热潮正在各个城市兴起. 各家大、小报纸，不时刊登摸彩、中奖的消息和评论. 这些文字中有时也谈到摸彩与数学的关系.

例 5（彩票中奖率） 设某种抽取彩票活动的中奖率为 5%，抽彩票的规则是每人依次只抽一张彩票，求前 100 个人中恰好有 4 个人中奖的概率.

解 设 $A=\{抽得中奖彩票\}$，此时 $n=100$，$P(A)=0.05$，则

$$P_{100}(4)=\mathrm{C}_{100}^{4}\times 0.05^4\times 0.95^{96}=0.178$$

即前 100 个人中恰好有 4 个人中奖的概率为 0.178.

例 6（社会福利彩票） 很多的福利彩票通常采用多少个数中选几个的模式，以 35 选 7 为例说明这种彩票的中奖概率. 一种称为幸福 35 选 7 的福利彩票，即从 1，2，…，35 中不重复地开出 7 个基本号码和 1 个特殊号码. 奖项设置如表 5-7 所示.

表 5-7

中奖级别	中奖规则
一等奖	7 个基本号码全中
二等奖	中 6 个基本号码及特殊号码
三等奖	中 6 个基本号码
四等奖	中 5 个基本号码及特殊号码
五等奖	中 5 个基本号码
六等奖	中 4 个基本号码及特殊号码
七等奖	中 4 个基本号码或中 3 个基本号码及特殊号码

解 因为不重复地选号码是一种无放回抽样，所以样本空间 Ω 含有 C_{35}^7 个样本点. 若彩票中奖，应把抽样看成是在三种类型中抽取：

第一类号码：7 个基本号码；

第二类号码：1 个特殊号码；

第三类号码：27 个无用号码.

若记 p_i 为中第 i 等奖的概率（$i=1,2,\cdots,7$），可得各等奖的中奖概率为

一等奖：$p_1=\dfrac{C_7^7C_1^0C_{27}^0}{C_{35}^7}=\dfrac{1}{6724520}=0.15\times10^{-6}$

二等奖：$p_2=\dfrac{C_7^6C_1^1C_{27}^0}{C_{35}^7}=\dfrac{7}{6\,724\,520}=1.04\times10^{-6}$

三等奖：$p_3=\dfrac{C_7^6C_1^0C_{27}^1}{C_{35}^7}=\dfrac{189}{6\,724\,520}=2.81\times10^{-5}$

四等奖：$p_4=\dfrac{C_7^5C_1^1C_{27}^1}{C_{35}^7}=\dfrac{567}{6\,724\,520}=8.43\times10^{-5}$

五等奖：$p_5=\dfrac{C_7^5C_1^0C_{27}^2}{C_{35}^7}=\dfrac{7371}{6\,724\,520}=1.10\times10^{-3}$

六等奖：$p_6=\dfrac{C_7^4C_1^1C_{27}^2}{C_{35}^7}=\dfrac{12285}{6\,724\,520}=1.83\times10^{-3}$

七等奖：$p_7=\dfrac{C_7^4C_1^0C_{27}^3+C_7^3C_1^1C_{27}^3}{C_{35}^7}=\dfrac{204\,750}{6\,724\,520}=3.04\times10^{-2}$

若记 A 为事件“中奖”，则 $\overline{A}$ 为事件“不中奖”，且由 $P(A)+P(\overline{A})=P(\Omega)=1$ 可得

$P(中奖)=P(A)=p_1+p_2+p_3+p_4+p_5+p_6+p_7=\dfrac{225\,170}{6\,724\,520}\approx0.033\,485$

$P(不中奖)=P(\overline{A})=1-P(A)\approx0.966\,515$

这就说明：一百个人中约有 3 个人中奖，而中一等奖的概率只有 0.149×10^{-6}，即两千万个人中约有 3 个人中一等奖.

知识拓展

数学之所以有生命力，就在于有趣. 数学之所以有趣，就在于它对思维的启迪. 以下就是一则概率论起源的故事. 更早些时候，法国有两个大数学家，一个是巴斯卡尔，一个是费马·巴斯卡尔，他认识两个赌徒，这两个赌徒向他提出了一个问题. 他们说，他俩下赌金之后，约定谁先赢满 5 局，谁就获得全部赌金. 赌了半天，A 赢了 4 局，B 赢了 3 局，时间很晚了，他们都不想再赌下去了. 那么，这个钱应该怎么分？是不是把钱分成 7 份，赢了 4 局的就拿 4 份，赢了 3 局的就拿 3 份呢？或者，因为最早说的是满 5 局，而谁也没达到，所以就一人分一半呢？这两种分法都不对. 正确的答案是：赢了 4 局的拿这个钱的$3/4$，赢了 3 局的拿这个钱的$1/4$. 为什么呢？假定他们俩再赌一局，或者 A 赢，或者 B 赢. 若是 A 赢满了 5 局，钱应该全归他；A 如果输了，即 A、B 各赢 4 局，这个钱应该对半分. 现在，A 赢、输的可能性都是$1/2$，所以，他拿的钱应该是$1/2\times1+1/2\times1/2=3/4$，当然，$B$ 就应该得$1/4$. 通过这次讨论，开始形成了概率论中一个重要的概念——数学期望. 在上述问题中，数学期望是一个平均值，就是对将来不确定的钱现在应该怎么算，这就要用 A 赢、输的概率$1/2$去乘上他可能得到的钱，再把它们加起来. 概率论自此就发展起来，今天已经成为应用非常广泛的一门学科.

模块五小结

（1）随机试验、随机事件、概率、事件的关系及运算、概率的性质.

（2）古典概型.

特点：基本事件总数有限且每个基本事件发生的可能性相等.

公式 $P(A)=\dfrac{k}{n}=$ 事件 A 所包含的基本事件数/基本事件总数.

（3）条件概率.

$P(B\mid A)$表示在事件 A 发生的条件下，事件 B 发生的概率；$P(B)$表示事件 B 发生的概率，二者的区别在于 $P(B|A)$ 有限制条件；事件 A 已经发生，一般情况下，$P(B\mid A)\neq P(B)$.当事件 A 的发生与否对事件 B 没有影响时，有 $P(B\mid A)=P(B)$，此时称 A 与 B 独立.

（4）全概率公式.

若完成一件事情需要分两个步骤来进行，并且能找到第一步骤的一个完备事件组 $A_1,A_2,\cdots,A_n$，所求事件 B 发生的第二个步骤中，则 $P(B)=\sum\limits_{i=1}^{n}P(A_i)P(B\mid A_i)$.

（5）随机变量的特征：① 取值是数值；② 取值带有随机性.

（6）离散型随机变量的概率分布 p_k 的性质.

① $p_k\geqslant0$；② $\sum\limits_{k}p_k=1$.

（7）数学期望与方差重要公式.

期望：$E(X)=\sum_{k} x_k p_k$， $E(X^2)=\sum_{k} x_k^2 p_k$，

$E(X)=\int_{-\infty}^{+\infty} xf(x)\mathrm{d}x$， $E(X^2)=\int_{-\infty}^{+\infty} x^2 f(x)\mathrm{d}x$

方差：$D(X)=E(X-E(X))^2=E(X^2)-(E(X))^2$

模块笔记

项目	相关知识点
项目一 随机事件	
项目二 概率的基本公式	

模块笔记

项目	相关知识点
项目三 统计数据的特征描述	
项目四 经济学中的应用	

模块六 行列式与矩阵

内容概要

线性规划是运筹学中数学规划领域内发展最早和比较成熟的一个分支. 当一些实际问题需要将某些对象最大化（利润、安全等）或最小化（支出、风险等），数学规划尤其是线性规划可以为这类实际问题提供求解的数学模型. 线性规划问题在孕育整个运筹学的数学理论方面扮演了重要角色，至今仍是这门学科的中心课题. 在线性规划中，会用到大量的线性代数的处理. 如果掌握了线性代数及线性规划，那么你就可以将实际生活中的大量问题抽象为线性规划问题，以得到最优解. 比如，你是一家小商店的老板，你可以合理地安排各种商品的进货，以达到最大利润. 如果你是一个大家庭中的一员，你可以用规划的办法来使你们的家庭预算达到最小.

学习目标

- 理解行列式、矩阵基本概念；
- 熟练掌握行列式的计算及矩阵的运算；
- 了解和掌握初等变换和简化阶梯矩阵；
- 了解线性方程组的概念；
- 会用矩阵形式表示线性方程组，用初等变换解线性方程组.

【数学小事例】（矩阵运算与文本处理中的分类问题） 以前许多同学在学习线性代数时仅仅是觉得这门课就是告诉我们如何解线性代数方程组的问题，除此之外别无他用. 直到后来进行自然语言处理研究时，才发现数学家提出的矩阵的概念和算法是具有实际应用性的. 以下作简要说明.

在进行自然语言处理时，经常会遇到两个分类问题：一是将文本按照主题归类，二是将词汇表中的字词按照意思归类. 这两个归类都可以通过矩阵运算来圆满解决，各种分类其实是一个聚类问题，以新闻分类为例，关键是计算两篇新闻的相似程度，我们可以建立一个大矩阵 $\boldsymbol{A}$ 用来描绘成千上万篇文章和几十上百万词的关联性，再通过奇异值分解将大矩阵分解为三个小矩阵：$\boldsymbol{X}$ 表示的是对词进行分类的结果（矩阵中每个非零元素即该词在每个语义类中的重要性或相关性，数值越大越相关）、$\boldsymbol{B}$ 表示词的类和文章的类之间相关性、$\boldsymbol{Y}$ 表示对文本的分类结果等，通过对 $\boldsymbol{A}$ 矩阵进行奇异值分解，就可以同时完成近义词分类和文章的分类，而且可以得到每个主题和每个词的语义类之间的相关性.

项目一　行列式

一、排列及逆序数

由初等数学可知，n个不同元素（数）排成一列，我们称之为这n个元素（数）的排列. 对于n个自然数$1,2,3,\cdots,n$，共有$n!$种不同的排列法.

如n个数的排列是由各数从小到大递增排列起来的，则称该排列为**自然顺序**或**标准次序**. 而当排列中任意两个数的前后位置与两数大小顺序相反时，称两数构成一个逆序.

例如：

（1）排列 1 2 3，是一个自然顺序；

（2）排列 1 3 2，“3 2”就是一个逆序（前面大，后面小），此排列中只有一个逆序；

（3）排列 3 2 1，有“3 2”，“3 1”，“2 1”三个逆序.

定义 6.1　在排列$j_1j_2\cdots j_n$中，若数j_r排在j_k前面，且有$j_r>j_k$，称“j_rj_k”为一个**逆序**，一个排列中的逆序总数，称为这个排列的**逆序数**，记为$\tau(j_1j_2\cdots j_n)$.

τ为奇数的排列叫**奇排列**，τ为偶数的排列叫**偶排列**.

例 1　计算 1 5 3 2 4 的逆序数.

解　此排列中的逆序为“5 3”“5 2”“5 4”“3 2”，共 4 个，所以逆序数$\tau(1\,5\,3\,2\,4)=4$.

不难发现，在一个排列中对换任意两个数的位置，若两数原为顺序，对换后变为逆序，不难推知，整个排列会增加奇数个逆序；若两数原为逆序，则对换后变为顺序，整个排列会减少奇数个逆序. 所以，**一个排列中任意两个元素对换将改变排列的奇偶性**.

二、n阶行列式

行列式是一个由若干个元素（数）排列成同样的行数与列数后所得到的一个式子. 实质上，行列式是表示把这些元素按一定的规则进行运算，其结果为一个确定的数.

1. 行列式的定义

（1）例如：$\begin{vmatrix} a_{11} & a_{12} \\ a_{21} & a_{22} \end{vmatrix}$称为一个二阶行列式，$\begin{vmatrix} a_{11} & a_{12} & a_{13} \\ a_{21} & a_{22} & a_{23} \\ a_{31} & a_{32} & a_{33} \end{vmatrix}$称为一个三阶行列式，分别定义为

$$D_2=\begin{vmatrix} a_{11} & a_{12} \\ a_{21} & a_{22} \end{vmatrix}=a_{11}a_{22}-a_{12}a_{21},$$

$$\begin{aligned} D_3&=\begin{vmatrix} a_{11} & a_{12} & a_{13} \\ a_{21} & a_{22} & a_{23} \\ a_{31} & a_{32} & a_{33} \end{vmatrix} \\ &=a_{11}a_{22}a_{23}+a_{12}a_{23}a_{31}+a_{13}a_{21}a_{32}-a_{13}a_{22}a_{31}-a_{12}a_{21}a_{33}-a_{11}a_{23}a_{32} \end{aligned}$$

经过对二阶和三阶行列式定义的研究，能发现一些共同规律：

（1）二阶行列式有 $2!=2$ 项，三阶行列式有 $3!=6$ 项，且正负项各一半.

（2）二阶行列式中每项为两个元素的乘积，三阶行列式中每项为三个元素的乘积，且每项的数都取自不同行和不同列.

根据上述规律，我们可将二阶与三阶行列式的定义，推广到 n 阶行列式的情形，从而得出 n 阶行列式的定义.

定义 6.2 n^2 个元素 $a_{ij}(i,j=1,2,\cdots,n)$，排成 n 行 n 列的 n 阶行列式，即

$$D_n=\begin{vmatrix} a_{11} & a_{12} & \cdots & a_{1n} \\ a_{21} & a_{22} & \cdots & a_{2n} \\ \vdots & \vdots & & \vdots \\ a_{n1} & a_{n2} & \cdots & a_{nn} \end{vmatrix}$$

定义为 $n!$ 项的代数和，每项为不同行不同列的 n 个元素相乘，即形如

$$(-1)^{\tau(j_1j_2\cdots j_n)}a_{1j_1}a_{2j_2}\cdots a_{nj_n}$$

所以，n 阶行列式的计算定义式可写为

$$D_n=\begin{vmatrix} a_{11} & a_{12} & \cdots & a_{1n} \\ a_{21} & a_{22} & \cdots & a_{2n} \\ \vdots & \vdots & & \vdots \\ a_{n1} & a_{n2} & \cdots & a_{nn} \end{vmatrix}=\sum(-1)^{\tau(j_1j_2\cdots j_n)}a_{1j_1}a_{2j_2}\cdots a_{nj_n}$$

其中，$\tau=\tau(j_1j_2\cdots j_n)$ 为各项中行标取自然顺序时列标排列的逆序数.

2. 余子式及代数余子式

设有三阶行列式

$$D_3=\begin{vmatrix} a_{11} & a_{12} & a_{13} \\ a_{21} & a_{22} & a_{23} \\ a_{31} & a_{32} & a_{33} \end{vmatrix}$$

对任何一个元素 a_{ij}，我们划去它所在的第 i 行及第 j 列，剩下的元素按原先次序组成一个二阶行列式，称它为元素 a_{ij} 的**余子式**，记为 M_{ij}，再记 $A_{ij}=(-1)^{i+j}M_{ij}$，称 A_{ij} 为元素 a_{ij} 的**代数余子式**.

例如

$$M_{11}=\begin{vmatrix} a_{22} & a_{23} \\ a_{32} & a_{33} \end{vmatrix},\quad M_{21}=\begin{vmatrix} a_{12} & a_{13} \\ a_{32} & a_{33} \end{vmatrix},\quad M_{31}=\begin{vmatrix} a_{12} & a_{13} \\ a_{22} & a_{23} \end{vmatrix},$$

$$A_{11}=M_{11},\quad A_{21}=-M_{21},\quad A_{31}=M_{31}.$$

那么，三阶行列式 D_3 可以定义为

$$D_3=\begin{vmatrix} a_{11} & a_{12} & a_{13} \\ a_{21} & a_{22} & a_{23} \\ a_{31} & a_{32} & a_{33} \end{vmatrix}=a_{11}A_{11}+a_{21}A_{21}+a_{31}A_{31}$$

我们把上式称为 D_3 按第一列的展开式，经常简写成 $D_3=\sum\limits_{i=1}^{3}a_{i1}A_{i1}=\sum\limits_{i=1}^{3}(-1)^{i+1}a_{i1}M_{i1}$.

将之推广到 n 阶行列式的情形，可以得到以下定理.

定理 6.1（行列式展开定理）

$$D_n=\begin{vmatrix} a_{11} & a_{12} & \cdots & a_{1n} \\ a_{21} & a_{22} & \cdots & a_{2n} \\ \vdots & \vdots & & \vdots \\ a_{n1} & a_{n2} & \cdots & a_{nn} \end{vmatrix}=a_{11}A_{11}+a_{21}A_{21}+\cdots+a_{n1}A_{n1}$$

其中 $A_{ij}(i,j=1,2,\cdots,n)$ 为元素 a_{ij} 的代数余子式.

3. 特殊行列式

根据行列式的形状，有如下三种特殊的行列式.

（1）上三角行列式：$\begin{vmatrix} a_{11} & a_{12} & \cdots & a_{1n} \\ 0 & a_{22} & \cdots & a_{2n} \\ \vdots & \vdots & & \vdots \\ 0 & 0 & \cdots & a_{nn} \end{vmatrix}=a_{11}a_{22}\cdots a_{nn}$；

（2）下三角行列式：$\begin{vmatrix} a_{11} & 0 & \cdots & 0 \\ a_{21} & a_{22} & \cdots & 0 \\ \vdots & \vdots & & \vdots \\ a_{n1} & a_{n2} & \cdots & a_{nn} \end{vmatrix}=a_{11}a_{22}\cdots a_{nn}$；

（3）对角行列式：$\begin{vmatrix} a_{11} & 0 & \cdots & 0 \\ 0 & a_{22} & \cdots & 0 \\ \vdots & \vdots & & \vdots \\ 0 & 0 & \cdots & a_{nn} \end{vmatrix}=a_{11}a_{22}\cdots a_{nn}$.

观察上述三个行列式，根据行列式的定义，发现只有对角线上的元素相乘不为零，所以三个行列式都等于对角线元素的乘积.

三、行列式的性质

由行列式的定义可知，用定义来计算行列式，n 阶行列式就有 $n!$ 项，当 n 较大时，计算起来相当麻烦. 所以，下面我们来研究行列式的若干性质，利用这些性质简化行列式的计算.

性质 1 将行列式 $D_n=\begin{vmatrix} a_{11} & a_{12} & \cdots & a_{1n} \\ a_{21} & a_{22} & \cdots & a_{2n} \\ \vdots & \vdots & & \vdots \\ a_{n1} & a_{n2} & \cdots & a_{nn} \end{vmatrix}$ 中的行列互换，得到的行列式

$$D_n^{\mathrm{T}}=\begin{vmatrix} a_{11} & a_{21} & \cdots & a_{n1} \\ a_{12} & a_{22} & \cdots & a_{n2} \\ \vdots & \vdots & & \vdots \\ a_{1n} & a_{2n} & \cdots & a_{nn} \end{vmatrix}$$

称为 D_n 的**转置行列式**. 而且行列式和它的转置行列式相等，即 $D_n = D_n^{\mathrm{T}}$. 也可叙述为：**行列互换，行列式不变**.

性质 2 用数 k 乘行列式 D_n 中某一行（列）的所有元素所得到的行列式等于 kD_n，也就是说，行列式可以按行和列提出公因数.

例如

$$D_4 = \begin{vmatrix} a_{11} & a_{12} & a_{13} & a_{14} \\ ka_{21} & ka_{22} & ka_{23} & ka_{24} \\ a_{31} & a_{32} & a_{33} & a_{34} \\ a_{41} & a_{42} & a_{43} & a_{44} \end{vmatrix} = k \begin{vmatrix} a_{11} & a_{12} & a_{13} & a_{14} \\ a_{21} & a_{22} & a_{23} & a_{24} \\ a_{31} & a_{32} & a_{33} & a_{34} \\ a_{41} & a_{42} & a_{43} & a_{44} \end{vmatrix}.$$

性质 3 互换行列式的任意两行（列），行列式变号.

例如

$$D_3 = \begin{vmatrix} a_1 & a_2 & a_3 \\ b_1 & b_2 & b_3 \\ c_1 & c_2 & c_3 \end{vmatrix} = -\begin{vmatrix} a_1 & a_2 & a_3 \\ c_1 & c_2 & c_3 \\ b_1 & b_2 & b_3 \end{vmatrix}.$$

推论 1 若行列式中某行（列）的元素全部为零，则行列式为零.

推论 2 若行列式中某两行（列）相同，则此行列式的值等于零.

推论 3 若行列式中某两行（列）的对应元素成比例，则此行列式的值等于零.

性质 4 若行列式中某一行（列）各元素为两数之和，则行列式等于两个行列式的和.

例如

$$D_3 = \begin{vmatrix} a_1 & a_2 & a_3 \\ b_1+2 & b_2+3 & b_3+4 \\ c_1 & c_2 & c_3 \end{vmatrix} = \begin{vmatrix} a_1 & a_2 & a_3 \\ b_1 & b_2 & b_3 \\ c_1 & c_2 & c_3 \end{vmatrix} + \begin{vmatrix} a_1 & a_2 & a_3 \\ 2 & 3 & 4 \\ c_1 & c_2 & c_3 \end{vmatrix}.$$

性质 5 把行列式 D 的某一行（列）的所有元素都乘以同一个数以后加到另一行（列）的对应元素上去，所得的行列式仍为 D.

例 2 计算行列式 $D_3 = \begin{vmatrix} 12 & -1 & 3 \\ 0 & 4 & -2 \\ -120 & 10 & -27 \end{vmatrix}$.

解 第一列提出公因子 12，第三行各元素拆成两个数的和，即

$$D_3 = 12\begin{vmatrix} 1 & -1 & 3 \\ 0 & 4 & -2 \\ -10 & 10 & -27 \end{vmatrix} = 12\begin{vmatrix} 1 & -1 & 3 \\ 0 & 4 & -2 \\ -10+0 & 10+0 & -30+3 \end{vmatrix}$$

$$= 12\begin{vmatrix} 1 & -1 & 3 \\ 0 & 4 & -2 \\ -10 & 10 & -30 \end{vmatrix} + 12\begin{vmatrix} 1 & -1 & 3 \\ 0 & 4 & -2 \\ 0 & 0 & 3 \end{vmatrix}$$

可以发现第一个行列式的第一、三行元素成比例，由性质 3 的推论 3 可知其值为零，第二个行列式为上三角行列式，故 $D_3 = 0 + 12(1 \times 4 \times 3) = 144$.

四、行列式的计算

行列式的计算方法有很多，技巧性也很强，一个常用的方法就是利用行列式的性质，使行列式中出现尽可能多的零元素，以便简化计算. 我们主要学习以下两种基本方法：

（1）利用行列式性质，把行列式化为三角行列式再求值.

需要注意的是，在互换两行或两列时，必须在新的行列式的前面乘上 (-1)；在按行或按列提取公因子 k 时，必须在新的行列式前面乘上 k.

（2）把原行列式按选定的某一行或某一列展开，把行列式的阶数降低，再求出它的值，通常是利用性质在某一行或某一列中产生很多个“0”元素，再按这一行或这一列展开.

例 3 计算行列式 $D_4=\begin{vmatrix} a & b & b & b \\ b & a & b & b \\ b & b & a & b \\ b & b & b & a \end{vmatrix}$.

解 注意观察此行列式的特点，这个行列式的特点是它的每一行元素之和均为 $a+3b$（我们把它称为行和相同行列式），我们可以先把后三列都加到第一列上，提出第一列公因子 $a+3b$，再将后三行都减去第一行，即

$$\begin{vmatrix} a & b & b & b \\ b & a & b & b \\ b & b & a & b \\ b & b & b & a \end{vmatrix} \xlongequal[c_3+c_4]{c_1+c_2+} \begin{vmatrix} a+3b & b & b & b \\ a+3b & a & b & b \\ a+3b & b & a & b \\ a+3b & b & b & a \end{vmatrix} = (a+3b)\begin{vmatrix} 1 & b & b & b \\ 1 & a & b & b \\ 1 & b & a & b \\ 1 & b & b & a \end{vmatrix}$$

$$\xlongequal[\substack{c_3-c_1 \\ c_4-c_1}]{c_2-c_1} (a+3b)\begin{vmatrix} 1 & b & b & b \\ 0 & a-b & 0 & 0 \\ 0 & 0 & a-b & 0 \\ 0 & 0 & 0 & a-b \end{vmatrix} = (a+3b)(a-b)^3$$

例 4 计算行列式 $D_4=\begin{vmatrix} 3 & 1 & -1 & 2 \\ -5 & 1 & 3 & -4 \\ 2 & 0 & 1 & -1 \\ 1 & -5 & 3 & -3 \end{vmatrix}$.

解 观察行列式中 $a_{32}=0$，利用这个零元素，根据行列式的性质，使第二列出现 $n-1=3$ 个零，即

$$D_4 \xlongequal[r_4+5r_1]{r_2-r_1} \begin{vmatrix} 3 & 1 & -1 & 2 \\ -8 & 0 & 4 & -6 \\ 2 & 0 & 1 & -1 \\ 16 & 0 & -2 & 7 \end{vmatrix} = (-1)^{1+2}\cdot 1\cdot \begin{vmatrix} -8 & 4 & -6 \\ 2 & 1 & -1 \\ 16 & -2 & 7 \end{vmatrix}$$

$$\xlongequal[c_3+c_2]{c_1-2c_2} \begin{vmatrix} -16 & 4 & -2 \\ 0 & 1 & 0 \\ 20 & -2 & 5 \end{vmatrix} = (-1)(-1)^{2+2}\cdot 1\cdot \begin{vmatrix} -16 & -2 \\ 20 & 5 \end{vmatrix} = 40$$

项目二　矩阵

一、矩阵的概念

我们在生活中、工作中常用一些数的表格（数表）描述一些数量间的关系，如单位的工资表、物流公司的运价表、成绩登记表、银行的存款利率表等，这样的数表就是矩阵.

1. 矩阵的定义

先看下面两个引例.

引例 1（航空空运的班次）　在一个地区的两个机场 A_1, A_2，每周与另一地区的三个机场 B_1, B_2, B_3 的通航网络图如图 6-1 所示.

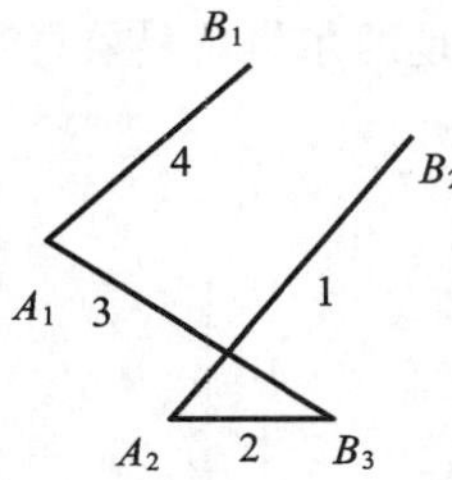

图 6-1

每条连线上的数字表示航线不同航班的数目，我们可以将这些信息用数表——航班信息表表示（见表 6-1），这些数字排成 2 行 3 列的表，表示两个地区间的航班信息.

表 6-1

	B_1	B_2	B_3
A_1	4	0	3
A_2	0	1	2

引例 2　我们在初等数学中讨论过三元一次方程组，如：

$$\begin{cases} x_1+2x_2-3x_3=5 \\ 2x_1-\ x_2-3x_3=0 \\ x_1+5x_2-9x_3=11 \end{cases}$$

如果将未知数 x_1, x_2, x_3 前面的系数按照其相对位置排列，可以排成一个三行三列的表.

从上述引例，可以给出矩阵的定义.

定义 6.3　由 $m\times n$ 个数 $a_{ij}\,(i=1,2,\cdots,m;\ j=1,2,\cdots,n)$ 排成的一个 m 行 n 列的数表：

$$\boldsymbol{A}=\begin{pmatrix} a_{11} & a_{12} & \cdots & a_{1n} \\ a_{21} & a_{22} & \cdots & a_{2n} \\ \vdots & \vdots & & \vdots \\ a_{m1} & a_{m2} & \cdots & a_{mn} \end{pmatrix}$$

称为一个 m 行 n 列**矩阵**或 $m\times n$ 矩阵，当 $m=n$ 时，称 $\boldsymbol{A}=(a_{ij})_{n\times n}$ 为 n 阶矩阵或 n 阶**方阵**，当矩阵里的元素全为零时，矩阵称为**零矩阵**，用 $\boldsymbol{O}_{m\times n}$ 或 $\boldsymbol{O}$ 表示.

于是，引例 1 的航班信息用矩阵表示为 $\boldsymbol{A}=\begin{pmatrix}4&0&3\\0&1&2\end{pmatrix}$，是一个 2×3 矩阵；引例 2 的方程组系数用矩阵表示为 $\boldsymbol{B}=\begin{pmatrix}1&2&-3\\2&-1&-3\\1&5&-9\end{pmatrix}$，是一个 3×3 矩阵.

矩阵作为线性方程组系数的排列形式可以追溯到古代. 在 18 世纪，这种排列形式在线性方程组和行列式计算中应用广泛，但矩阵作为独立的数学对象则是 19 世纪中叶以后，高斯在讨论二次型 $F=Ax^2+2Bxy+Cy^2$ 在线性变换下的变化时，实质上已涉及矩阵的乘法. 从 19 世纪 50 年代开始，凯莱和西尔维斯特发展更一般的代数形式变换理论时，利用了这种工具，矩阵代数也随之确立，矩阵这一术语就是西尔维斯特在 1850 年首次引入的.

2. 常用的特殊方阵

（1）n 阶对角矩阵：$\boldsymbol{A}=\begin{pmatrix}a_{11}&0&\cdots&0\\0&a_{22}&\cdots&0\\\vdots&\vdots&&\vdots\\0&0&\cdots&a_{nn}\end{pmatrix}$.

（2）n 阶单位方阵：$\boldsymbol{E}_n=\begin{pmatrix}1&0&\cdots&0\\0&1&\cdots&0\\\vdots&\vdots&&\vdots\\0&0&\cdots&1\end{pmatrix}$.

（3）n 阶三角矩阵：$\begin{pmatrix}a_{11}&a_{12}&\cdots&a_{1n}\\0&a_{22}&\cdots&a_{2n}\\\vdots&\vdots&&\vdots\\0&0&\cdots&a_{nn}\end{pmatrix}$ 或 $\begin{pmatrix}a_{11}&0&\cdots&0\\a_{21}&a_{22}&\cdots&0\\\vdots&\vdots&&\vdots\\a_{n1}&a_{n2}&\cdots&a_{nn}\end{pmatrix}$.

例如：$\begin{pmatrix}2&0\\0&3\end{pmatrix}$ 为二阶对角阵，$\begin{pmatrix}1&0&0\\0&1&0\\0&0&1\end{pmatrix}$ 为三阶单位阵，$\begin{pmatrix}a&b&c&b\\0&a&b&c\\0&0&c&a\\0&0&0&b\end{pmatrix}$ 为四阶上三角阵，$\begin{pmatrix}a&0\\b&c\end{pmatrix}$ 为二阶下三角阵.

注意　n 阶方阵仅是一个数表，而 n 阶行列式的最后结果为一个数，因而矩阵与行列式是两个完全不同的概念，只有一阶方阵是一个数，而且行列式记号“|*|”与矩阵记号“(*)”也不同，不能用错.

线性代数研究最多的就是矩阵了. 矩阵又是什么呢？矩阵就是一个数表，而这个数表可以进行变换，以形成新的数表. 也就是说如果你抽象出某种变化的规律，你就可以用代数的理论对你研究的数表进行变换，并得出你想要的一些结论.

二、矩阵的运算及其应用

1. 矩阵的同型与相等

设有矩阵 $\boldsymbol{A}=(a_{ij})_{m\times n}$，$\boldsymbol{B}=(b_{ij})_{k\times\lambda}$，若 $m=k$，$n=\lambda$，则称 $\boldsymbol{A}$ 与 $\boldsymbol{B}$ 是同型矩阵. 若 $\boldsymbol{A}$ 与 $\boldsymbol{B}$ 同型，且对应元素相等，即 $a_{ij}=b_{ij}$，则称矩阵 $\boldsymbol{A}$ 与 $\boldsymbol{B}$ 相等，记为 $\boldsymbol{A}=\boldsymbol{B}$.

因而只有从型号到元素全一样的两个矩阵，才能说相等.

2. 矩阵的加、减法

设 $\boldsymbol{A}=(a_{ij})_{m\times n}$，$\boldsymbol{B}=(b_{ij})_{m\times n}$ 是两个同型矩阵，则规定矩阵的加、减法为对应元素相加（相减），即

（1）$\boldsymbol{A}+\boldsymbol{B}=(a_{ij}+b_{ij})_{m\times n}$；

（2）$\boldsymbol{A}-\boldsymbol{B}=(a_{ij}-b_{ij})_{m\times n}$.

例 1 设 $\boldsymbol{A}=\begin{pmatrix}3&2&7\\4&0&5\end{pmatrix}$，$\boldsymbol{B}=\begin{pmatrix}-2&3&1\\6&5&7\end{pmatrix}$，求 $\boldsymbol{A}+\boldsymbol{B}$.

解 根据公式可得

$$\boldsymbol{A}+\boldsymbol{B}=\begin{pmatrix}3-2&2+3&7+1\\4+6&0+5&5+7\end{pmatrix}=\begin{pmatrix}1&5&8\\10&5&12\end{pmatrix}$$

例 2 现有两种产品（单位：吨）要从四个产地运往三个销地，其调运方案 $\boldsymbol{A}$ 与 $\boldsymbol{B}$ 如下：

$$\boldsymbol{A}=\begin{pmatrix}30&14&0\\25&20&20\\0&25&20\\17&20&30\end{pmatrix},\quad \boldsymbol{B}=\begin{pmatrix}15&20&0\\20&22&15\\19&20&10\\18&20&40\end{pmatrix}$$

试问从各产地运往各销地产品的总运量是多少？

解 设矩阵 $\boldsymbol{C}$ 为两种产品的总运量，那么矩阵 $\boldsymbol{C}$ 是矩阵 $\boldsymbol{A}$ 与 $\boldsymbol{B}$ 的和，即

$$\boldsymbol{C}=\boldsymbol{A}+\boldsymbol{B}=\begin{pmatrix}30&14&0\\25&20&20\\0&25&20\\17&20&30\end{pmatrix}+\begin{pmatrix}15&20&0\\20&22&15\\19&20&10\\18&20&40\end{pmatrix}=\begin{pmatrix}45&34&0\\45&42&35\\19&45&30\\35&40&70\end{pmatrix}$$

注意 只有 $\boldsymbol{A}$ 与 $\boldsymbol{B}$ 为同型矩阵，它们才可以相加或相减.

由于矩阵的相加体现为元素的相加，因而与普通数的加法运算有相同的运算律：

（1）（交换律）$\boldsymbol{A}+\boldsymbol{B}=\boldsymbol{B}+\boldsymbol{A}$；

（2）（结合律）$(\boldsymbol{A}+\boldsymbol{B})+\boldsymbol{C}=\boldsymbol{A}+(\boldsymbol{B}+\boldsymbol{C})$；

（3）（零矩阵特性）$\boldsymbol{A}+\boldsymbol{O}=\boldsymbol{O}+\boldsymbol{A}$；

（4）$\boldsymbol{A}+(-\boldsymbol{A})=\boldsymbol{O}$.

3. 矩阵的数乘运算

设 $\boldsymbol{A}=(a_{ij})_{m\times n}$，$k$ 为任一个数，则规定 $k\boldsymbol{A}=(ka_{ij})_{m\times n}$.

故数 k 与矩阵 $\boldsymbol{A}$ 的乘积就是 $\boldsymbol{A}$ 中所有元素都乘以 k，要注意数 k 与行列式 D 的乘积，只是用 k 乘行列式中某一行或某一列，这两种数乘截然不同.

矩阵的数乘运算具有普通数的乘法所具有的运算律：

设 λ,μ 为实数，$\boldsymbol{A},\boldsymbol{B}$ 为 $m\times n$ 矩阵，则

（1）（分配律）$(\lambda+\mu)\boldsymbol{A}=\lambda\boldsymbol{A}+\mu\boldsymbol{A}$；

（2）（分配律）$\lambda(\boldsymbol{A}+\boldsymbol{B})=\lambda\boldsymbol{A}+\lambda\boldsymbol{B}$；

（3）（结合律）$\lambda(\mu\boldsymbol{A})=(\lambda\mu)\boldsymbol{A}$.

4. 矩阵的乘法

定义 6.4 设 $\boldsymbol{A}=(a_{ij})_{m\times k}$，$\boldsymbol{B}=(b_{ij})_{k\times n}$，则规定 $\boldsymbol{C}=\boldsymbol{AB}=(c_{ij})_{m\times n}$，称 $\boldsymbol{C}$ 是 $\boldsymbol{A}$ 与 $\boldsymbol{B}$ 相乘所得的积，其中 $c_{ij}=a_{i1}b_{1j}+a_{i2}b_{2j}+\cdots+a_{ik}b_{kj}\ (i=1,2,\cdots,m;\ j=1,2,\cdots,n)$.

由定义 6.4 可知，只有当左矩阵 $\boldsymbol{A}$ 的列数与右矩阵 $\boldsymbol{B}$ 的行数相等时，$\boldsymbol{AB}$ 才有意义，而且矩阵 $\boldsymbol{AB}$ 的行数为 $\boldsymbol{A}$ 的行数，$\boldsymbol{AB}$ 的列数为 $\boldsymbol{B}$ 的列数，而矩阵 $\boldsymbol{AB}$ 中的元素是由左矩阵 $\boldsymbol{A}$ 中某一行元素与右矩阵 $\boldsymbol{B}$ 中某一列元素对应相乘再相加而得到.

例如：矩阵 $\boldsymbol{A}=\begin{pmatrix}a_{11}&a_{12}\\a_{21}&a_{22}\\a_{31}&a_{32}\end{pmatrix}$，$\boldsymbol{B}=\begin{pmatrix}b_{11}&b_{12}&b_{13}\\b_{21}&b_{22}&b_{23}\end{pmatrix}$，则 $\boldsymbol{C}=\boldsymbol{AB}$，即

$$\boldsymbol{C}=\begin{pmatrix}C_{11}&C_{12}&C_{13}\\C_{21}&C_{22}&C_{23}\\C_{31}&C_{32}&C_{33}\end{pmatrix}=\begin{pmatrix}a_{11}b_{11}+a_{12}b_{21}&a_{11}b_{12}+a_{12}b_{22}&a_{11}b_{13}+a_{12}b_{23}\\a_{21}b_{11}+a_{22}b_{21}&a_{21}b_{12}+a_{22}b_{22}&a_{21}b_{13}+a_{22}b_{23}\\a_{31}b_{11}+a_{32}b_{21}&a_{31}b_{12}+a_{32}b_{22}&a_{31}b_{13}+a_{32}b_{23}\end{pmatrix}$$

例 3 设 $\boldsymbol{A}$ 是 3×4 矩阵，$\boldsymbol{B}$ 是 3×3 矩阵，$\boldsymbol{C}$ 是 4×2 矩阵，运算 $\boldsymbol{AB},\boldsymbol{AC},\boldsymbol{BA},\boldsymbol{BC},\boldsymbol{CA},\boldsymbol{CB}$ 能否进行？若能，写出乘积矩阵的行数和列数.

解 对于 $\boldsymbol{AB},\boldsymbol{BC},\boldsymbol{CA},\boldsymbol{CB}$，因为左边矩阵的列数不等于右边矩阵的行数，所以不能进行乘法运算；$\boldsymbol{BA},\boldsymbol{AC}$ 满足条件，根据定义，$\boldsymbol{BA}$ 为 3×4 矩阵，$\boldsymbol{AC}$ 为 3×2 矩阵.

例 4 矩阵 $\boldsymbol{A}=\begin{pmatrix}1&0&3\\2&-1&0\end{pmatrix}$，$\boldsymbol{B}=\begin{pmatrix}1&0&-2&4\\4&7&2&-1\\-1&0&3&0\end{pmatrix}$，求乘积 $\boldsymbol{AB}$.

解 $\boldsymbol{A}$ 是 2×3 矩阵，$\boldsymbol{B}$ 是 3×4 矩阵，$\boldsymbol{A}$ 的列数等于 $\boldsymbol{B}$ 的行数，所以 $\boldsymbol{AB}$ 有意义，$\boldsymbol{C}=\boldsymbol{AB}$ 是一个 2×4 矩阵，由定义得

$$\boldsymbol{C}=\begin{pmatrix}1&0&3\\2&-1&0\end{pmatrix}\begin{pmatrix}1&0&-2&4\\4&7&2&-1\\-1&0&3&0\end{pmatrix}=\begin{pmatrix}-2&0&7&4\\-2&-7&-6&9\end{pmatrix}$$

由上可知，矩阵乘法与普通数的乘法有所不同，一般地：

（1）不满足交换律，即 $\boldsymbol{AB}\neq\boldsymbol{BA}$.

（2）在 $\boldsymbol{AB}=\boldsymbol{O}$ 时，不能推出 $\boldsymbol{A}=\boldsymbol{O}$ 或 $\boldsymbol{B}=\boldsymbol{O}$，因而也不满足消去律.

（3）若矩阵 $\boldsymbol{A}$ 与 $\boldsymbol{B}$ 满足 $\boldsymbol{AB}=\boldsymbol{BA}$，则称 $\boldsymbol{A}$ 与 $\boldsymbol{B}$ 可交换，此时 $\boldsymbol{A}$ 与 $\boldsymbol{B}$ 必为同阶方阵.

（4）矩阵乘法满足结合律、分配律及与数乘的结合律：

① （结合律）$(AB)C = A(BC)$；

② （结合律）$\lambda(AB) = (\lambda A)B = A(\lambda B)$；

③ （分配律）$(A+B)C = AC+BC$， $A(B+C) = AB+AC$.

设 A 为 n 阶方阵，则规定 $A^m = \underbrace{AA\cdots A}_{m}$，特别地有 $A^0 = E$.

5. **矩阵的转置**

设 A 为一个 $m\times n$ 矩阵，把 A 中行与列互换，得到一个 $n\times m$ 矩阵，称为 A 的转置矩阵，记为 A^{T}，转置运算满足以下运算律：

（1）$(A^{\mathrm{T}})^{\mathrm{T}} = A$；

（2）$(A+B)^{\mathrm{T}} = A^{\mathrm{T}} + B^{\mathrm{T}}$；

（3）$(kA)^{\mathrm{T}} = kA^{\mathrm{T}}$；

（4）$(AB)^{\mathrm{T}} = B^{\mathrm{T}}A^{\mathrm{T}}$.

例 5 设 $A = \begin{pmatrix} 1 & -1 & 2 \\ 0 & 1 & 3 \\ 1 & 2 & 1 \end{pmatrix}$，$B = \begin{pmatrix} 3 & 1 \\ 2 & 2 \\ 1 & -1 \end{pmatrix}$，求 $(AB)^{\mathrm{T}}$.

解 我们运用两种方法来求解.

解法一：先求积，再转置.

$$AB = \begin{pmatrix} 1 & -1 & 2 \\ 0 & 1 & 3 \\ 1 & 2 & 1 \end{pmatrix}\begin{pmatrix} 3 & 1 \\ 2 & 2 \\ 1 & -1 \end{pmatrix} = \begin{pmatrix} 3 & -3 \\ 5 & -1 \\ 8 & 4 \end{pmatrix},$$

所以

$$(AB)^{\mathrm{T}} = \begin{pmatrix} 3 & 5 & 8 \\ -3 & -1 & 4 \end{pmatrix}.$$

解法二：利用矩阵积的转置公式.

$$(AB)^{\mathrm{T}} = B^{\mathrm{T}}A^{\mathrm{T}} = \begin{pmatrix} 3 & 2 & 1 \\ 1 & 2 & -1 \end{pmatrix}\begin{pmatrix} 1 & 0 & 1 \\ -1 & 1 & 2 \\ 2 & 3 & 1 \end{pmatrix} = \begin{pmatrix} 3 & 5 & 8 \\ -3 & -1 & 4 \end{pmatrix}.$$

由转置运算给出对称矩阵、反对称矩阵的定义.

定义 6.5 设 A 为一个 n 阶方阵，若 A 满足 $A^{\mathrm{T}} = A$，则称 A 为对称矩阵，若 A 满足 $A^{\mathrm{T}} = -A$，则称 A 为反对称矩阵.

三、方阵的行列式与逆矩阵

1. **方阵与行列式**

矩阵与行列式是两个完全不同的概念，但对于 n 阶方阵，有方阵的行列式的概念.

定义 6.6 设 $A = (a_{ij})$ 为一个 n 阶方阵，则由 A 中元素构成一个 n 阶行列式 $\left|a_{ij}\right|_n$，称为方阵 A 的行列式，记为 $|A|$ 或 $\det A$.

方阵的行列式具有下列性质：

设 $\boldsymbol{A},\boldsymbol{B}$ 为 n 阶方阵，k 为实数，则

（1）$|\boldsymbol{A}^{\mathrm{T}}|=|\boldsymbol{A}|$；

（2）$|k\boldsymbol{A}|=k^n|\boldsymbol{A}|$；

（3）$|\boldsymbol{AB}|=|\boldsymbol{A}|\cdot|\boldsymbol{B}|$.

2. 逆矩阵

（1）逆矩阵的概念.

定义 6.7 设 $\boldsymbol{A}$ 为一个 n 阶方阵，若存在另一个 n 阶方阵 $\boldsymbol{B}$，使满足 $\boldsymbol{AB}=\boldsymbol{BA}=\boldsymbol{E}$，则把 $\boldsymbol{B}$ 称为 $\boldsymbol{A}$ 的**逆矩阵**.

且说 $\boldsymbol{A}$ 为一个可逆矩阵，意指 $\boldsymbol{A}$ 是一个可以存在逆矩阵的矩阵，把 $\boldsymbol{A}$ 的逆矩阵 $\boldsymbol{B}$ 记为 $\boldsymbol{A}^{-1}$，从而 $\boldsymbol{A}$ 与 $\boldsymbol{A}^{-1}$ 首先必可交换，且乘积为单位方阵 $\boldsymbol{E}$.

逆矩阵具有以下性质：设 $\boldsymbol{A},\boldsymbol{B}$ 为同阶可逆矩阵，$k\neq0$ 为常数，则

① $\boldsymbol{A}^{-1}$ 是可逆矩阵，且 $(\boldsymbol{A}^{-1})^{-1}=\boldsymbol{A}$；

② $\boldsymbol{AB}$ 是可逆矩阵，且 $(\boldsymbol{AB})^{-1}=\boldsymbol{B}^{-1}\boldsymbol{A}^{-1}$；

③ $k\boldsymbol{A}$ 是可逆矩阵，且 $(k\boldsymbol{A})^{-1}=\dfrac{1}{k}\boldsymbol{A}^{-1}$；

④ $\boldsymbol{A}^{\mathrm{T}}$ 是可逆矩阵，且 $(\boldsymbol{A}^{\mathrm{T}})^{-1}=(\boldsymbol{A}^{-1})^{\mathrm{T}}$；

⑤ $\boldsymbol{P}$ 可逆，则 $\boldsymbol{PA}=\boldsymbol{PB}\Leftrightarrow\boldsymbol{A}=\boldsymbol{B}$，$\boldsymbol{AP}=\boldsymbol{BP}\Leftrightarrow\boldsymbol{A}=\boldsymbol{B}$.

（2）伴随矩阵.

定义 6.8 设 $\boldsymbol{A}=(a_{ij})$ 为一个 n 阶方阵，A_{ij} 为 $\boldsymbol{A}$ 的行列式 $|\boldsymbol{A}|=|a_{ij}|_n$ 中元素 a_{ij} 的代数余子式，则矩阵 $\begin{pmatrix} A_{11} & A_{21} & \cdots & A_{n1} \\ A_{12} & A_{22} & \cdots & A_{n2} \\ \vdots & \vdots & & \vdots \\ A_{1n} & A_{2n} & \cdots & A_{nn} \end{pmatrix}$ 称为 $\boldsymbol{A}$ 的**伴随矩阵**，记为 $\boldsymbol{A}^*$（务必注意 $\boldsymbol{A}^*$ 中元素排列的特点），伴随矩阵必满足：

① $\boldsymbol{AA}^*=\boldsymbol{A}^*\boldsymbol{A}=|\boldsymbol{A}|\boldsymbol{E}$；

② $|\boldsymbol{A}^*|=|\boldsymbol{A}|^{n-1}$（$n$ 为 $\boldsymbol{A}$ 的阶数）；

（3）n 阶阵可逆的条件与逆矩阵的求法.

定理 6.2 n 阶方阵 $\boldsymbol{A}$ 可逆 $\Leftrightarrow|\boldsymbol{A}|\neq0$，且 $\boldsymbol{A}^{-1}=\dfrac{1}{|\boldsymbol{A}|}\boldsymbol{A}^*$.

推论 设 $\boldsymbol{A},\boldsymbol{B}$ 均为 n 阶方阵，且满足 $\boldsymbol{AB}=\boldsymbol{E}$，则 $\boldsymbol{A},\boldsymbol{B}$ 都可逆，且 $\boldsymbol{A}^{-1}=\boldsymbol{B}$，$\boldsymbol{B}^{-1}=\boldsymbol{A}$

例 6 设 $\boldsymbol{A}=\begin{pmatrix} a & b \\ c & d \end{pmatrix}$.

（1）求 $\boldsymbol{A}$ 的伴随矩阵 $\boldsymbol{A}^*$；

（2）a,b,c,d 满足什么条件时，$\boldsymbol{A}$ 可逆？此时求 $\boldsymbol{A}^{-1}$.

解　（1）根据定义，对二阶方阵 $\boldsymbol{A}$，求 $\boldsymbol{A}^*$ 的口诀为“主交换，次变号”，即 $\boldsymbol{A}^*=\begin{pmatrix} d & -b \\ -c & a \end{pmatrix}$；

（2）由 $|\boldsymbol{A}|=\begin{vmatrix} a & b \\ c & d \end{vmatrix}=ad-bc$，故当 $ad-bc\neq 0$ 时，即 $|\boldsymbol{A}|\neq 0$，$\boldsymbol{A}$ 为可逆矩阵. 此时

$$\boldsymbol{A}^{-1}=\frac{1}{|\boldsymbol{A}|}\boldsymbol{A}^*=\frac{1}{ad-bc}\begin{pmatrix} d & -b \\ -c & a \end{pmatrix}.$$

四、矩阵的初等变换

1. 初等变换

对一个矩阵 $\boldsymbol{A}$ 施行以下三种类型的变换，称为矩阵的初等行（列）变换，统称**初等变换**：

（1）交换 $\boldsymbol{A}$ 的某两行（列）；

（2）用一个非零数 k 乘 $\boldsymbol{A}$ 的某一行（列）；

（3）把 $\boldsymbol{A}$ 中某一行（列）的 k 倍加到另一行（列）上.

注意　矩阵的初等变换与行列式计算有本质区别，行列式计算是求值过程，用等号连接，而对矩阵施行初等变换是变换过程，用“$\to$”连接前后矩阵.

初等变换是矩阵理论中一个常用的运算，而且最常见的是利用矩阵的初等行变换把矩阵化成阶梯形矩阵，进而化为行标准形矩阵.

2. 初等方阵

由单位方阵 $\boldsymbol{E}$ 经过一次初等变换得到的矩阵称为**初等方阵**，由于初等变换有三种类型，相应的有三种类型的初等方阵，依次记为 $\boldsymbol{P}_{ij},\boldsymbol{D}_i(k)$ 和 $\boldsymbol{T}_{ij}(k)$. 容易证明，初等方阵都是可逆矩阵，且它们的逆矩阵还是同一类的初等方阵.

（1）初等变换与初等方阵的关系.

设 $\boldsymbol{A}$ 为任意一个矩阵，当在 $\boldsymbol{A}$ 的左边乘一个初等方阵的乘积相当于对 $\boldsymbol{A}$ 作同类型的初等行变换，在 $\boldsymbol{A}$ 的右边乘一个初等方阵的乘积相当于对 $\boldsymbol{A}$ 作同类型的初等列变换.

（2）矩阵的等价.

若矩阵 $\boldsymbol{A}$ 经过若干次初等变换变为 $\boldsymbol{B}$，则称 $\boldsymbol{A}$ 与 $\boldsymbol{B}$ 等价，记为 $\boldsymbol{A}\cong\boldsymbol{B}$.

3. 用初等变换求逆矩阵

设 $\boldsymbol{A}$ 为任一个 n 阶可逆矩阵，构造 $n\times 2n$ 矩阵 $(\boldsymbol{A}\quad\boldsymbol{E})$，然后通过初等行变换，使

$$(\boldsymbol{A}\quad\boldsymbol{E})\to(\boldsymbol{E}\quad\boldsymbol{A}^{-1})$$

例 7　求 $\boldsymbol{A}=\begin{pmatrix} 1 & -1 & 3 \\ 2 & -1 & 4 \\ -1 & 2 & -4 \end{pmatrix}$ 的逆矩阵.

解　$(\boldsymbol{A}\quad\boldsymbol{E})=\begin{pmatrix} 1 & -1 & 3 & 1 & 0 & 0 \\ 2 & -1 & 4 & 0 & 1 & 0 \\ -1 & 2 & -4 & 0 & 0 & 1 \end{pmatrix}\xrightarrow[r_3+r_1]{r_2-2r_1}\begin{pmatrix} 1 & -1 & 3 & 1 & 0 & 0 \\ 0 & 1 & -2 & -2 & 1 & 0 \\ 0 & 1 & -1 & 1 & 0 & 1 \end{pmatrix}$

$$\xrightarrow[r_3-r_2]{r_1+r_2}\begin{pmatrix}1&0&1&-1&1&0\\0&1&-2&-2&1&0\\0&0&1&3&-1&1\end{pmatrix}\xrightarrow[r_2+2r_3]{r_1-r_3}\begin{pmatrix}1&0&0&-4&2&-1\\0&1&0&4&-1&2\\0&0&1&3&-1&1\end{pmatrix}$$

则
$$A^{-1}=\begin{pmatrix}-4&2&-1\\4&-1&2\\3&-1&1\end{pmatrix}.$$

例 8 求解矩阵方程$\begin{pmatrix}1&-1&3\\2&-1&4\\-1&2&-4\end{pmatrix}X=\begin{pmatrix}1&1\\4&3\\1&2\end{pmatrix}$.

解 令

$$A=\begin{pmatrix}1&-1&3\\2&-1&4\\-1&2&-4\end{pmatrix},\quad B=\begin{pmatrix}1&1\\4&3\\1&2\end{pmatrix},$$

则矩阵方程为 $AX=B$. 这里 A 即例 12 中矩阵，A 是可逆的，在矩阵方程两边左乘 A^{-1}，得

$$X=A^{-1}B=\begin{pmatrix}-4&2&-1\\4&-1&2\\3&-1&1\end{pmatrix}\begin{pmatrix}1&1\\4&3\\1&2\end{pmatrix}=\begin{pmatrix}3&0\\2&5\\0&2\end{pmatrix}$$

也能用初等行变换法，不用求出 A^{-1}，而直接求 $A^{-1}B$.

从而

$$(A\quad B)=\begin{pmatrix}1&-1&3&1&1\\2&-1&4&4&3\\-1&2&-4&1&2\end{pmatrix}\to\begin{pmatrix}1&0&0&3&0\\0&1&0&2&5\\0&0&1&0&2\end{pmatrix}=(E\quad A^{-1}B)$$

则
$$X=A^{-1}B=\begin{pmatrix}3&0\\2&5\\0&2\end{pmatrix}.$$

4. 矩阵的秩

（1）秩的定义.

定义 6.9 在一个 $m\times n$ 矩阵 A 中，任取 k 行（$k\leqslant m$）和 k 列（$k\leqslant n$），位于这些选定行列的交叉处的 k^2 个元素按原有次序组成 k 阶行列式，称为矩阵 A 的一个 **k 阶子式**.

定义 6.10 设 A 为 $m\times n$ 矩阵，把 A 中非零子式的最高阶数称为 A 的**秩**，记为秩 (A) 或 $r(A)$.

零矩阵的秩为 0，因而 $0\leqslant r(A)\leqslant \min\{m,n\}$，对 n 阶方阵 A，若 $r(A)=n$，称 A 为**满秩矩阵**，否则称为**降秩矩阵**.

例如：矩阵 $\boldsymbol{A}=\begin{pmatrix}1&2&3&1\\0&1&-1&2\\0&0&0&4\\0&0&0&0\end{pmatrix}$ 中，存在三阶子式 $D_3=\begin{vmatrix}1&2&1\\0&1&2\\0&0&4\end{vmatrix}=4\neq 0$，而 $D_4=\det\boldsymbol{A}=0$，根据定义，$r(\boldsymbol{A})=3$.

（2）秩的求法.

由定义求矩阵的秩比较麻烦，我们可以利用矩阵的初等变换来求秩.

观察如下实例：

$$\boldsymbol{C}=\begin{pmatrix}1&2&-2&1\\0&1&-1&2\\0&0&3&4\\0&0&0&3\end{pmatrix},\quad \boldsymbol{D}=\begin{pmatrix}2&4&1&3\\0&5&0&3\\0&0&3&4\\0&0&0&0\end{pmatrix}$$

上面矩阵里的零元素呈阶梯形，每一梯级仅跨一行，梯下元素全为零，为**行阶梯形矩阵**. 可以验证：阶梯形矩阵的秩等于非零元素的行数，而任一矩阵都可通过初等变换化为阶梯形.

定理 6.3 若 $\boldsymbol{A}\Leftrightarrow\boldsymbol{B}$，则 $r(\boldsymbol{A})=r(\boldsymbol{B})$.

例 9 求如下矩阵的秩 $r(\boldsymbol{A})$：

$$\boldsymbol{A}=\begin{pmatrix}4&1&2&1&3\\1&-2&-1&-2&-3\\2&5&4&-1&0\\1&1&1&1&2\end{pmatrix}$$

解 $$\boldsymbol{A}=\begin{pmatrix}4&1&2&1&3\\1&-2&-1&-2&-3\\2&5&4&-1&0\\1&1&1&1&2\end{pmatrix}\xrightarrow[\substack{r_3-2r_1\\r_4-4r_1}]{\substack{r_4\leftrightarrow r_1\\r_2-r_1}}\begin{pmatrix}1&1&1&1&2\\0&-3&-2&-3&-5\\0&3&2&-3&-4\\0&-3&-2&-3&-5\end{pmatrix}$$

$$\xrightarrow[r_4-r_2]{\substack{r_3+r_2\\r_2-r_1}}\begin{pmatrix}1&1&1&1&2\\0&-3&-2&-3&-5\\0&0&0&-6&-9\\0&0&0&0&0\end{pmatrix},$$

$D_3=\begin{vmatrix}1&1&1\\0&-3&-3\\0&0&-6\end{vmatrix}\neq 0$ 且 $D_4=0$，所以 $r(\boldsymbol{A})=3$.

（3）矩阵的最简形和行标准形.

例 9 中矩阵 $\boldsymbol{A}$ 的行阶梯形矩阵可继续进行初等行变换：

$$\xrightarrow[r_1+\frac{1}{6}r_3,\,-\frac{1}{6}r_3]{r_2-\frac{1}{2}r_3}\begin{pmatrix}1&1&1&0&\frac{1}{2}\\0&-3&-2&0&-\frac{1}{2}\\0&0&0&1&\frac{3}{2}\\0&0&0&0&0\end{pmatrix}\xrightarrow[-\frac{1}{3}r_2]{r_1+\frac{1}{3}r_2}\begin{pmatrix}1&0&\frac{1}{3}&0&\frac{1}{3}\\0&1&\frac{2}{3}&0&\frac{1}{6}\\0&0&0&1&\frac{3}{2}\\0&0&0&0&0\end{pmatrix}$$

此阶梯形矩阵称为矩阵 $\boldsymbol{A}$ 的**行最简形**. 其特点为：非零行的首个非零元素为 1，且这些元素所在列的其余元素全为零.

（4）与满秩矩阵等价的条件.

n 阶方阵 $\boldsymbol{A}$ 满秩 $\Leftrightarrow$ $\boldsymbol{A}$ 可逆，即存在 $\boldsymbol{B}$，使 $\boldsymbol{AB}=\boldsymbol{BA}=\boldsymbol{E}$；

$\Leftrightarrow$ $\boldsymbol{A}$ 非奇异，即 $|\boldsymbol{A}|\neq 0$；

$\Leftrightarrow$ $\boldsymbol{A}$ 的等价标准形为 $\boldsymbol{E}$；

$\Leftrightarrow$ $\boldsymbol{A}$ 可以表示为有限个初等方阵的乘积；

$\Leftrightarrow$ 齐次线性方程组 $\boldsymbol{AX}=\boldsymbol{0}$ 只有零解；

$\Leftrightarrow$ 对任意非零列向量 $\boldsymbol{B}$，非齐次线性方程组 $\boldsymbol{AX}=\boldsymbol{B}$ 有唯一解；

$\Leftrightarrow$ $\boldsymbol{A}$ 的特征值均不为零.

项目三　方程组的求解

一、问题的引入

引例　《九章算术》中“方程”章的第一题：“今有上禾三秉，中禾二秉，下禾一秉，实三十九斗；上禾二秉，中禾三秉，下禾一秉，实三十四斗；上禾一秉，中禾二秉，下禾三秉，实二十六斗．问上、中、下禾实一秉各几何？”

题中“禾”为黍米，“秉”指“捆”，“实”的意思是打下来的粮食.

如果设上、中、下禾各一秉打出的粮食分别为 x,y,z（斗），那上述问题就可以表示为一个式子：

$$\begin{cases}3x+2y+z=39\\2x+3y+z=34\\x+2y+3z=26\end{cases}$$

这就是我们在中学数学里学过的三元一次方程组. 在现代工程技术中，我们会经常遇到如下形式的方程组：

$$\begin{cases}a_{11}x_1+a_{12}x_2+\cdots+a_{1n}x_n=b_1\\a_{21}x_1+a_{22}x_2+\cdots+a_{2n}x_n=b_2\\\qquad\qquad\vdots\\a_{m1}x_1+a_{m2}x_2+\cdots+a_{mn}x_n=b_m\end{cases}$$

其中 $x_1,x_2,\cdots,x_n$ 表示 n 个未知量，这些未知量都是一次的，该方程组称为 **n 元线性方程组**. 当常数项 $b_i\equiv 0$ 时，称为**齐次线性方程组**，否则，称为**非齐次线性方程组**.

二、线性方程组的求解

在本节开始的引例中，我们根据题设列出了一个三元线性方程组，在中学数学的学习中，可以利用诸如未知量互相代入、加减消元等方法将方程的解求出，但是，很多实际问题所转化的线性方程组往往有多个未知量，再利用以前的方法会使求解过程产生大量繁琐运算，不易得出结果.

所以，我们利用矩阵的相关知识求解线性方程组.

1. 用矩阵的线性变换解线性方程组

在 n 元线性方程组中，如果设

$$\boldsymbol{A}=\begin{pmatrix} a_{11} & a_{12} & \cdots & a_{1n} \\ a_{21} & a_{22} & \cdots & a_{2n} \\ \vdots & \vdots & & \vdots \\ a_{m1} & a_{m2} & \cdots & a_{mn} \end{pmatrix},\ \overline{\boldsymbol{A}}=\begin{pmatrix} a_{11} & a_{12} & \cdots & a_{1n} & b_1 \\ a_{21} & a_{22} & \cdots & a_{2n} & b_2 \\ \vdots & \vdots & & \vdots & \vdots \\ a_{m1} & a_{m2} & \cdots & a_{mn} & b_m \end{pmatrix},\ \boldsymbol{B}=\begin{pmatrix} b_1 \\ b_2 \\ \vdots \\ b_m \end{pmatrix},\ \boldsymbol{X}=\begin{pmatrix} x_1 \\ x_2 \\ \vdots \\ x_n \end{pmatrix},$$

则方程组可以表示为矩阵的形式 $\boldsymbol{AX}=\boldsymbol{B}$，矩阵 $\boldsymbol{A}$ 称为线性方程组的**系数矩阵**，$\overline{\boldsymbol{A}}$ 称为**增广矩阵**.

回顾以前关于解二元一次方程组的方法. 例如，求解方程组 $\begin{cases} 2x_1-x_2=0 \\ x_1+3x_2=7 \end{cases}$. 我们做如下变换：

$$\text{原式}\xrightarrow{\text{①②对调}}\begin{cases} x_1+3x_2=7, \\ 2x_1-x_2=0. \end{cases}\xrightarrow{\text{④}-2\text{③}}\begin{cases} x_1+3x_2=7, \\ -7x_2=-14. \end{cases}$$

$$\xrightarrow{-\frac{1}{7}\text{⑤}}\begin{cases} x_1+3x_2=7, \\ x_2=2. \end{cases}\xrightarrow{\text{③}-3\text{⑥}}\begin{cases} x_1=1, \\ x_2=2. \end{cases}$$

可以看出，上述的变换对应着方程组增广矩阵的三种初等行变换，所以可以利用增广矩阵的初等变换来解线性方程组.

例 1 解线性方程组 $\begin{cases} x_1+x_2+x_3+3x_4=0 \\ 2x_1+x_2-2x_3+x_4=-1 \\ x_1+2x_2+3x_3+2x_4=-1 \\ x_2+4x_3-x_4=1 \end{cases}$.

解 利用初等变换将方程组的增广矩阵化为阶梯形矩阵：

$$\overline{\boldsymbol{A}}=\begin{pmatrix} 1 & 1 & 1 & 3 & 0 \\ 2 & 1 & -2 & 1 & -1 \\ 1 & 2 & 3 & 2 & -1 \\ 0 & 1 & 4 & -1 & 1 \end{pmatrix}\xrightarrow[\substack{r_3-r_1 \\ (-1)r_2}]{r_2-2r_1}\begin{pmatrix} 1 & 1 & 1 & 3 & 0 \\ 0 & 1 & 4 & 5 & 1 \\ 0 & 1 & 2 & -1 & -1 \\ 0 & 1 & 4 & -1 & 1 \end{pmatrix}\xrightarrow[\substack{r_4-r_2 \\ \left(-\frac{1}{2}\right)r_3}]{r_3-r_2}\begin{pmatrix} 1 & 1 & 1 & 3 & 0 \\ 0 & 1 & 4 & 5 & 1 \\ 0 & 0 & 1 & 3 & 1 \\ 0 & 0 & 0 & -6 & 0 \end{pmatrix},$$

可见，方程组对应的系数矩阵 $\boldsymbol{A}$ 的秩等于增广矩阵 $\overline{\boldsymbol{A}}$ 的秩. 继续化简：

$$\xrightarrow[-\frac{1}{6}r_4]{r_1-r_2}\begin{pmatrix} 1 & 0 & -3 & -2 & -1 \\ 0 & 1 & 4 & 5 & 1 \\ 0 & 0 & 1 & 3 & 1 \\ 0 & 0 & 0 & 1 & 0 \end{pmatrix}\xrightarrow[r_2-4r_3]{r_1+3r_3}\begin{pmatrix} 1 & 0 & 0 & 7 & 2 \\ 0 & 1 & 0 & -7 & -3 \\ 0 & 0 & 1 & 3 & 1 \\ 0 & 0 & 0 & 1 & 0 \end{pmatrix}\xrightarrow[\substack{r_2+7r_4 \\ r_3-3r_4}]{r_1-7r_4}\begin{pmatrix} 1 & 0 & 0 & 0 & 2 \\ 0 & 1 & 0 & 0 & -3 \\ 0 & 0 & 1 & 0 & 1 \\ 0 & 0 & 0 & 1 & 0 \end{pmatrix}.$$

最后的这个矩阵是行最简形矩阵，由这个矩阵可以得到原方程组的解

$$\begin{cases} x_1 = 2 \\ x_2 = -3 \\ x_3 = 1 \\ x_4 = 0 \end{cases}.$$

在例 1 中，满足等式 $r(\boldsymbol{A}) = r(\overline{\boldsymbol{A}}) = n$，$n$ 为方程组中未知量的个数. 可以理解，当上式成立时，行标准形矩阵左边是一个单位方阵，这时方程组有且只有一个解.

例 2 解线性方程组 $\begin{cases} x_1 - 2x_2 + 3x_3 = 1 \\ 3x_1 - x_2 + 5x_3 = 6 \\ 2x_1 + x_2 + 2x_3 = 3 \end{cases}$.

解 利用初等变换将增广矩阵化为阶梯形矩阵：

$$\overline{\boldsymbol{A}} = \begin{pmatrix} 1 & -2 & 3 & 1 \\ 3 & -1 & 5 & 6 \\ 2 & 1 & 2 & 3 \end{pmatrix} \xrightarrow[r_3 - 2r_1]{r_2 - 3r_1} \begin{pmatrix} 1 & -2 & 3 & 1 \\ 0 & 5 & -4 & 3 \\ 0 & 5 & -4 & 1 \end{pmatrix} \xrightarrow{r_3 - r_2} \begin{pmatrix} 1 & -2 & 3 & 1 \\ 0 & 5 & -4 & 3 \\ 0 & 0 & 0 & -2 \end{pmatrix}.$$

由阶梯形矩阵可以看出，$2 = r(\boldsymbol{A}) \neq r(\overline{\boldsymbol{A}}) = 3$. 这时，第三行代表的方程 $0 \cdot x_1 + 0 \cdot x_2 + 0 \cdot x_3 = -2$ 是个矛盾的方程，所以原线性方程组无解.

例 3 求线性方程组的通解：$\begin{cases} x_1 + x_2 + x_3 + x_4 = 0 \\ x_2 + 2x_3 + 2x_4 = 1 \\ x_1 - x_3 - x_4 = -1 \\ 3x_1 + 2x_2 + x_3 + x_4 = -1 \end{cases}$.

解 利用初等变换将增广矩阵化为阶梯形矩阵：

$$\overline{\boldsymbol{A}} = \begin{pmatrix} 1 & 1 & 1 & 1 & 0 \\ 0 & 1 & 2 & 2 & 1 \\ 1 & 0 & -1 & -1 & -1 \\ 3 & 2 & 1 & 1 & -1 \end{pmatrix} \xrightarrow[r_4 - 3r_1]{r_3 - r_1} \begin{pmatrix} 1 & 1 & 1 & 1 & 0 \\ 0 & 1 & 2 & 2 & 1 \\ 0 & -1 & -2 & -2 & -1 \\ 0 & -1 & -2 & -2 & -1 \end{pmatrix} \xrightarrow[r_4 + r_2]{r_3 + r_2} \begin{pmatrix} 1 & 1 & 1 & 1 & 0 \\ 0 & 1 & 2 & 2 & 1 \\ 0 & 0 & 0 & 0 & 0 \\ 0 & 0 & 0 & 0 & 0 \end{pmatrix}.$$

从这个矩阵中可以看到，$r(\boldsymbol{A}) = r(\overline{\boldsymbol{A}}) = 2 < n$，$n$ 是方程组中未知量的个数.

进一步化矩阵为最简形：

$$\xrightarrow{r_1 - r_2} \begin{pmatrix} 1 & 0 & -1 & -1 & -1 \\ 0 & 1 & 2 & 2 & 1 \\ 0 & 0 & 0 & 0 & 0 \\ 0 & 0 & 0 & 0 & 0 \end{pmatrix}.$$

这个标准阵代表

$$\begin{cases} x_1 - x_3 - x_4 = -1 \\ x_2 + 2x_3 + 2x_4 = 1 \end{cases}$$

上面方程组中的两个方程无法约束所有 4 个未知量的取值，会有 2 个自由未知量（例如 x_3, x_4），所以方程组有无穷多个解，可以表示成

$$\begin{cases}x_1=-1+x_3+x_4\\x_2=1-2x_3-2x_4\\x_3=\quad x_3\\x_4=\qquad x_4\end{cases}.$$

或者令 $x_3=c_1$， $x_4=c_2$，方程组的解可以表示成

$$\begin{cases}x_1=-1+c_1+c_2\\x_2=1-2c_1-2c_2\\x_3=\quad c_1\\x_4=\qquad c_2\end{cases}.$$

其中 c_1,c_2 可以取任意实数. 还可以写成矩阵形式：

$$\begin{pmatrix}x_1\\x_2\\x_3\\x_4\end{pmatrix}=\begin{pmatrix}-1\\1\\0\\0\end{pmatrix}+c_1\begin{pmatrix}1\\-2\\1\\0\end{pmatrix}+c_2\begin{pmatrix}1\\-2\\0\\1\end{pmatrix}.$$

即 $\boldsymbol{X}=\boldsymbol{X}^*+c_1\boldsymbol{\xi}_1+c_2\boldsymbol{\xi}_2$ 的形式. 以上三种形式都表示原方程组的**通解**.

可以看出，$\boldsymbol{X}^*$ 是使原方程组成立的一个**特解**. 并且，我们在上述矩阵的初等变换中使用的都是初等行变换，所以，以上非齐次线性方程组所对应的齐次线性方程组（即常数项 $b_i\equiv 0$）在增广矩阵进行初等行变换时，最后一列始终为零. 由此可得，非齐次线性方程组 $\boldsymbol{AX}=\boldsymbol{B}$ 对应的齐次线性方程组 $\boldsymbol{AX}=\boldsymbol{0}$ 的通解为 $\boldsymbol{X}=c_1\boldsymbol{\xi}_1+c_2\boldsymbol{\xi}_2$，$\xi_1$，$\xi_2$ 为方程组的解空间的一个**基**，称之为齐次线性方程组的一个**基础解系**.

例 4 求齐次线性方程组的通解：$\begin{cases}2x_1+x_2-2x_3+3x_4=0\\3x_1+2x_2-x_3+2x_4=0\\x_1+x_2+x_3-x_4=0\end{cases}.$

解 对系数矩阵 $\boldsymbol{A}$ 作初等行变换化成简化阶梯形矩阵：

$$\boldsymbol{A}=\begin{pmatrix}2&1&-2&3\\3&2&-1&2\\1&1&1&-1\end{pmatrix}\xrightarrow[r_1-r_3]{r_2-r_1}\begin{pmatrix}1&0&-3&4\\1&1&1&-1\\1&1&1&-1\end{pmatrix}\xrightarrow[r_2-r_1]{r_3-r_2}\begin{pmatrix}1&0&-3&4\\0&1&4&-5\\0&0&0&0\end{pmatrix}$$

$r(\boldsymbol{A})=2<4$，有非零解，取 x_3,x_4 为自由未知量，可得一般解为

$$\begin{cases}x_1=3x_3-4x_4\\x_2=-4x_3+5x_4\\x_3=x_3\\x_4=x_4\end{cases}$$

一般解可写成向量形式，令 $x_3=c_1$，$x_4=c_2$ 为任意常数，则通解为

$$X = c_1\begin{pmatrix}3\\-4\\1\\0\end{pmatrix} + c_2\begin{pmatrix}-4\\5\\0\\1\end{pmatrix}.$$

可见，$\boldsymbol{\xi}_1 = \begin{pmatrix}3\\-4\\1\\0\end{pmatrix}$，$\boldsymbol{\xi}_2 = \begin{pmatrix}-4\\5\\0\\1\end{pmatrix}$为方程组的一个基础解系.

2. 关于解的结论

根据前述例题的讨论，关于线性方程组的求解，有以下判定定理.

定理 10.4 设 $AX = B$ 为 n 元非齐次线性方程组，则方程组有解的充要条件是 $r(\overline{A}) = r(A)$.

定理 10.5 当 n 元非齐次线性方程组 $AX = B$ 有解时，即 $r(\overline{A}) = r(A) = r$ 时，那么

（1）$AX = B$ 有唯一解 $\Leftrightarrow r = n$；

（2）$AX = B$ 有无穷多解 $\Leftrightarrow r < n$.

定理 10.6 n 元齐次线性方程组 $AX = 0$ 有非零解的充要条件是 $r(A) = r < n$.

例 5 判断线性方程组解的情况：$\begin{cases} ax_1 + x_2 + x_3 = 1 \\ x_1 + ax_2 + x_3 = a \\ x_1 + x_2 + ax_3 = a^2 \end{cases}$.

解 化增广矩阵为阶梯形矩阵：

$$\overline{A} = \begin{pmatrix} a & 1 & 1 & 1 \\ 1 & a & 1 & a \\ 1 & 1 & a & a^2 \end{pmatrix} \xrightarrow{r_3 \leftrightarrow r_1} \begin{pmatrix} 1 & 1 & a & a^2 \\ 1 & a & 1 & a \\ a & 1 & 1 & 1 \end{pmatrix} \xrightarrow[r_3 - ar_1]{r_2 - r_1} \begin{pmatrix} 1 & 1 & a & a^2 \\ 0 & a-1 & 1-a & a(1-a) \\ 0 & 1-a & 1-a^2 & 1-a^3 \end{pmatrix}$$

$$\xrightarrow{r_3 + r_2} \begin{pmatrix} 1 & 1 & a & a^2 \\ 0 & a-1 & 1-a & a(1-a) \\ 0 & 0 & (1-a)(2+a) & (1-a)(1+a^2) \end{pmatrix}.$$

由阶梯形矩阵可知：

当 $a \neq 1$ 且 $a \neq -2$ 时，$r(\overline{A}) = r(A) = 3$，方程组有唯一解；

当 $a = 1$ 时，$r(\overline{A}) = r(A) = 1 < 3$，方程组有无穷多个解；

当 $a = -2$ 时，$r(\overline{A}) = 3$，$r(A) = 2$，$r(A) \neq r(\overline{A})$，方程组无解.

例 6 当参数 a，b 为何值时，如下线性方程组有唯一解？有无穷多解？无解？在有无穷多解时，求出其通解.

$$\begin{cases} x_1 + x_2 + x_3 + x_4 = 0 \\ x_2 + 2x_3 + 2x_4 = 1 \\ -x_2 + (a-3)x_3 - 2x_4 = b \\ 3x_1 + 2x_2 + x_3 + ax_4 = -1 \end{cases}$$

解 对方程组的增广矩阵施行初等行变换，将它化成阶梯形矩阵：

$$\overline{A}=\begin{pmatrix}1&1&1&1&0\\0&1&2&2&1\\0&-1&a-3&-2&b\\3&2&1&a&1\end{pmatrix}\xrightarrow[r_4-3r_1]{r_3+r_2}\begin{pmatrix}1&1&1&1&0\\0&1&2&2&1\\0&0&a-1&0&b+1\\0&-1&-2&a-3&-1\end{pmatrix}$$

$$\xrightarrow[r_1-r_2]{r_4+r_2}\begin{pmatrix}1&0&-1&-1&-1\\0&1&2&2&1\\0&0&a-1&0&b+1\\0&0&0&a-1&0\end{pmatrix}.$$

由阶梯形矩阵可知：

当 $a\neq 1$ 时，$r(\overline{A})=r(A)=4$，有唯一解；

当 $a=1$，$b\neq 1$ 时，$r(\overline{A})=3$，$r(A)=2$，无解；

当 $a=1$，$b=-1$ 时，$r(\overline{A})=r(A)=2$，有无穷多解.

此时，方程组的一般解为

$$\begin{cases}x_1=-1+\ \ x_3+\ \ x_4\\x_2=\ \ 1-2x_3-2x_4\\x_3=\qquad\ \ x_3\\x_4=\qquad\qquad\ \ x_4\end{cases}.$$

令 $x_3=k_1$，$x_4=k_2$ 为任意常数，故一般解为向量形式，得方程组通解为

$$\boldsymbol{X}=\begin{pmatrix}-1\\1\\0\\0\end{pmatrix}+k_1\begin{pmatrix}1\\-2\\1\\0\end{pmatrix}+k_2\begin{pmatrix}1\\-2\\0\\1\end{pmatrix}.$$

3. 克拉默法则

定理 10.7（克拉默法则） 设含有 n 个方程的 n 元线性方程组为

$$\begin{cases}a_{11}x_1+a_{12}x_2+\cdots+a_{1n}x_n=b_1\\a_{21}x_1+a_{22}x_2+\cdots+a_{2n}x_n=b_2\\\qquad\qquad\vdots\\a_{n1}x_1+a_{n2}x_2+\cdots+a_{nn}x_n=b_n\end{cases}$$

如果其系数行列式 $D=\left|a_{ij}\right|_n\neq 0$，则方程组必有唯一解

$$x_j=\frac{D_j}{D}(j=1,2,\cdots,n).$$

其中，D_j 是把 D 中第 j 列换成常数项 $b_1,b_2,\cdots,b_n$ 后得到的行列式.

把这个法则应用于齐次线性方程组，则有如下定理.

定理 10.8 设有含 n 个方程的 n 元齐次线性方程组：

$$\begin{cases} a_{11}x_1 + a_{12}x_2 + \cdots + a_{1n}x_n = 0 \\ a_{21}x_1 + a_{22}x_2 + \cdots + a_{2n}x_n = 0 \\ \quad\vdots \\ a_{n1}x_1 + a_{n2}x_2 + \cdots + a_{nn}x_n = 0 \end{cases}$$

如果其系数行列式 $D \neq 0$，则该方程组只有零解 $x_1 = x_2 = \cdots = x_n = 0$.

换句话说，若齐次线性方程组有非零解，则必有 $D = 0$.

例 7 当 λ 取何值时，齐次线性方程组 $\begin{cases} (1-\lambda)_1 x_1 - 2x_2 + 4x_3 = 0 \\ 2x_1 + (3-\lambda)x_2 + x_3 = 0 \\ x_1 + x_2 + (1-\lambda)x_3 = 0 \end{cases}$ 只有零解？

解 方程组的系数行列式

$$D = \begin{vmatrix} 1-\lambda & -2 & 4 \\ 2 & 3-\lambda & 1 \\ 1 & 1 & 1-\lambda \end{vmatrix} \xlongequal{c_1 - c_2} \begin{vmatrix} 1-\lambda & -3+\lambda & 4 \\ 2 & 1-\lambda & 1 \\ 1 & 0 & 1-\lambda \end{vmatrix}$$

$$\xlongequal{\text{按}r_3\text{展开}} \begin{vmatrix} -3+\lambda & 4 \\ 1-\lambda & 1 \end{vmatrix} + (1-\lambda) \begin{vmatrix} 1-\lambda & -3+\lambda \\ 2 & 1-\lambda \end{vmatrix}$$

$$= -\lambda^3 + 5\lambda^2 - 6\lambda = -\lambda(\lambda-2)(\lambda-3)$$

由于 $D \neq 0 \Leftrightarrow \lambda \neq 0,2,3$，故当 $\lambda \neq 0$ 且 $\lambda \neq 2$ 且 $\lambda \neq 3$ 时，方程组只有零解.

三、线性方程组的应用

1. 问题引入

某公司生产科技产品的数量 x（单位：件）和成本 C（单位：万元）数据如表 6-2 所示.

表 6-2

x	6	10	20
C	104	160	370

设产品售价 $v = 20$ 万元，判断公司盈亏转折时的产品生产数量 x 的变化范围及公司最大获利时的产品件数.

2. 建立模型

（1）设立成本函数 $C = C(x) = a_0 + a_1 x + a_2 x^2$，其中 a_0, a_1, a_2 为待定系数.

（2）代入原始数据得到线性方程组 $\begin{cases} a_0 + 6a_1 + 36a_2 = 104 \\ a_0 + 10a_1 + 100a_2 = 160 \\ a_0 + 20a_1 + 400a_2 = 370 \end{cases}$.

（3）解得 $a_0=50$，$a_1=6$，$a_2=\frac{1}{2}$，即

成本函数 $C=C(x)=50+6x+\frac{1}{2}x^2$，

产值函数 $R=R(x)=vx=20x$，

利润函数 $L=L(x)=R(x)-C(x)=20x-\left(50+6x+\frac{1}{2}x^2\right)$.

3. **分析结果**

设 x_1,x_2 为方程 $L(x)=0$ 的两个实根，因为利润函数 $L(x)=-\frac{1}{2}x^2+14x-50$，所以，当产品数量 $x\in(x_1,x_2)$ 时，$L(x)>0$，当 $x\notin(x_1,x_2)$ 时，公司无法获利. x_1,x_2 称为盈亏转折点.

由函数知识可知，利润函数 $L(x)$ 的极大值点 x_0 即最大值点，即使得公司获得最大利润的产品数量.

容易解得 $x_1=4.2$，$x_2=23.8$，$x_0=14$. 也就是说，公司产品少于 4 件或多于 24 件时都不会获利，当产品数为 14 件时，可获得最大利润 $L=-\frac{1}{2}\cdot 14^2+14\cdot 14-50=48$（万元）.

知识拓展

《九章算术》是中国古典数学最重要的著作. 据考证，成书年代最迟为公元前 1 世纪，但其中的有些内容可以追溯到周代.《周礼》记载西周贵族子弟必学的六门课程（“六艺”）中有一门是“九数”，刘徽《九章算术注》的“序”中就称《九章算术》是由“九数”发展而来的，并经过西汉张苍、耿寿昌等人删补. 近年发现的湖北张家山汉初古墓竹简《算数书》(1984 年出土)，有些内容与《九章算术》类似.

《九章算术》采用问题集的形式，全书 246 个问题，分成九章：方田（分数运算法则、求面积），粟米、衰分、均输（比例问题），少广（开方术），商功（求体积），盈不足（盈亏问题），方程（解方程组），勾股（勾股定理）. 显然，其所包含的数学成就是丰富和多方面的.

模块六小结

本模块主要介绍了行列式与矩阵，包括行列式、矩阵和方程组的求解三大部分内容，需要掌握的知识点总结如下：

（1）行列式、矩阵的概念；

（2）行列式、矩阵的计算方法；

（3）矩阵的加法、数乘和乘法运算；

（4）逆矩阵的计算；

（5）逆矩阵法求解方程组的条件、范围，求解二元、三元方程组的方法.

模块笔记

项目	相关知识点
项目一 行列式	
项目二 矩阵	
项目三 方程组的求解	

模块七 线性规划与最优问题

内容概要

线性规划是运筹学中数学规划领域内发展最早和比较成熟的一个分支. 当一些实际问题需要将某些对象最大化（利润、安全等）或最小化（支出、风险等），数学规划尤其是线性规划可以为这类实际问题提供求解的数学模型.

学习目标

- 了解目标函数、约束条件及线性规划模型等概念；
- 熟练掌握建立线性规划模型的方法；
- 了解线性规划模型的标准形式；
- 会用矩阵表示线性规划，用单纯形法解线性规划.

【数学小事例】 线性规划的发展可追溯到 1939 年，Kantorovich（苏联，康托罗维奇）为苏联政府解决优化问题时提出了极值问题便是线性规划的雏形，但他的工作在当时并未引起足够的重视. 1941 年，Hitchcock（美国，希奇柯克）提出运输问题；1945 年，Stigler（美国，斯蒂格勒）提出了营养问题，随后 Koopmans（美国，库普曼斯）提出了经济问题. 而奠定线性规划整套理论方法的，要算 G. B. Dantzig（美国，乔治·伯纳德·丹兹格）创造了单纯形法（获评为 20 世纪最伟大的算法之一），丹兹格也被誉为“线性规划之父”，而被我们熟知的“线性规划”一词则是由库普曼斯和丹兹格于 1948 年在海滩散步时共同想出的.

项目一 线性规划问题

一、线性规划的定义

引例 某公司计划制造甲、乙两种产品. 已知各制造 1 件时的设备占用台时、调试工序时间及每天可用于产品的能力和单件产品的获利情况，如表 7-1 所示. 问公司应制造两种产品各多少件可获利最大.

表 7-1

项目	甲	乙	每天可用能力
设备 A/h	0	5	15
设备 B/h	6	2	24
调试工序/h	1	1	5
利润/元	2	1	

我们用数学语言对引例进行描述，先用**变量** x_1 和 x_2 分别表示公司制造产品的数量. 该公司可获取的利润为 $(2x_1+x_2)$ 元，令 $z=2x_1+x_2$，因为问题要求获取利润最大，即 $\max z$ 是公司获取利润的目标值，并且是 x_1, x_2 的函数，称为**目标函数**. x_1, x_2 的取值受设备和调试工序能力的限制，用于描述限制条件的数学表达式称为**约束条件**. 所以引例可表示为

目标函数 $\max z=2x_1+x_2$

$$
\text{约束条件}\quad \text{s.t.}\begin{cases} 5x_2 \leqslant 15 \\ 6x_1+2x_2 \leqslant 24 \\ x_1+\ x_2 \leqslant 5 \\ x_1, x_2 \geqslant 0 \end{cases}
$$

上述模型分别表示出产品制造件数受设备的能力限制，受调试工序能力的限制及产品数量的非负约束，表示产品数不可能为负. 符号 s.t.（subject to 的缩写）表示“约束于”.

引例表明，规划问题的数学模型由三个要素组成：① **变量**，或称**决策变量**，是问题中要确定的未知量，用以表明规划中的用数量表示的方案、措施，可由决策者决定和控制；② **目标函数**，它是决策变量的函数，按优化目标分别在这个函数前加上 max 或 min；③ **约束条件**，是指决策变量取值时受到的各种资源条件的限制，通常表达为含决策变量的等式或不等式. 如果在规划问题的数学模型中，决策变量的取值是连续的，目标函数是决策变量的线性函数，约束条件是含决策变量的线性等式或不等式，则该类规划问题的数学模型称为线性规划的数学模型.

假定线性规划问题中含 n 个变量，分别用 $x_j(j=1,\cdots,n)$ 表示，在目标函数中 x_j 的系数为 c_j（c_j 通常称为价值系数），x_j 的取值受 m 项资源的限制，用 $b_i(i=1,\cdots,m)$ 表示第 i 种资源的拥有量，用 a_{ij} 表示变量 x_j 取值为 1 个单位时所消耗或含有的第 i 种资源的数量，通常称 a_{ij} 为技术系数或工艺系数. 则上述线性规划问题的数学模型可表示为：

$$
\max(\text{或}\min)\ z=c_1x_1+c_2x_2+\cdots+c_nx_n
$$

$$
\text{s.t.}\begin{cases} a_{11}x_1+a_{12}x_2+\cdots+a_{1n}x_n \leqslant(\text{或}=,\geqslant)b_1 \\ a_{21}x_1+a_{22}x_2+\cdots+a_{2n}x_n \leqslant(\text{或}=,\geqslant)b_2 \\ \qquad\vdots \\ a_{m1}x_1+a_{m2}x_2+\cdots+a_{mn}x_n \leqslant(\text{或}=,\geqslant)b_m \\ x_1, x_2, \cdots, x_n \geqslant 0 \end{cases} \tag{7-1}
$$

简写形式为

$$\max(\text{或}\min)\ z=\sum_{j=1}^{n}c_jx_j$$

$$\text{s.t.}\begin{cases}\sum_{j=1}^{n}a_{ij}x_j\leqslant(\text{或}=,\geqslant)b_i\quad(i=1,\cdots,m)\\ x_j\geqslant 0(j=1,\cdots,n)\end{cases}\tag{7-2}$$

用矩阵和向量形式可表示为

$$\max(\text{或}\min)\ z=\boldsymbol{CX}$$

$$\text{s.t.}\begin{cases}\boldsymbol{AX}\leqslant(\text{或}=,\geqslant)\boldsymbol{B}\\ \boldsymbol{X}\geqslant 0\end{cases}\tag{7-3}$$

式中：

$$\boldsymbol{C}=(c_1\quad c_2\quad\cdots\quad c_n),\quad \boldsymbol{X}=\begin{pmatrix}x_1\\x_2\\\vdots\\x_n\end{pmatrix},\quad \boldsymbol{A}=\begin{pmatrix}a_{11}&a_{12}&\cdots&a_{1n}\\a_{21}&a_{22}&\cdots&a_{2n}\\\vdots&\vdots&&\vdots\\a_{m1}&a_{m2}&\cdots&a_{mn}\end{pmatrix},\quad \boldsymbol{B}=\begin{pmatrix}b_1\\b_2\\\vdots\\b_m\end{pmatrix}$$

其中 $\boldsymbol{A}$ 称为约束方程组（约束条件）的系数矩阵.

变量 x_j 的取值一般为非负，即 $x_j\geqslant 0$；但从数学意义上可以有 $x_j\leqslant 0$.

二、线性规划问题的标准形式

由于目标函数和约束条件存在内容和形式上的差别，线性规划问题可以有多种表达式. 为了便于讨论和统一算法，规定线性规划问题的标准形式如下：

$$\max z=\sum_{j=1}^{n}c_jx_j$$

$$\text{s.t.}\begin{cases}\sum_{j=1}^{n}a_{ij}x_j=b_i\quad(i=1,\cdots,m)\\ x_j\geqslant 0\qquad\quad(j=1,\cdots,n)\end{cases}$$

标准形式中，目标函数为求极大值，约束条件全部为等式，约束条件右端常数项 b_i 及变量 x_j 全部为非负值. 对于不符合标准形式的线性规划问题，可以通过下列方法化为标准形式：

（1）目标函数为求极小值即 $\min z=\sum_{j=1}^{n}c_jx_j$，因为求 $\min z$ 等价于求 $\max(-z)$，令 $z'=-z$，函数化为 $\max z'=-\sum_{j=1}^{n}c_jx_j$.

（2）约束条件右端项 $b_i<0$ 时，将等式或不等式两端同乘（-1），使右端项大于零.

（3）约束条件为不等式时，可新加入变量使不等式变为等式. 如 $5x_1+2x_2\leqslant 50$，令 $x_3=20-5x_1-2x_2$，得 $5x_1+2x_2+x_3=20$，显然 $x_3\geqslant 0$；或 $9x_1+12x_2\geqslant 11$，令 $x_4=9x_1+12x_2-11$，得 $9x_1+12x_2-x_4=11$，显然 $x_4\geqslant 0$. 新加入的变量称为**松弛变量**，松弛变量在实际问题中表示

充分利用或超出的资源，未转化为利润，所以引入时在模型中的系数为零.

（4）若变量的取值无约束，即 $x \in (-\infty, +\infty)$，可令 $x = x' - x''$，其中 $x' \geqslant 0$，$x'' \geqslant 0$，将其带入线性规划模型即可.

（5）若 $x \leqslant 0$，令 $x' = -x$，使 $x' \geqslant 0$.

例 1 将线性规划问题化为标准形式.

$$\min z = x_1 + 2x_2 + 3x_3$$

$$\text{s.t.}\begin{cases} -2x_1 + x_2 + x_3 \leqslant 9 \\ -3x_1 + x_2 + 2x_3 \geqslant 4 \\ 4x_1 - 2x_2 - 3x_3 = -6 \\ x_1 \leqslant 0, x_2 \geqslant 0, x_3\text{无约束} \end{cases}.$$

解 令 $z' = -z$，$x_1' = -x_1$，$x_3 = x_3' - x_3''$，其中 $x_3' \geqslant 0$，$x_3'' \geqslant 0$，并加入松弛变量 x_4, x_5，所以上述问题的标准形式为

$$\max z' = x_1' - 2x_2 - 3x_3' + 3x_3'' + 0x_4 + 0x_5$$

$$\text{s.t.}\begin{cases} 2x_1' + x_2 + x_3' - x_3'' + x_4 = 9 \\ 3x_1' + x_2 + 2x_3' - 2x_3'' - x_5 = 4 \\ 4x_1' + 2x_2 + 3x_3' - 3x_3'' = 6 \\ x_1', x_2, x_3', x_3'', x_4, x_4 \geqslant 0 \end{cases}$$

三、线性经济模型

线性方程组及线性规划可以为一些实际问题提供数学模型，研究在模型中如何将有限的人力、物力、资金等资源进行最优计划和分配. 本节中，我们将介绍几个工作生活中较为常见的经济模型.

1. 投入产出问题

（1）一个木工、一个电工、一个油漆工，三人相互同意彼此装修他们自己的房子. 在装修之前，他们达成了如下协议：① 每人总共工作十天（包括给自己家干活在内）；② 每人的日工资一般市价为 60 ~ 80 元；③ 每人的日工资数应使得每人的总收入与总支出相等. 表 7-2 给出了他们协商后制定出的工作天数的分配方案.

表 7-2

	木工	电工	油漆工
在木工家的工作天数	2	1	6
在电工家的工作天数	4	5	1
在油漆工家的工作天数	4	4	3

分析 根据协议中每人总支出与总收入相等的原则，分别考虑木工、电工及油漆工的总收入和总支出. 设木工的日工资为 x_1，电工的日工资为 x_2，油漆工的日工资为 x_3. 则木工的 10

个工作日总收入应该为$10x_1$，而木工、电工及油漆工三人在木工家工作的天数分别为 2 天、1 天、6 天. 按日工资累计木工的总支出为$2x_1+x_2+6x_3$. 于是，木工的收支平衡可描述为$2x_1+x_2+6x_3=10x_1$.

同理，可建立描述电工、油漆工各自的收支平衡关系的另外两个等式，将三个等式联立，可得描述实际问题的数学模型：

$$\begin{cases}2x_1+\ \ x_2+6x_3=10x_1\\4x_1+5x_2+\ \ x_3=10x_2\\4x_1+4x_2+3x_3=10x_3\end{cases}$$

整理得

$$\begin{cases}-8x_1+\ \ x_2+6x_3=0\\\ \ 4x_1-5x_2+\ \ x_3=0\\\ \ 4x_1+4x_2-7x_3=0\end{cases}$$

这是一个三元齐次线性方程组.

（2）一个城镇有三个主要生产企业：煤矿、电厂和地方铁路，构成该城镇的经济系统. 生产价值 1 元的煤，需消耗 0.25 元的电费和 0.35 元的运输费；生产价值 1 元的电，需消耗 0.40 元的煤费、0.05 元的电费和 0.10 元的运输费；而提供价值 1 元的铁路运输服务，则需消耗 0.45 元的煤、0.10 元的电费和 0.10 元的运输费. 在某个星期内，除了这三个企业间的彼此需求，煤矿得到 50 000 元的订单，电厂得到 25 000 元的电量供应要求，而地方铁路得到价值 30 000 元的运输需求. 试问这三个企业在这星期各应生产多少产值才能满足内外部需求？

分析 设三个企业在这星期内应该生产的产值分别是煤矿x_1元、电厂x_2元、铁路x_3元，根据题设条件，有如下关系：

$$x_1=0.25x_2+0.35x_3+50\ 000$$
$$x_2=0.40x_1+0.05x_2+0.10_3+25\ 000$$
$$x_3=0.45x_1+0.10x_2+0.10x_3+30\ 000$$

而在上述问题中，三家企业的生产除了要满足彼此需求，还各自得到了外界的订单. 所以，可以列出上述问题的数学模型：

$$\begin{cases}x_1=\qquad\qquad 0.25x_2+0.35x_3+50\ 000\\x_2=0.40x_1+0.05x_2+0.10x_3+25\ 000\\x_3=0.45x_1+0.10x_2+0.10x_3+30\ 000\end{cases}$$

即
$$\begin{cases}\qquad x_1-0.25x_2-0.35x_3=50\ 000\\0.60x_1-0.05x_2-0.10x_3=25\ 000\\0.55x_1-0.10x_2-0.10x_3=30\ 000\end{cases}$$

显然，这是一个三元非齐次线性方程组.

2. 资源配置问题

某公司生产某种产品，每瓶重量为 500 克，由甲、乙两种原料混合而成，生产要求每瓶中甲原料不能超过 400 克，乙原料不少于 200 克. 而甲原料的成本为每克 5 元，乙原料的成本为每克 8 元. 试问每瓶产品中甲、乙两种原料该如何配比才能使成本最小？

分析 设每瓶产品中，含甲原料 x_1 克，乙原料 x_2 克，显然 $x_1, x_2 \geqslant 0$. 又设每瓶产品的成本为 z，根据题意，该问题为目标函数求最小值的线性规划问题. 所以，成本最小的线性规划模型为

$$\min z = 5x_1 + 8x_2$$

$$\text{s.t.}\begin{cases} x_1 + x_2 = 500 \\ x_1 \leqslant 400 \\ x_2 \geqslant 200 \\ x_1, x_2 \geqslant 0 \end{cases}$$

引入松弛变量 x_3 和 x_4，所以上述模型的标准形式为

$$\max z' = -5x_1 - 8x_2 + 0x_3 + 0x_4$$

$$\text{s.t.}\begin{cases} x_1 + x_2 = 500 \\ x_1 + x_3 = 400 \\ x_2 - x_4 = 200 \\ x_j \geqslant 0\ (j = 1,2,3,4) \end{cases}$$

3. 运输问题

一电气生产厂家收到位于西安、成都和郑州的三位客户分别订购 150 件某产品的订单. 已知仓库 A 和 B 分别存有 150 件和 300 件上述产品，A 到三地的运输费用分别为每件产品 5 元、15 元和 20 元、B 到三地的运输费用分别为每件产品 20 元、10 元和 5 元. 问怎样以最小的运费完成上述三个订单？

分析 设由 A 运到三地的产品分别为 x_1，x_2，x_3 件，由 B 运到三地的产品分别为 x_4，x_5，x_6 件. 并且，产品是供需平衡的. 根据题设得

$$x_1 + x_2 + x_3 = 150,\quad x_4 + x_5 + x_6 = 300,\quad x_1 + x_4 = 150,\quad x_2 + x_5 = 150,\quad x_3 + x_6 = 150$$

再设两仓库到三地的总运费为 S，所以总运费为

$$S = 5x_1 + 15x_2 + 20x_3 + 20x_4 + 10x_5 + 5x_6$$

因为问题要求要以最小的运费完成订单，所以，上述问题的数学模型为目标函数求最小值的线性规划问题，线性规划模型如下：

$$\min S = 5x_1 + 15x_2 + 20x_3 + 20x_4 + 10x_5 + 5x_6$$

$$\text{s.t.}\begin{cases} x_1 + x_2 + x_3 = 150 \\ x_4 + x_5 + x_6 = 300 \\ x_1 + x_4 = 150 \\ x_2 + x_5 = 150 \\ x_3 + x_6 = 150 \end{cases}$$

它的标准形式为

$$\min S' = -5x_1 - 15x_2 - 20x_3 - 20x_4 - 10x_5 - 5x_6$$

$$\text{s.t.}\begin{cases} x_1 + x_2 + x_3 = 150 \\ x_4 + x_5 + x_6 = 300 \\ x_1 + x_4 = 150 \\ x_2 + x_5 = 150 \\ x_3 + x_6 = 150 \end{cases}$$

4\. **投资回报问题**

（1）投资公司甲和乙是两个发行随时可折现股票的公司，最近他们获得了一笔 1 万元的投资. 已知两家公司的年利率分别为 14% 和 22%，一年后总利润为 2 000 元. 请问给每个公司分别投资了多少元?

分析 设给每个公司投资的金额分别为 x_1, x_2 元，根据题意有

$$\begin{cases} x_1 + x_2 = 10\,000 \\ 0.14x_1 + 0.22x_2 = 2\,000 \end{cases}$$

这是一个二元非齐次线性方程.

（2）如果 1 万元投资给甲、乙和丙三个公司. 已知他们的年利率分别为 11%、15% 和 22%，一年后总利润为 2 000 元. 为了达到这个利润，应该给每个公司投资多少元?

分析 设给每个公司投资的金额分别为 x_1, x_2, x_3 元，根据题意有

$$\begin{cases} x_1 + x_2 + x_3 = 10\,000 \\ 0.14x_1 + 0.15x_2 + 0.22x_3 = 2\,000 \end{cases}$$

这是一个三元非齐次线性方程，方程组只含有两个方程，所以，方程组的解不唯一.

（3）1 万元投资给甲、乙和丙三个公司. 已知他们的年利率分别为 11%、15% 和 22%，一年后总利润为 2 000 元. 投资者的策略是投给乙公司的资金等于投给甲公司的 2 倍. 请问应该给每个公司投资多少元?

分析 设给每个公司投资的金额分别为 x_1, x_2, x_3 元，根据题意有

$$\begin{cases} x_1 + x_2 + x_3 = 10\,000 \\ 0.14x_1 + 0.15x_2 + 0.22x_3 = 2\,000 \\ 2x_1 - x_2 = 0 \end{cases}$$

这是一个三元非齐次线性方程.

（4）1 万元投资给甲、乙和丙三个公司. 已知他们的年利率分别为 13%、16% 和 22%，投给甲和乙公司的资金总和等于投给丙的资金. 设总利润为 k,请问总利润的最大值和最小值分别是多少? 为了达到最大值或最小值，应该给每个公司投资多少元?

分析 设投资给每个公司的金额分别为 x_1, x_2, x_3 元，根据题意，该问题是求目标函数最大值或最小值的线性规划问题，线性规划模型如下:

$$\max k = 0.13x_1 + 0.16x_2 + 0.22x_3$$

$$\text{s.t.}\begin{cases} x_1 + x_2 + x_3 = 10\ 000 \\ x_1 + x_2 - x_3 = 0 \\ x_1, x_2, x_3 \geqslant 0 \end{cases}$$

或

$$\min k = 0.13x_1 + 0.16x_2 + 0.22x_3$$

$$\text{s.t.}\begin{cases} x_1 + x_2 + x_3 = 10\ 000 \\ x_1 + x_2 - x_3 = 0 \\ x_1, x_2, x_3 \geqslant 0 \end{cases}$$

项目二　最优决策问题的求解

对于线性规划问题，如果问题有解，是指能找到满足约束条件的 $x_j (j=1,\cdots,n)$，我们称之为问题的**可行解**. 通常情况下，线性规划问题总是会含有多个可行解，可行解的集合称为**可行域**，在可行域中使目标函数达到最优的可行解称为**最优解**. 如果问题不存在可行解，称该问题无解. 下面我们来看看怎样对线性规划问题求解.

一、图解法

对于线性规划问题的数学模型中，如果模型只含有 2 个变量，就完全可以通过平面上作图来求解.这就是**图解法**. 图解法的步骤基本可以概括为：① 建立直角坐标系；② 在图上表示约束条件，判定可行域；③ 图示目标函数并找出最优解. 以项目一中引例为例来说明：

$$\max = 2x_1 + x_2$$

$$\text{s.t.}\begin{cases} 5x_2 \leqslant 15 & \text{(i)} \\ 6x_1 + 2x_2 \leqslant 24 & \text{(ii)} \\ x_1 + x_2 \leqslant 5 & \text{(iii)} \\ x_1, x_2 \geqslant 0 & \text{(iv)} \end{cases}$$

（1）以变量 x_1 为横坐标，x_2 为纵坐标画出平面直角坐标系. 由约束条件（iv）知，满足该条件的解均在第一象限内.

（2）图示约束条件，找出可行域. ① 约束条件（i）是平行于坐标轴 x_1 的直线 $x_2 = 3$ 上的点及直线下方的半平面，如图 7-1 所示；② 约束条件（ii）是含直线 $6x_1 + 2x_2 = 24$ 上的点及直线左下方的半平面；③ 约束条件（iii）是含直线 $x_1 + x_2 = 5$ 上的点及其左下方的半平面. 同时满足约束条件（i）~（iv）的点的范围如图 7-2 所示，图中凸多边形 $OQ_1Q_2Q_3Q_4$ 所包含的区域就是引例中规划问题的可行域.

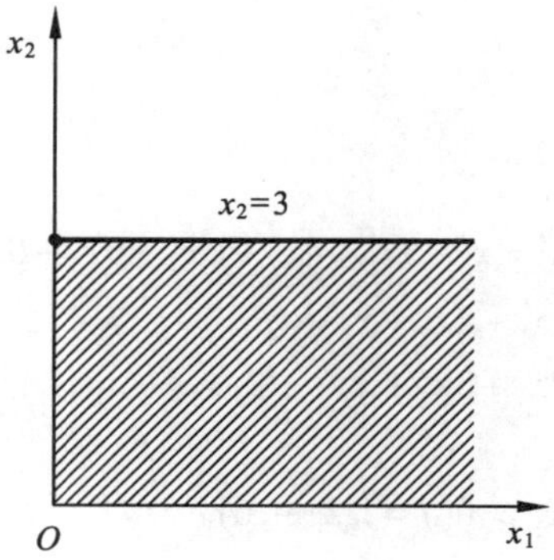

图 7-1

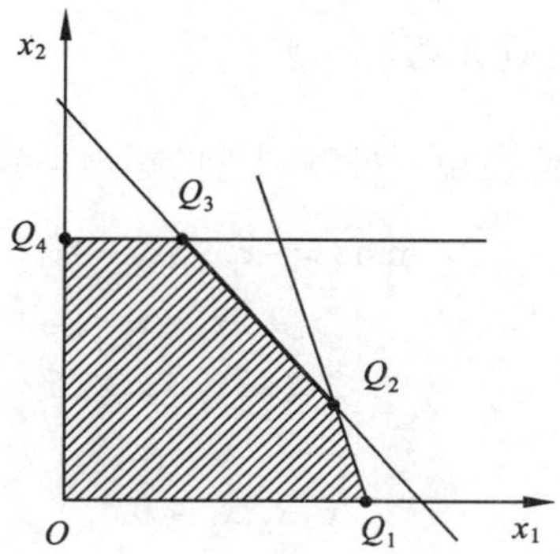

图 7-2

（3）图示目标函数. $z=2x_1+x_2$ 表示的是斜率为 -2 的一族平行直线，如图 7-3 所示，箭头方向就是目标函数增大的方向.

（4）最优解的确定. 最优解是可行域中使目标函数值达到最优的点，图 7-1 和图 7-2 合并得到图 7-4. 从图中可以看出，代表目标函数的直线由原点向右上方移动时，z 值逐渐增大，一直移动到目标函数直线与约束条件形成的凸多边形相切为止，切点就是最优值的点. 很明显，在本例中，切点是 Q_2，该点坐标可由直线 $6x_1+2x_2=24$ 和 $x_1+x_2=5$ 求出，为 $(x_1,x_2)=\left(\frac{7}{2},\frac{3}{2}\right)$，代入目标函数，得到 $z=\frac{17}{2}$，即公司制造两种产品各 $\frac{7}{2}$，$\frac{3}{2}$ 件时，获利最大，最大值为 $\frac{17}{2}$.

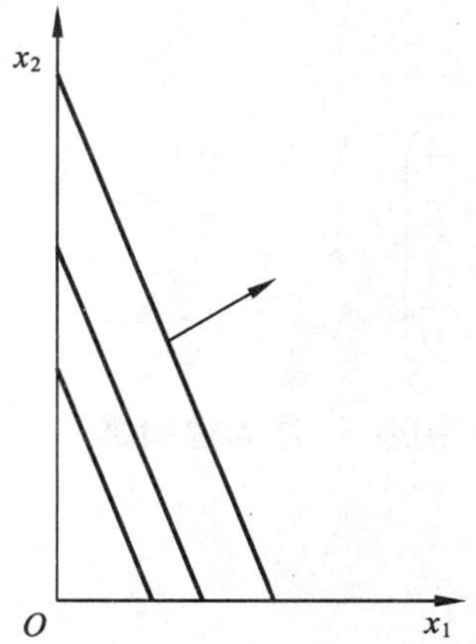

图 7-3

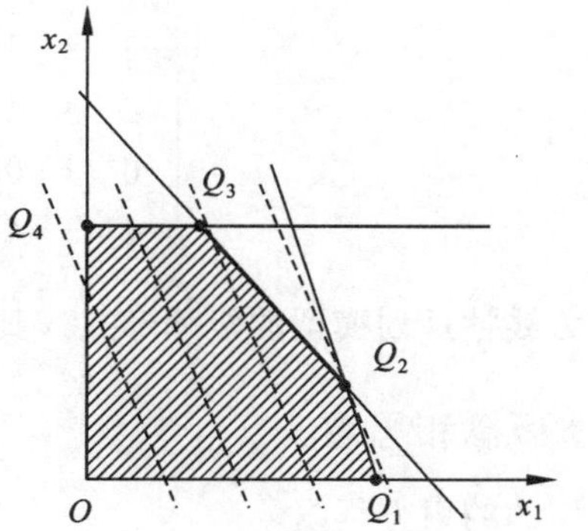

图 7-4

引例中的线性规划问题用图解法求解得到的最优解是唯一的，当然，对于线性规划问题的求解还有可能出现其他结果：① 无穷多最优解；② 无界解；③ 无可行解.

图解法只能用来求解两个变量的线性规划问题，但解题思路可以给我们一些启示：① 线性规划问题解的情况有很多种；② 若线性规划问题的可行域存在，则可行域是一个凸集（平面上凸多边形）；③ 若线性规划问题的最优解存在，则最优解会出现在可行域凸集的顶点；④ 线性规划问题的解题思路是计算凸集顶点处的目标函数值，比较相邻顶点的目标函数值，找到使目标函数值最大的顶点.

二、单纯形法

看一个线性规划模型和它的标准形式：

$$\min s=-x_1+3x_2+4x_3 \qquad \max s'=x_1-3x_2-4x_3+0x_4+0x_5+0x_6$$

$$\text{s.t.}\begin{cases}x_1+2x_2+x_3\leqslant 4\\2x_1+3x_2+x_3\geqslant 5\\x_2\geqslant 1\\x_1,x_2,x_3\geqslant 0\end{cases} \qquad \text{s.t.}\begin{cases}x_1+2x_2+x_3+x_4=4\\2x_1+3x_2+x_3-x_5=5\\x_2-x_6=1\\x_j\geqslant 0(j=1,2,\cdots,6)\end{cases}$$

如果将目标函数 s' 也看作一个变量，线性规划模型可写为

$$\begin{cases}x_1+2x_2+x_3+x_4=4\\2x_1+3x_2+x_3-x_5=5\\x_2-x_6=1\\-x_1+3x_2+4x_3+s'=0\end{cases}$$

增广矩阵为

$$\begin{pmatrix}1&2&1&1&0&0&0&4\\2&3&1&0&-1&0&0&5\\0&1&0&0&0&-1&0&1\\-1&3&4&0&0&0&1&0\end{pmatrix}$$

去掉变量 s' 的系数列，矩阵变为

$$\begin{pmatrix}1&2&1&1&0&0&4\\2&3&1&0&-1&0&5\\0&1&0&0&0&-1&1\\-1&3&4&0&0&0&0\end{pmatrix}$$

这个矩阵称为**线性规划模型的矩阵形式**，其中目标函数中的 $-c_j$ 称为**检验数**.

1. 基本概念和思想

上述模型的约束方程组

$$\begin{cases}x_1+2x_2+x_3+x_4=4\\2x_1+3x_2+x_4-x_5=5\\x_2-x_6=1\end{cases}$$

的一个一般解为

$$\begin{cases}x_4=-x_1-2x_2-x_3+4\\x_5=2x_1+3x_2+x_3-5\\x_6=x_2-1\end{cases}$$

在方程组中，非自由未知量 x_4, x_5, x_6 称为**基变量**，自由未知量 x_1, x_2, x_3 称为**非基变量**. 取非基变量为零，得到的一组解 $(x_1, x_2, x_3, x_4, x_5, x_6)^{\mathrm{T}} = (0,0,0,4,-5,-1)^{\mathrm{T}}$ 称为一个**基本解**.

满足所有约束条件的解，称为**可行解**. $(x_1, x_2, x_3, x_4, x_5, x_6)^{\mathrm{T}} = (1,1,1,0,1,0)^{\mathrm{T}}$ 就是满足线性规划模型标准形式的一个可行解. 可以看出，基本解 $(0,0,0,4,-5,-1)^{\mathrm{T}}$ 中 $x_5 < 0$， $x_6 < 0$，所以，基本解未必是可行解，对于满足所有约束条件的基本解，称为**基本可行解**.

对于上面的线性规划模型的一般解，通过代入法可以得到另一个一般解

$$\begin{cases} x_2 = \dfrac{5}{3} - \dfrac{2}{3}x_1 - \dfrac{1}{3}x_3 + \dfrac{1}{3}x_5 \\ x_4 = \dfrac{2}{3} + \dfrac{1}{3}x_1 - \dfrac{1}{3}x_3 - \dfrac{2}{3}x_5 \\ x_6 = \dfrac{2}{3} - \dfrac{2}{3}x_1 - \dfrac{1}{3}x_3 + \dfrac{1}{3}x_5 \end{cases}.$$

令非基变量 x_1, x_3, x_5 为零，可以得到一个基本可行解 $(x_1, x_2, x_3, x_4, x_5, x_6)^{\mathrm{T}} = \left(0, \dfrac{5}{3}, 0, \dfrac{2}{3}, 0, \dfrac{2}{3}\right)^{\mathrm{T}}$.

同理，可以得到又一个一般解

$$\begin{cases} x_1 = 1 - \dfrac{1}{3}x_3 + \dfrac{1}{2}x_5 - \dfrac{3}{2}x_6 \\ x_2 = 1 \qquad\qquad\qquad\quad + x_6 \\ x_4 = 1 - \dfrac{1}{2}x_3 - \dfrac{1}{2}x_5 - \dfrac{1}{2}x_6 \end{cases}$$

令非基变量 x_3, x_5, x_6 为零，则可以得到另一个基本可行解 $(x_1, x_2, x_3, x_4, x_5, x_6)^{\mathrm{T}} = (1,1,0,1,0,0)^{\mathrm{T}}$.

从上述过程可以看到，基本可行解的转化实际上就是在保证变量非负的条件下，选非基变量作为新的基变量，同时退换一个基变量作为非基变量，这个过程称为**换基**. 对于满足目标函数的基本可行解，称为**基本最优解**.

定理 7.1 如果线性规划问题的最优解存在，那么最优解一定可以在基本可行解中找到.

还是看上面的线性规划模型，我们再做换基，得到一个一般解

$$\begin{cases} x_1 = 2 - x_3 - x_4 - 2x_6 \\ x_2 = 1 \qquad\qquad\quad + \ x_6 \\ x_5 = 2 - x_3 - 2x_4 - x_6 \end{cases}$$

令非基变量 x_3, x_4, x_6 为零，得到基本可行解 $(x_1, x_2, x_3, x_4, x_5, x_6)^{\mathrm{T}} = (2,1,0,0,2,0)^{\mathrm{T}}$，对应的目标函数为

$$s' = -1 + 0x_1 + 0x_2 - 5x_3 - x_4 + 0x_5 - 5x_6$$

其中非基变量的系数为负，所以非基变量取零时可使 s' 最大，即 $(x_1, x_2, x_3, x_4, x_5, x_6)^{\mathrm{T}} = (2,1,0,0,2,0)^{\mathrm{T}}$ 是一个基本最优解.

换基过程实际上就是线性规划变换为另一个同解的线性规划. 这个换基过程可以用矩阵及其初等变换来实现，上述线性规划的换基过程可以写成：

$$
\begin{pmatrix} 1 & 2 & 1 & 1 & 0 & 0 & 4 \\ 2 & 3 & 1 & 0 & -1 & 0 & 5 \\ 0 & 1 & 0 & 0 & 0 & -1 & 1 \\ -1 & 3 & 4 & 0 & 0 & 0 & 0 \end{pmatrix}
\xrightarrow[-r_3]{-r_2}
\begin{pmatrix} 1 & 2 & 1 & 1 & 0 & 0 & 4 \\ -2 & -3 & -1 & 0 & 1 & 0 & -5 \\ 0 & -1 & 0 & 0 & 0 & 1 & -1 \\ -1 & 3 & 4 & 0 & 0 & 0 & 0 \end{pmatrix}
$$

$$
\xrightarrow[\substack{r_4+r_2 \\ -\frac{1}{3}r_2}]{\substack{r_1+\frac{2}{3}r_2 \\ r_3-\frac{1}{3}r_2}}
\begin{pmatrix} -\frac{1}{3} & 0 & \frac{1}{3} & 1 & \frac{2}{3} & 0 & \frac{2}{3} \\ \frac{2}{3} & 1 & \frac{1}{3} & 0 & -\frac{1}{3} & 0 & \frac{5}{3} \\ \frac{2}{3} & 0 & \frac{1}{3} & 0 & -\frac{1}{3} & 1 & \frac{2}{3} \\ -3 & 0 & 3 & 0 & 1 & 0 & -5 \end{pmatrix}
\xrightarrow[r_4+\frac{9}{2}r_3]{\substack{r_1+\frac{1}{2}r_3 \\ r_2-r_3}}
\begin{pmatrix} 0 & 0 & \frac{1}{2} & 1 & \frac{1}{2} & \frac{1}{2} & 1 \\ 0 & 1 & 0 & 0 & 0 & -1 & 1 \\ 1 & 0 & \frac{1}{2} & 0 & -\frac{1}{2} & \frac{3}{2} & 1 \\ 0 & 0 & \frac{9}{2} & 0 & -\frac{1}{2} & \frac{9}{2} & -2 \end{pmatrix}
$$

$$
\xrightarrow[2r_1]{\substack{r_3+r_1 \\ r_4+r_1}}
\begin{pmatrix} 0 & 0 & 1 & 2 & 1 & 1 & 2 \\ 0 & 1 & 0 & 0 & 0 & -1 & 1 \\ 1 & 0 & 1 & 1 & 0 & 2 & 2 \\ 0 & 0 & 5 & 1 & 0 & 5 & -1 \end{pmatrix}
$$

最后的矩阵就是上述线性规划的最优矩阵.

定义 7.1 线性规划问题模型的矩阵形式

$$
\begin{pmatrix} a_{11} & a_{12} & \cdots & a_{1n} & b_1 \\ a_{21} & a_{22} & \cdots & a_{2n} & b_2 \\ \vdots & \vdots & & \vdots & \vdots \\ a_{m1} & a_{m2} & \cdots & a_{nm} & b_m \\ -c_1 & -c_2 & \cdots & -c_n & 0 \end{pmatrix}
$$

满足：

（1）前 n 列能选出 m 列和模型的增广矩阵中所省略的列构成 $m+1$ 阶的单位矩阵；

（2）$b_i \geqslant 0 (i=1,2,\cdots,m)$；

（3）检验数非负，

则称该矩阵形式为**最优矩阵**.

由以上讨论可得，线性规划求解的主要思想是：由基本可行解出发，使用初等变换换基，将矩阵形式化为最优矩阵，从而得到线性规划问题的最优解和最优值.

2. 基本单纯形法

例 1 求解线性规划问题：

$$
\min z = x_1 - 2x_2 - x_3
$$

$$
\text{s.t.} \begin{cases} 2x_1 - x_2 - x_3 \geqslant -4 \\ x_1 + 2x_2 + x_3 \leqslant 23 \\ x_1, x_2, x_3 \geqslant 0 \end{cases}
$$

解 引进松弛变量 x_4 和 x_5，上述模型化为标准形式：

$$\max z' = -x_1 + 2x_2 + x_3 + 0x_4 + 0x_5$$

$$\text{s.t.}\begin{cases} -2x_1 + \ x_2 + x_3 + x_4 \quad = 4 \\ \ x_1 + 2x_2 + x_3 \qquad + x_5 = 23 \\ x_j \geqslant 0(j = 1,2,3,4,5) \end{cases}$$

写出矩阵形式：

$$\begin{pmatrix} -2 & (1) & 1 & 1 & 0 & 4 \\ 1 & 2 & 1 & 0 & 1 & 23 \\ 1 & -2 & -1 & 0 & 0 & 0 \end{pmatrix}$$

取 x_4, x_5 为基变量，得到一个基可行解 $(x_1, x_2, x_3, x_4, x_5)^{\mathrm{T}} = (0,0,0,4,23)^{\mathrm{T}}$，对应的目标函数为

$$z' = -x_1 + 2x_2 + x_3 + 0x_4 + 0x_5$$

从上式可以看到检验数为负数. 我们取 x_2 为基变量，为保证变量非负，取前两行末列元素与第 2 列相应正元素比值的最小值（这种取法称为**最小比值原则**）：

$$\min\left\{\frac{4}{1}, \frac{23}{2}\right\} = \frac{4}{1}$$

最小值相应第 2 列的元素“1”为**主元**，矩阵中我们已经用括号表示，它所在的第 1 行和第 2 列称为**主元行**和**主元列**，退基变量 x_4 为非基变量，利用初等变换将主元化为 1，主元列其他元素化为 0，得到新的矩阵：

$$\xrightarrow[r_3+2r_1]{r_2-2r_1}\begin{pmatrix} -2 & 1 & 1 & 1 & 0 & 4 \\ (5) & 0 & -1 & -2 & 1 & 15 \\ -3 & 0 & 1 & 2 & 0 & 8 \end{pmatrix}$$

这时基变量为 x_2, x_5，得到新的基可行解 $(x_1, x_2, x_3, x_4, x_5)^{\mathrm{T}} = (0,4,0,0,15)^{\mathrm{T}}$，对应的目标函数为

$$z' = 8 + 3x_1 + 0x_2 - x_3 - 2x_4 + 0x_5$$

此时目标函数中 x_1 的系数仍为正，即检验数仍为负，目标函数可以继续优化. 我们继续取矩阵前两行 x_1 的系数中为正的“5”为主元，作旋转变换，得到新的矩阵：

$$\xrightarrow[r_3+\frac{3}{5}r_2]{r_1+\frac{2}{5}r_2 \atop \frac{1}{5}r_2}\begin{pmatrix} 0 & 1 & \frac{3}{5} & \frac{1}{5} & \frac{2}{5} & 10 \\ 1 & 0 & -\frac{1}{5} & -\frac{2}{5} & \frac{1}{5} & 3 \\ 0 & 0 & \frac{2}{5} & \frac{4}{5} & \frac{3}{5} & 17 \end{pmatrix}$$

此时矩阵对应的目标函数为

$$z'=17+0x_1+0x_2-\frac{2}{5}x_3-\frac{4}{5}x_4-\frac{3}{5}x_5$$

可以看出，目标函数中变量的系数均非正，即检验数均非负，令非基变量为零，可得到最优解

$$(x_1,x_2,x_3,x_4,x_5)^{\mathrm{T}}=(3,10,0,0,0)^{\mathrm{T}}$$

故最优值为 $\max z'=17$．所以，原规划问题的最优解为 $x_1=3$， $x_2=10$， $x_3=0$，最优值为 $\min z=17$．

总结上例，我们得到基本单纯形法解线性规划问题的步骤：

（1）化线性规划问题为标准形式.

（2）写出规划问题的矩阵形式（若基变量对应的检验数不为零，将之化为零）.

（3）若检验数均非负，则令非基变量为零，得到最优解和最优值；若有检验数为负，且该变量在矩阵形式中的系数均小于等于零，则问题无解.

（4）若有检验数为负，则进行换基，利用最小比值原则，确定主元，作旋转变换，得到新矩阵.

（5）对新矩阵重复以上两步.

（6）得出线性规划问题的最优解和最优值.

例 2 解线性规划问题：

$$\max z=10x_1+6x_2+4x_3$$
$$\text{s.t.}\begin{cases}x_1+\ x_2+\ x_3\leqslant 100\\10x_1+4x_2+5x_3\leqslant 600\\2x_1+2x_2+6x_3\leqslant 300\\x_1,x_2,x_3\geqslant 0\end{cases}$$

解 化该问题为标准形式：

$$\max z=10x_1+6x_2+4x_3+0x_4+0x_5+0x_6$$
$$\text{s.t.}\begin{cases}x_1+\ x_2+\ x_3+x_4=100\\10x_1+4x_2+5x_3+x_5=600\\2x_1+2x_2+6x_3+x_6=300\\x_j\geqslant 0(j=1,2,3,4,5,6)\end{cases}$$

写出矩阵形式：

$$\begin{pmatrix}1&1&1&1&0&0&100\\(10)&4&5&0&1&0&600\\2&2&6&0&0&1&300\\-10&-6&-4&0&0&0&0\end{pmatrix}$$

矩阵中有多个检验数为负，取绝对值最大者“-10”对应的变量 x_1 作为基变量，利用最小比值原则，确定主元为“10”，对主元作旋转变换，得到新的矩阵：

$$\xrightarrow{\substack{r_1-\frac{1}{10}r_2 \\ \frac{1}{10}r_2 \\ r_3-\frac{1}{5}r_2 \\ r_4+r_2}}\begin{pmatrix} 0 & \left(\frac{3}{5}\right) & \frac{1}{2} & 1 & -\frac{1}{10} & 0 & 40 \\ 1 & \frac{2}{5} & \frac{1}{2} & 0 & \frac{1}{10} & 0 & 60 \\ 0 & \frac{6}{5} & 5 & 0 & -\frac{1}{5} & 1 & 180 \\ 0 & -2 & 1 & 0 & 1 & 0 & 600 \end{pmatrix}$$

此时还有一个检验数为负，选该检验数“-2”对应的变量 x_2 作为基变量，利用最小比值原则，确定主元为“$\frac{3}{5}$”，作旋转变换，再得到下列矩阵：

$$\xrightarrow{\substack{\frac{5}{3}r_1 \\ r_2-\frac{2}{3}r_1 \\ r_3-2r_1 \\ r_4+\frac{10}{3}r_1}}\begin{pmatrix} 0 & 1 & \frac{5}{6} & \frac{5}{3} & -\frac{1}{6} & 0 & \frac{200}{3} \\ 1 & 0 & \frac{1}{6} & -\frac{2}{3} & \frac{1}{6} & 0 & \frac{100}{3} \\ 0 & 0 & 4 & -2 & 0 & 1 & 100 \\ 0 & 0 & \frac{8}{3} & \frac{10}{3} & \frac{2}{3} & 0 & \frac{2200}{3} \end{pmatrix}$$

此时检验数均非负，故得到最优解 $(x_1,x_2,x_3,x_4,x_5,x_6)^{\mathrm{T}}=\left(\frac{100}{3},\frac{200}{3},0,0,0,100\right)^{\mathrm{T}}$，最优值为 $\max z=\frac{2\,200}{3}$.

知识拓展

苏联数学家康托洛维奇在1938年给出了像寻求用8种型号的机床完成5种类型产品加工的最合理运行计划这样的问题的数学处理. 1939年，他发表的《生产组织与计划中的数学方法》是最早的线性规划著作. 1947年，美国的丹齐格又独立地发展了线性规划理论并首先使用这一名称，他还设计了单纯形法的算法作为求解线性规划问题的计算工具.

模块七小结

本模块主要介绍了线性规划和最优决策问题的求解问题，属于运筹学范畴，需要掌握的知识点总结如下：

（1）线性规划的定义；

（2）线性规划问题标准形式的构建；

（3）线性经济问题的求解；

（4）最优决策问题的提出；

（5）最优决策问题图解法、单纯形法的使用.

模块笔记

项目	相关知识点
项目一 线性规划问题	
项目二 最优决策问题的求解	

模块八　图论基础与简单应用

内容概要

图论是应用数学及运筹学的一个分支，它的概念和结果来源非常广泛，可以形象地用一些点以及点与点之间的连线构成的漂亮的图形来表示具体问题. 利用图与网络的特点来解决一些问题，比线性规划等其他模型来求解往往要简单、灵活和有效. 图论在许多领域，诸如物理、化学、计算机科学、信息论、控制论、网络理论、社会科学以及经济管理等各方面都有广泛的应用，它已经广泛地应用于实际生活、生产和科学研究中.

学习目标

- 了解和掌握图论的基本概论、术语和符号；
- 了解和运用与图有关的公式和定理；
- 了解最常用的算法.

【数学小事例】（图论的应用与网络爬虫）　众所周知，图论起源于 1736 年 29 岁的欧拉提交的一篇《哥尼斯堡七桥》论文，经过欧拉证明，试图经过每座桥一遍并回到原点的走法是不可能的. 图论中通过弧访问图中的各个节点被称为图的遍历算法，有“广度优先搜索”和“深度优先搜索”两种. 图论中的遍历算法和互联网的搜索引擎密切相关，可以将互联网看成一张大“图”，每个网页就是一个节点，超链接就是连接网页的弧，有了超链接，我们就可以从任何一个网页出发，利用图论的遍历算法自动完成访问每一个网页并将它们保存起来的功能，能够完成这样的程序就叫作“网络爬虫”（Web Crawlers）. 之后，科学家们开发的网络爬虫越来越复杂，但原理均是一样的. 值得一提的是，世界上第一个网络爬虫是由麻省理工学院的学生 Matthew Gray（马休·格雷）在 1993 年写成的.

项目一　图论基本知识

一、问题引入

引例　假设篮球队 K 教练的花名册上有 12 名队员：德隆，杜兰特，詹姆斯，布鲁克，钱德勒，伊戈达拉，科比，乐福，保罗，哈登，安东尼，戴维斯. K 教练必须要从中挑选 5 名队员的首发阵容安排在场上的 5 个位置：控球后卫(PG)(1)，得分后卫(SG)(2)，小前锋(SF)(3)，大前锋(PF)(4)和中锋(C)(5). 表 8-1 总结了每名队员可以打的位置.

表 8-1

德隆	杜兰特	詹姆斯	布鲁克	钱德勒	伊戈达拉
1,2	3,2,4,5	3,1,2,4	1	5	2,3
科比	乐福	保罗	哈登	安东尼	戴维斯
2,3	4,5	1	2	3,4	5,4

根据表 8-1，我们能不能帮助 K 教练找到一种安排使得 5 名首发队员都能在他们可打的位置上？如果有可能，这是唯一可能的安排吗？你能确定“最好”的安排吗？

二、基本概念

1. 基本定义

为了反映甲、乙、丙、丁、戊、己 6 家公司之间的业务往来，我们经常可以用点来表示各公司，用点之间的连线表示两家公司之间有贸易联系，如图 8-1 所示.

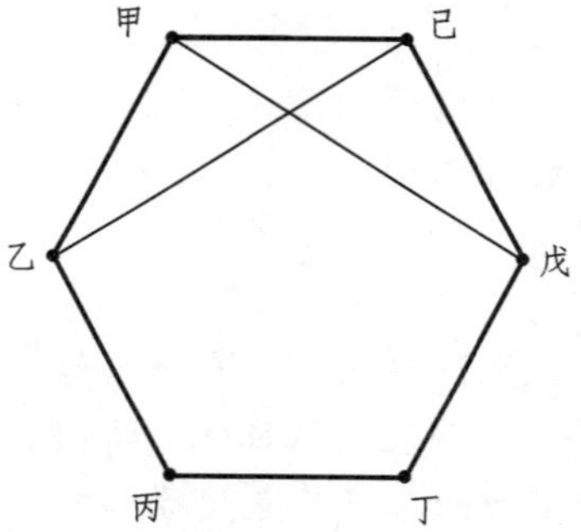

图 8-1

图可以作为描述事物之间关系的一种数学方法. 在我们日常生活实践中，大量的事物及其之间的关系都可以用图形来表示.

不过，这里所说的图与平面几何中的图是不同的. 在这里我们只关心图中有多少点，点与点之间有没有连线，至于连线的方式以及点与点之间的相对位置，都不考虑.

定义 8.1 由点集 $V=\{v_i\}$ 和 V 中的元素的无序对集合 $E=\{e_j\}$ 所构成的二元组，称为**图**，记为 $G=(V,E)$. 其中，元素 v_i 叫作**顶点**，e_j 叫作**边**.

V 和 E 为有限集时，G 称为**有限图**，否则称为**无限图**.

例 1 在图 8-2 中，$V=\{v_1,v_2,v_3,v_4,v_5\}$，$E=\{e_1,e_2,e_3,e_4,e_5,e_6\}$，其中：

$$e_1=(v_1,v_1)，\ e_2=(v_1,v_2)，\ e_3=(v_1,v_3)$$
$$e_4=(v_2,v_3)，\ e_5=(v_2,v_3)，\ e_6=(v_3,v_4)$$

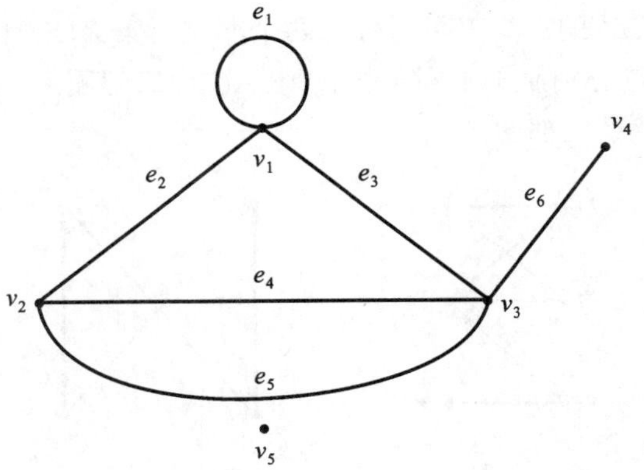

图 8-2

在图中，一个顶点到自身的边称为**环**（自环），如图 8-2 中的 e_1；有边相连的两个顶点互为**邻接点**，也称为这条边的**端点**（如果两点间是用有向线连接，箭头指向的为终点，另一端为起点），如图 8-2 中的 v_3 与 v_4；有公共顶点的边称为**关联边**（邻接边），如图 8-2 中的 e_2 和 e_3；两端点（起点和终点）之间多于一条边（有向边）称为**多重边**，如图 8-2 中的 e_4 和 e_5. 没有边关联的顶点称为**孤立点**，如图 8-2 中的 v_5.

定义 8.2 仅含孤立点的图称为**零图**［见图 8-3（a）］. 其中，一个孤立点的零图称为**平凡图**［见图 8-3（b）］.

定义 8.3 含多重边的图称为**多重图**（多重边图）［见图 8-3（c）］，不含环和多重边的图为**简单图**［见图 8-3（d）］，以后我们讨论的图，如无特殊说明，都是简单图.

定义 8.4 每一对顶点之间都有边相连接的无向简单图称为**完全图**；**有向完全图**是指每一对顶点间有且仅有一对相反的有向边的简单图. 一般地，有 n 个顶点的完全图记为 K_n［见图 8-3（e）～（g）］.

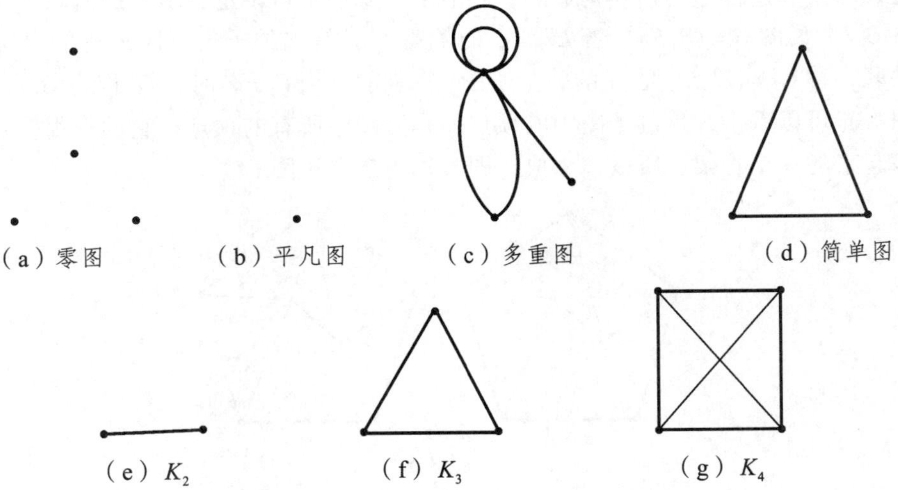

图 8-3

定理 8.1 含有 n 个顶点和 m 条边的无向完全图，则有 $m=\frac{n(n-1)}{2}$；对应的有向完全图 K_n，有 $m=n(n-1)$.

定义 8.5 图 $G=(V,E)$ 的点集 V 可以分为两个非空子集 X, Y，且有 $X \cup Y = V$，$X \cap Y = \varnothing$，即 E 中每条边的两个端点分别属于不同集合，则称 G 为**二部图**.

例如，图 8-4 所示就是二部图.

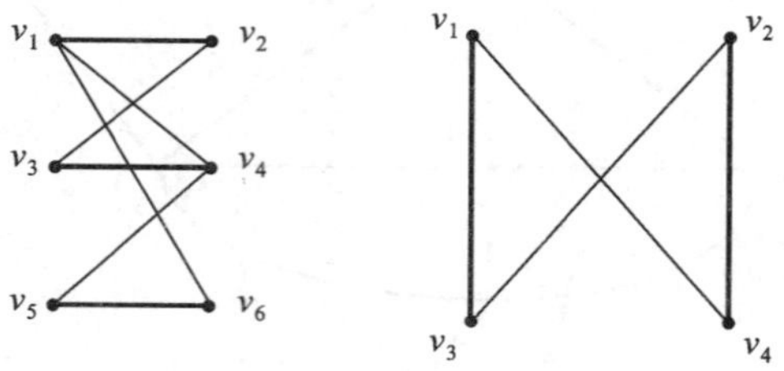

图 8-4

定义 8.6 以顶点 v 为端点的边数称为点 v 的**度**（次），记作 $\deg(v)$，简记为 $d(v)$.

度为 1 的顶点称为**悬挂点**，连结悬挂点的边称为**悬挂边**. 度为奇数的顶点称为**奇点**，度为偶数的顶点称为**偶点**.

定理 8.2 在任何图中，顶点的度数的总和等于边数的 2 倍.

定理 8.3 在任何图中，度为奇数的顶点必为偶数个.

例 2 是否存在有 7 个顶点，度为 6，4，5，3，2，2，1 的无向图?

分析 不存在这样的无向图. 因为这时奇点的个数为 3，由定理 8.3 可知，这样的图不存在. 有时在实际问题中，用图来描述研究对象之间的关系时，通常还有与点或边有关的某些数量指标，我们称之为“权”，权可以代表距离、费用、容量等，这种点或边带有某种数量指标的图称为**网络**或**赋权图**.

2. 子图与补图

图是由点集和连接点的边集构成的，相应地，我们也可以定义子图的概念.

定义 8.7 设图 $G=(V,E)$，若 E' 是 E 的子集，V' 是 V 的子集，且 E' 中的边仅与 V' 中的顶点相关联，称 $G'=(V',E')$ 是 G 的一个**子图**. 特别的，当 $V'=V$ 时，G' 称为 G 的**生成子图**.

从图 8-5 可以看出，生成子图中的顶点就是原图中所有的顶点，它的作用就好像一个将原图支撑起来的一个骨架，所以，生成子图又称为**支撑子图**.

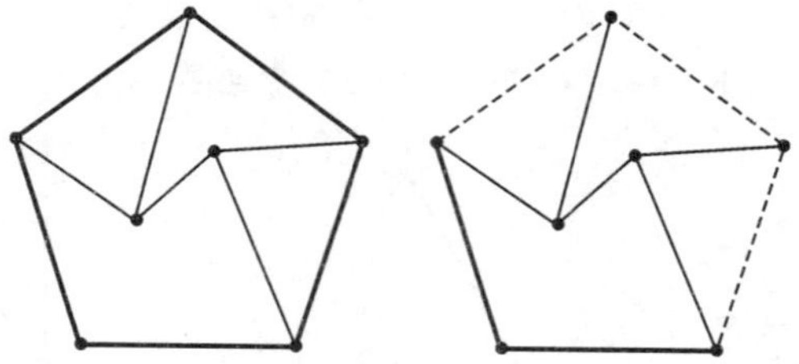

图 8-5

在集合中还有补集的概念，类似地，下面给出补图的定义.

定义 8.8 设 $G'=(V',E')$ 是图 $G=(V,E)$ 的子图，若 G 还有子图 $G''=(V'',E'')$，其中 $E''=E-E'$，V'' 是仅含 E'' 中的边关联的顶点和不在 G' 中的 G 的孤立点的集合，称 G'' 是 G' 关于 G 的**补图**.

从图 8-6 可以看出，补图最直观的意义是：图 G 由图 G' 和 G'' 叠加而成，并且图 G' 和 G'' 的边集无交集.

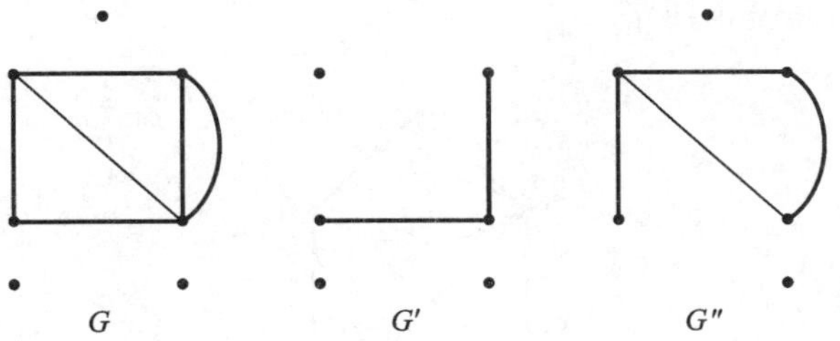

图 8-6

3. **图的同构**

定义 8.9 设 $G=(V,E)$ 和 $G'=(V',E')$ 是两个图，其中 V 和 V' 存在一一对应的映射关系，且保证所有顶点有相同的关联关系，称 G **同构于** G'，记作 $G\cong G'$.

如图 8-7 所示，图的同构直观的意义是：将一个图经过旋转、平移及拉伸后与另一个图重合.

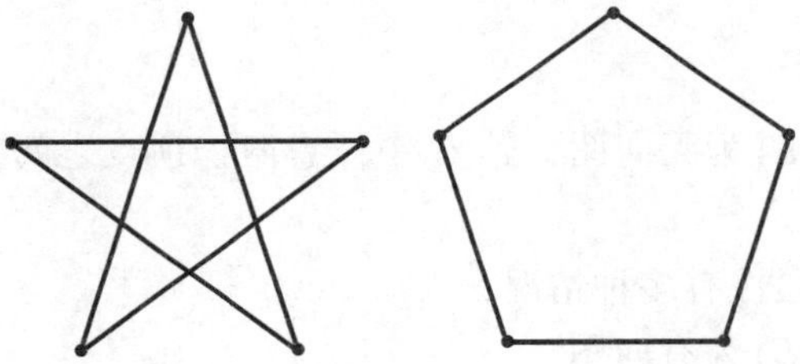

图 8-7

三、图的连通性

1. 路径与回路

在图的研究中，经常会需要求出从某个顶点出发，沿一些边移动到另一个指定顶点的路径.

定义 8.10 $G=(V,E)$ 为有向图，$\mu=v_0e_1v_1e_2\cdots e_kv_k(k\geqslant 1)$ 是顶点和边的有限序列，对于 $1\leqslant i\leqslant k$，e_i 的起点为 v_{i-1}，终点为 v_i.

若 $v_k\neq v_0$，称 μ 是长度为 k 的**路径（通路）**. 无相同边的路径称为**简单路径**；无相同顶点的路径称为**基本路径**.

若 $v_k=v_0$，称 μ 是长度为 k 的**回路（圈）**. 无相同边的路径称为**简单回路**；除 $v_k=v_0$ 外，无相同顶点的回路称为**基本回路**.

很明显，基本路径（回路）一定是简单路径（回路），反之则不然.

例 3 图 8-8 所示为有向图，可得

$\mu_1=v_1e_2v_5e_3v_2e_6v_4e_7v_5e_3v_2e_1v_1e_2v_5$，是路径，但非基本路径和简单路径.

$\mu_2=v_1e_2v_5e_3v_2e_6v_4e_7v_5e_4v_2$，是简单路径，但非基本路径.

$\mu_3=v_1e_2v_5e_3v_2e_6v_4$，是基本路径.

$v_1 = v_1e_2v_5e_3v_2e_6v_4e_7v_5e_3v_2e_1v_1$，是回路，但不是基本回路，也不是简单回路.

$v_2 = v_1e_2v_5e_3v_2e_1v_1$，是简单回路，但不是基本回路.

$v_2 = v_1e_2v_5e_3v_2e_1v_1$，是基本回路.

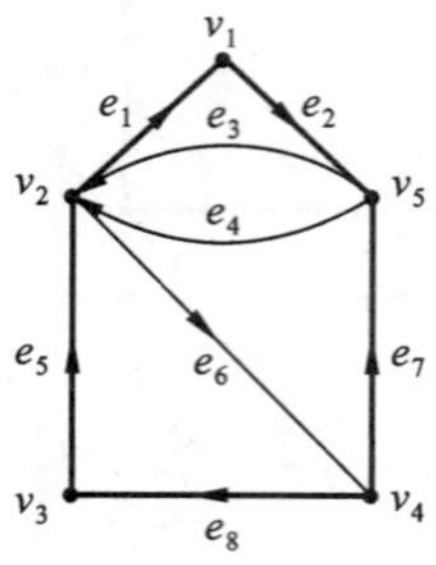

图 8-8

定理 8.4 有向图 G 含 n 个顶点，则任意基本路径的长度小于等于 $n-1$，任意基本回路的长度小于等于 n.

根据上述，有向图中的路径、回路等概念可以类似地在无向图上定义.

2. 图的连通

定义 8.11 设 $G=(V,E)$ 为无向图，若 G 中任意两个顶点之间存在路径，则称图 G 是**连通的**.

对于有向图，图的连通性有多种情况：

定义 8.12 设 $G=(V,E)$ 为有向图.

若将 G 看作无向图是连通的，则称 G 是**弱连通的**.

若 G 中从任意顶点 v_i 到 v_j 至少存在一条路径，则称 G 是**单向连通的**.

若 G 中任意顶点之间互相存在着路径，则称 G 是**强连通的**.

强连通必是单向连通，单向连通必是弱连通；反之则不然.

例 4 图 8-9 所示为有向图连通性的示例.

（a）强连通　　（b）单向连通　　（c）弱连通

图 8-9

四、图与矩阵

用矩阵表示图常常是比较方便的，图的矩阵表示方法有权矩阵、邻接矩阵、关联矩阵、回路矩阵等.

定义 8.13 赋权图 $G=(V,E)$，边 (v_i,v_j) 有权 w_{ij}，构造矩阵 $\boldsymbol{A}=\begin{pmatrix} a_{11} & \cdots & a_{1n} \\ \vdots & & \vdots \\ a_{n1} & \cdots & a_{nn} \end{pmatrix}$，其中：

$$a_{ij}=\begin{cases} w_{ij}, & (v_i,v_j)\in E \\ 0, & \text{其他} \end{cases}$$

称矩阵 $\boldsymbol{A}$ 为 G 的**权矩阵**.

例 5 图 8-10 所示的图，权矩阵为

$$\boldsymbol{A}=\begin{pmatrix} 0 & 9 & 2 & 4 & 7 \\ 9 & 0 & 3 & 4 & 0 \\ 2 & 3 & 0 & 8 & 5 \\ 4 & 4 & 8 & 0 & 6 \\ 7 & 0 & 5 & 6 & 0 \end{pmatrix}$$

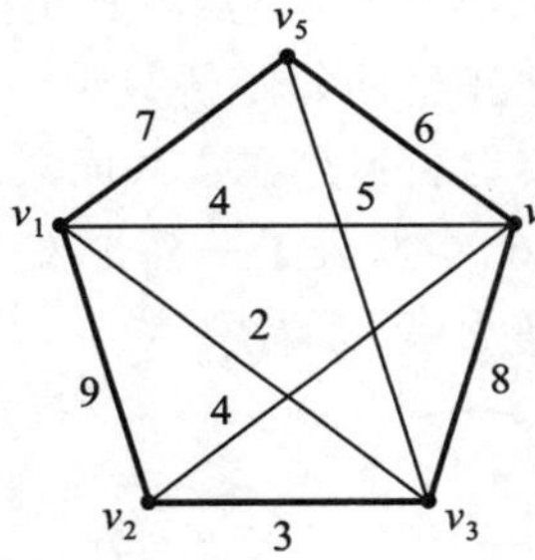

图 8-10

定义 8.14 对于有 n 个顶点的图 $G=(V,E)$，构造矩阵 $\boldsymbol{A}=\begin{pmatrix} a_{11} & \cdots & a_{1n} \\ \vdots & & \vdots \\ a_{n1} & \cdots & a_{nn} \end{pmatrix}$，其中：

$$a_{ij}=\begin{cases} 1, & (v_i,v_j)\in E \\ 0, & \text{其他} \end{cases}$$

称矩阵 $\boldsymbol{A}$ 为 G 的**邻接矩阵**.

例 6 对于图 8-11 所示的图，可以构造邻接矩阵如下：

$$\boldsymbol{A}=\begin{matrix} v_1 \\ v_2 \\ v_3 \\ v_4 \\ v_5 \\ v_6 \end{matrix}\begin{pmatrix} 0 & 1 & 1 & 0 & 0 & 0 \\ 0 & 0 & 1 & 0 & 0 & 0 \\ 0 & 1 & 0 & 0 & 1 & 0 \\ 0 & 1 & 0 & 0 & 0 & 1 \\ 0 & 1 & 0 & 1 & 0 & 1 \\ 0 & 0 & 0 & 0 & 1 & 0 \end{pmatrix}$$
$$\qquad v_1 \ \ v_2 \ \ v_3 \ \ v_4 \ \ v_5 \ \ v_6$$

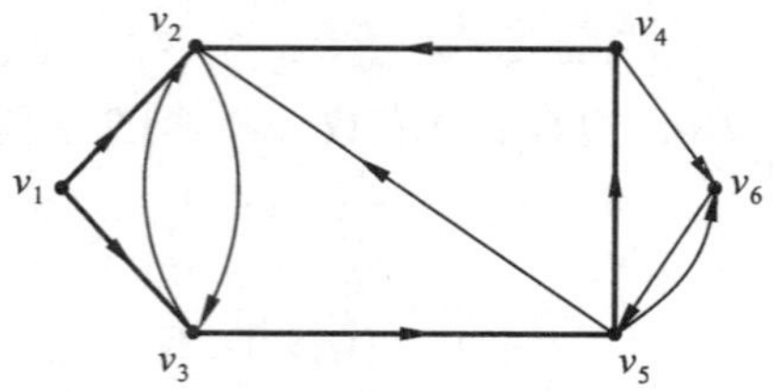

图 8-11

项目二 欧拉图与哈密尔顿图

一、游戏问题

1. 七桥问题

在 18 世纪的哥尼斯堡（普鲁士）城中流淌着一条河（普雷·格尔河），河上有七座桥连接着河的两岸和河中的两个小岛（见图 8-12）. 当时那里的人们热衷于这样的一个游戏：一个游玩者怎么才能一次连续走过这七座桥而每座桥只走一次，回到原出发点. 当时，没有人能够想得出这种走法，但又不能证实走法不存在，久而久之，便有了远近闻名的“七桥”难题. 直到大数学家欧拉（Euler）1736 年发表了一篇论文，用图建立了一个数学模型（见图 8-13），证明了走法不存在，这个问题才得以解决.

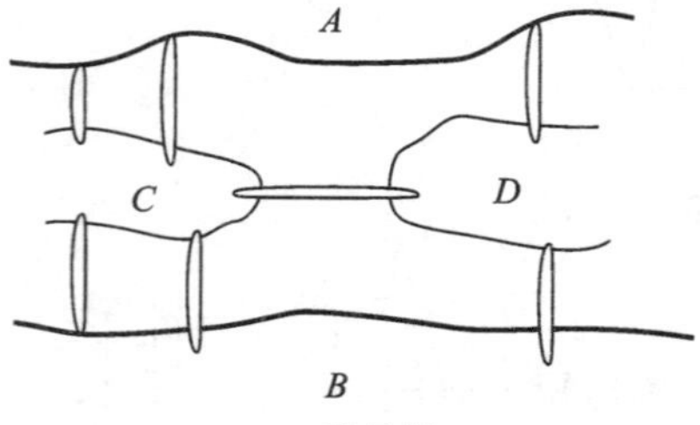

图 8-12

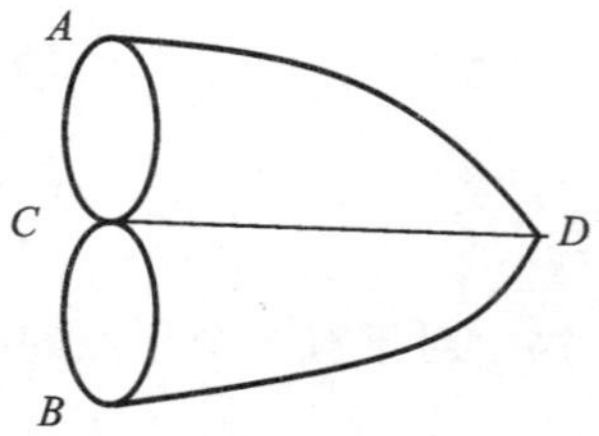

图 8-13

2. 环球旅行

1859 年，英国数学家哈密尔顿（Hamilton）发明了一种游戏：用一个规则的实心十二面体的 20 个顶点标出世界著名的 20 个城市，要求游戏者从任一城市出发，寻找到一条可以经过每个城市一次且仅一次再回到出发点的路，即“环球旅行”问题（见图 8-14）. 哈密尔顿根据这个问题的特点给出了一种解法.

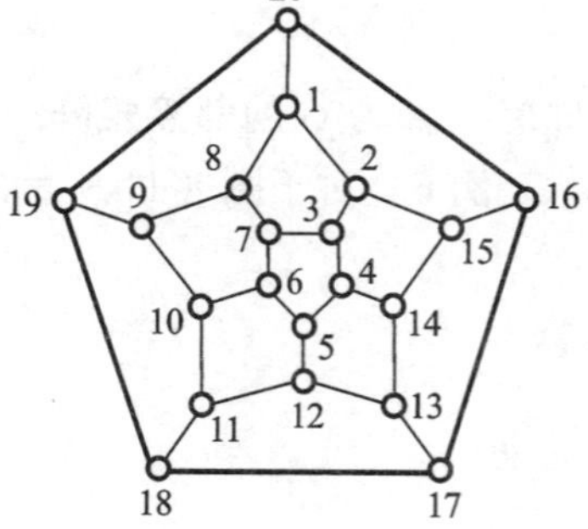

图 8-14

二、欧拉图

1. 欧拉图

定义 8.15 设 $G=(V,E)$ 是无向连通图或有向弱连通图. 通过 G 的每条边一次且仅一次的路径（回路）称为 G 的**欧拉路径**（回路）. 具有欧拉回路的图称为**欧拉图**.

例 1 如图 8-15 所示,（a)、(b）有欧拉路径,（c)、(d）无欧拉路径（回路),（e)、(f）为欧拉图.

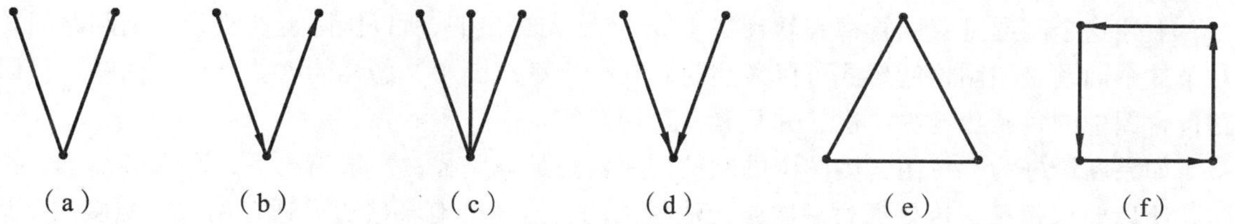

图 8-15

定理 8.5 当且仅当一个图的每个顶点都是偶点时，图为欧拉图；当且仅当图中除两个顶点是奇点外，其他顶点都是偶点时，图有欧拉路径.

例 2 七桥问题可以转化成一个寻找欧拉回路的问题，就是要在一个图中找到一条经过每边一次且仅一次的欧拉回路，如图 8-16 所示.

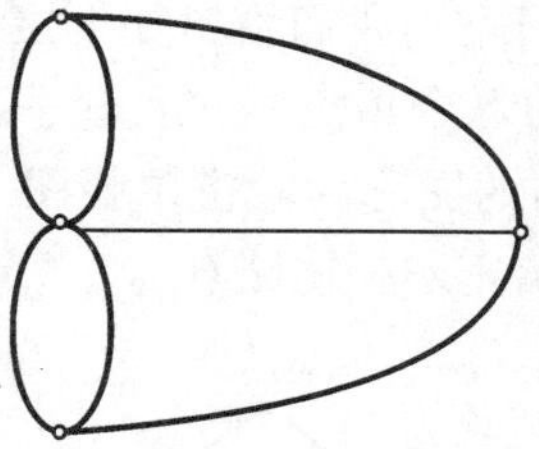

图 8-16

根据定理 8.1，如图 8-16 所示，所有 4 个点均是奇点，故不是欧拉图，所以七桥问题无解.

例 3 如图 8-17 所示，根据定理结论，图（a）中有欧拉路径 $(v_3,v_2,v_1,v_3,v_6,v_5,v_1,v_4,v_5,v_6,v_4)$，而图（b）中无欧拉路径.

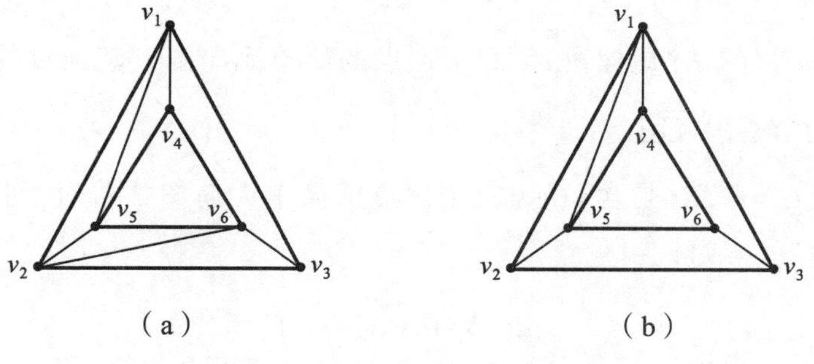

图 8-17

定理 8.6 设 $G=(V,E)$ 为有向弱连通图，则当且仅当图的每个顶点出入度相等时，图为欧拉图；当且仅当图除两个顶点外，其他顶点出入度相等，而除外的两个顶点，一个入度多 1，一个出度多 1，图有欧拉路径.

2. 中国邮路问题

每一个邮递员，负责某个地区的信件投递. 邮递员每天要从邮局出发，需要走遍该地区所有的街道，再返回邮局. 问应该怎样安排送信路线，才会使邮递员所走的总路程最短？

上述这个问题是我国管梅谷教授在 1962 年首先提出的,所以国际上通称为中国邮路问题. 对于这个问题，用图论的形式可以表述为：在一个赋权图中，怎样能够找到一个回路，使回路包含图中的每条边至少一次，并且具有最短路径.

如果图恰好为欧拉图，则图中的欧拉回路就是最短路径；一般情况下，图未必都是欧拉图，所以要求每条边恰好通过一次是无法做到的，必然会有某些边要通过两次或更多次. 那么，寻找最短路径的基本思想是：在赋权图中添加一些重复边，使增加边后的赋权图具有欧拉回路.

三、哈密尔顿图

前面提出的环球旅行问题，解决的办法实际上就是在图中找一条经过每个点一次且仅一次的哈密尔顿回路. 关于哈密尔顿回路，我们给出如下定义：

定义 8.16 通过图 $G=(V,E)$ 的每个顶点一次且仅一次的路径（回路）称为 G 的**哈密尔顿路径**（回路）. 具有哈密尔顿回路的图称为**哈密尔顿图**.

例 4 如图 8-18 所示，因为有哈密尔顿回路 $(v_1,v_2,v_3,v_4,v_5,v_1)$，所以这个图为哈密尔顿图.

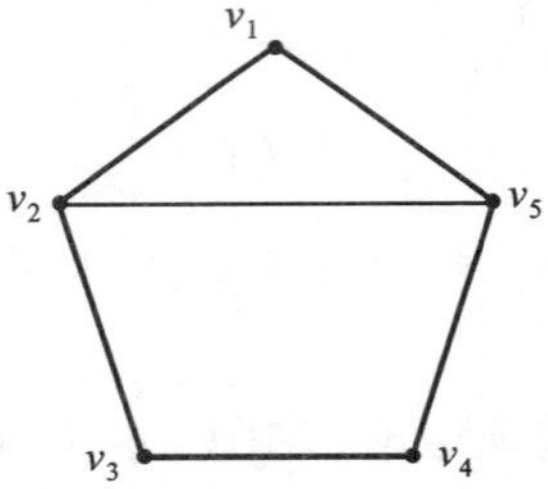

图 8-18

定理 8.7 设 $G=(V,E)$ 是含 $n(n\geqslant 3)$ 个顶点的简单无向图，其顶点的最小度 $\delta(G)$ 满足 $\delta(G)\geqslant\frac{n}{2}$，则图为哈密尔顿图.

定理 8.8 设 $G=(V,E)$ 是含 $n(n\geqslant 2)$ 个顶点的简单无向图，若对于任意不同顶点 v_i 和 v_j，有

$$d(v_i)+d(v_j)\geqslant n-1$$

则 G 中存在哈密尔顿路径.

与哈密尔顿回路相关的实际例子是**货郎担问题**，这个问题一直吸引着人们的兴趣. 一个货郎为了销售物品，往往要访问若干村镇，然后回到住地. 假设每个村镇间都有路，那么应该怎样设计路线，使得货郎能对每个村镇访问一次且仅一次，并使其所走的路径最短？

这个问题，用图论的形式表述为：在一个赋权图中，如何寻找最短的哈密尔顿回路.

项目三　树与二部图

一、树的基本概念

1. 实际问题

例 1　乒乓球单打比赛抽签后，可用图来表示选手相遇情况，如图 8-19 所示.

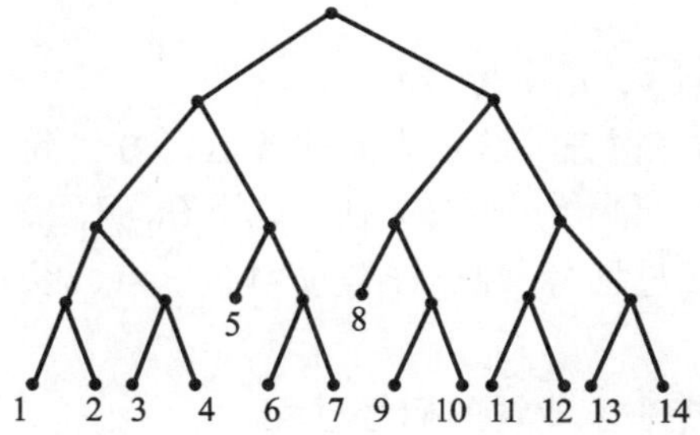

图 8-19

例 2　某企业的组织结构可用图 8-20 表示.

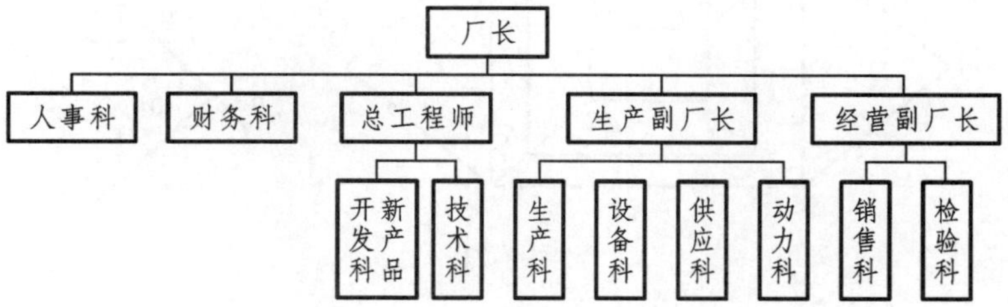

图 8-20

2. 树的定义

定义 8.17　连通且不含回路的无向图称为**树**. 树中度为 1 的点称为**树叶**，度大于 1 的点称为**分枝点**.

定理 8.9　图 $T=(V,E)$ 中顶点数为 n，边数为 m，下列说法等价：

（1）T 是一个树；

（2）T 无回路，且 $m=n-1$；

（3）T 连通，且 $m=n-1$；

（4）T 无圈，但每加一边即得唯一圈；

（5）T 连通，但任舍一边后不连通；

（6）T 中任意两点，有唯一基本路径.

树是图论中结构简单又很重要的图，在自然科学和社会科学的许多领域都有广泛的应用.

二、树的生成

1. 生成树

定义 8.18 若图的生成子图是一棵树，则称该树为图的**生成树**（支撑树），简称图的**树**. 图中属于生成树的边称为**树枝**，不在生成树中的边称为**弦**.

定理 8.10 图有生成树的充分必要条件为图是连通的.

2. 生成树的深探法

（1）在点集 V 中任取一点 v，给 v 标号 0.

（2）若某点 u 已得标号 i，检查一端点为 u 的各边，另一端点是否均标号.

若有 (u,w) 边中 w 未标号，则给 w 标号 $i+1$，记下 (u,w). 令 w 代替 u，重复上一步.

若这样的边的另一端点均已标号，退到标号 $i-1$ 的 r 点，以 r 代替 u，重复上一步，直到全部点得到标号为止.

例 3 图 8-21 显示了深探法生成树的标号过程.

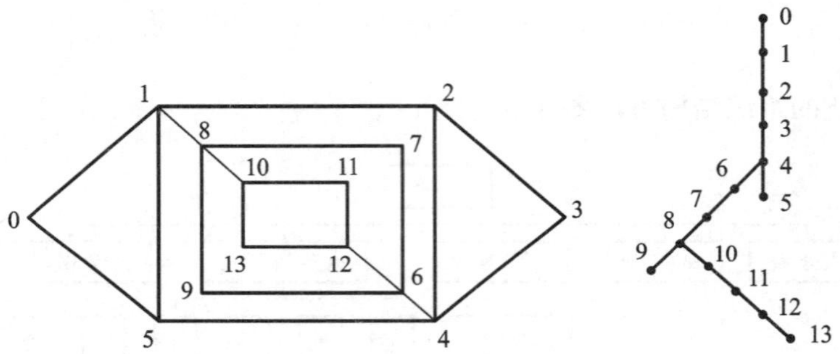

图 8-21

3. 生成树的广探法

（1）在点集 V 中任取一点 v，给 v 标号 0.

（2）令所有标号为 i 的点集为 V_i，检查 $[V_i,V \setminus V_i]$ 中的边端点是否均标号. 对所有未标号的点标号 $i+1$，记下这些边.

（3）对标号 $i+1$ 的点重复上述步骤，直到全部点得到标号为止.

图 8-22 所示为例 3 中广探法生成树的标号过程.

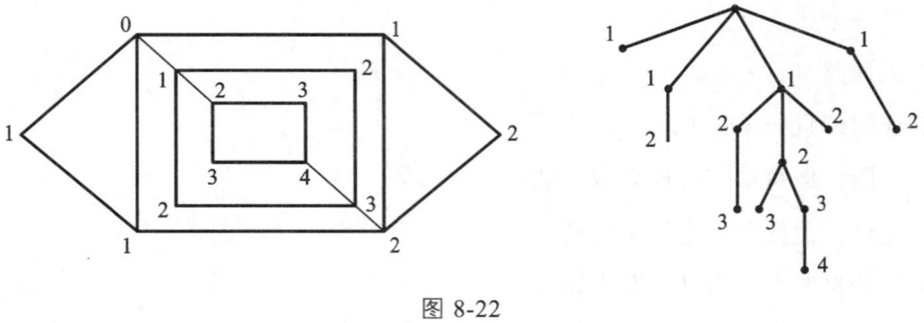

图 8-22

4. **最小生成树**

定义 8.19 连通图 G 的每条边上有非负权. 一棵生成树的所有树枝上权的总和，称为**生成树的权**. 具有最小权的生成树称为**最小生成树**，简称**最小树**.

许多问题都可以归结为最小树问题，例如，需要设计长度最小的公路网以联系各个城市；使联结各单位的电话线网的用料最省等.

在这里，我们介绍求最小树的两种方法.

（1）算法一.

类似于求生成树的方法，步骤为：每步从未选的边中选取边 e，使之与已选边不构成圈，且 e 是未选边中的有最小权的边，直到选够 $n-1$ 条边为止.

例 4 图 8-23 表示了一个乡的 9 个村之间的道路和道路长度，问如何拉线才能使线路最短.

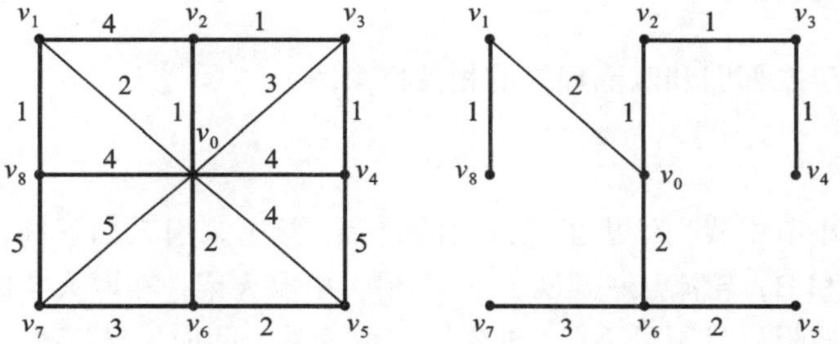

图 8-23

解 将图 8-23 中各边按大小顺序由小到大排列：

$$
\begin{aligned}
&(v_0,v_2)=1,\ (v_2,v_3)=1,\ (v_3,v_4)=1,\ (v_1,v_8)=1,\ (v_0,v_1)=2,\\
&(v_0,v_6)=2,\ (v_5,v_6)=2,\ (v_0,v_3)=3,\ (v_6,v_7)=3,\ (v_0,v_4)=4,\\
&(v_0,v_5)=4,\ (v_0,v_8)=4,\ (v_1,v_2)=4,\ (v_0,v_7)=5,\ (v_7,v_8)=5,\\
&(v_4,v_5)=5
\end{aligned}
$$

然后按照边的顺序，取定：

$$
\begin{aligned}
&e_1=(v_0,v_2),\ e_2=(v_2,v_3),\ e_3=(v_3,v_4),\ e_4=(v_1,v_8),\\
&e_5=(v_0,v_1),\ e_6=(v_0,v_6),\ e_7=(v_5,v_6)
\end{aligned}
$$

下一个未选边中的最小权边 (v_0,v_3) 与已选边 e_1,e_2 构成圈，排除掉. 选 $e_8=(v_6,v_7)$. 得到最小树，权为 13.

（2）算法二.

第一步：从图中任选一棵树 T_1.

第二步：加上弦 e_1，T_1+e_1 中生成一个圈. 去掉圈中最大权的边，得到新数 T_2. 以 T_2 代替 T_1，重复上一步，再检查剩余的弦，直到全部弦检查完毕，如图 8-24 所示.

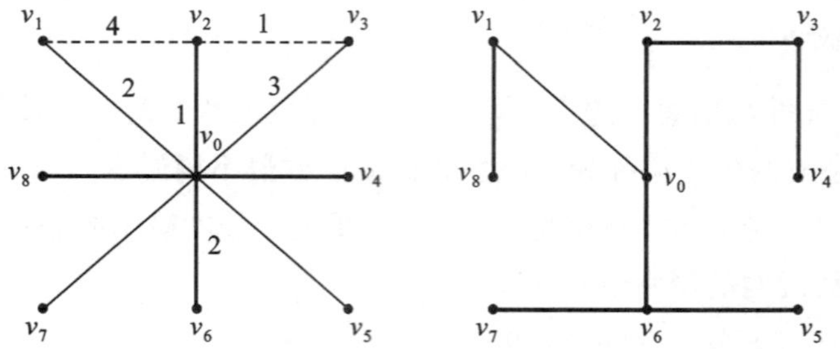

图 8-24

对上述算法，有如下定理.

定理 8.11 图 G 的生成树 T 为最小树，当且仅当对任一弦有 e 来说，e 是 $T+e$ 中与之对应的圈 μ_e 中的最大权边.

三、二部图与匹配

下面来介绍关于二部图和匹配理论的相关概念.

1. 二部图

在本项目第一小节中我们给出了二部图的定义，接下来引入如下例题.

例 5 两人 A 和 B，轮流从一堆火柴（10 根）中取火柴，在取火柴的过程中，只有两种选择：取一根或取两根，且不可不取. 谁先取完谁获胜，问应怎样选择一个最优策略？

分析 若用 j_a 和 j_b 分别表示堆中有 j 根火柴，并且下次该轮到 A 和 B 的情况，那我们描述对策时可用下列有向二部图（见图 8-25）来表示. 图中，A 要争取到 $\{0_B,3_B,6_B,9_B\}$ 的情况，而 B 要争取到 $\{0_A,3_A,6_A,9_A\}$ 的情况，就能取胜. 亦即先取者第一次取一根，以后各次取法无误的话，先取者必获胜.

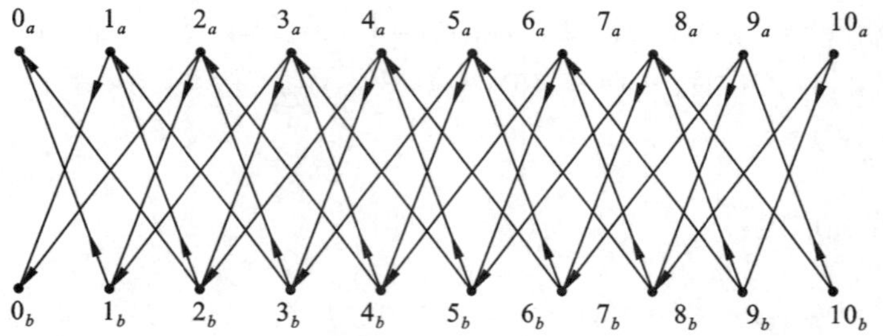

图 8-25

如何判断一个图是否为二部图？显然，如果一个无向图中没有回路，则此图必为二部图. 若有回路，则可应用下述定理来判定.

定理 8.12 设 G 是有回路的无向图，当且仅当所有回路都有偶数长度时，G 为二部图.

2. 匹配的概念

定义 8.20 设 G 是互补顶点子集为 $V_1=\{v_1,v_2,\cdots,v_q\}$ 和 V_2 的二部图. 若有 q 条关联于 $v_1,v_2,\cdots,v_q$ 且互不相邻的边 $e_1,e_2,\cdots,e_q$，则称边集 $\{e_1,e_2,\cdots,e_q\}$ 为 G 的 V_1 到 V_2 的一个匹配，简

称 G 的**匹配**，而关联于 V_1 和 V_2 的全部顶点的匹配称为**完美匹配**.

例 6 观察图 8-26，(a) 中粗线所示的边集就是一个匹配，(b) 中显然是个无匹配的二部图.

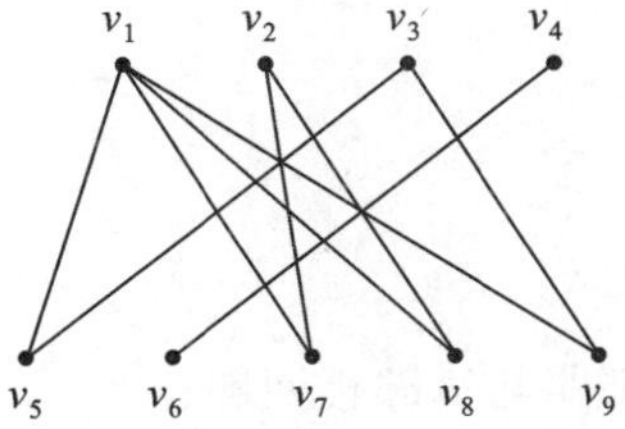

(a)

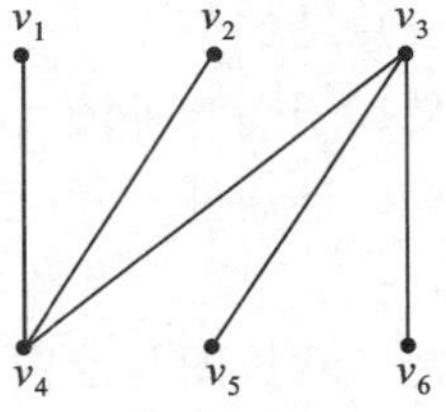

(b)

图 8-26

那么，怎样判断一个二部图是否有匹配？有如下定理.

定理 8.13 设 G 是互补顶点子集为 V_1 和 V_2 的二部图. 当且仅当 V_1 中每 k 个顶点，至少有边联结 V_2 中 k 个不同顶点时（即所称异性条件），才有 V_1 到 V_2 的匹配.

定理 8.14 设 G 是互补顶点子集为 V_1 和 V_2 的二部图. 若存在正整数 t，使 V_1 中每个顶点至少有 t 条关联边且 V_2 中每个顶点至多有 t 条关联边，则有 V_1 到 V_2 的匹配.

例 7 二部图（见图 8-27）满足定理 8.14 的条件（$t=3$），所以存在匹配.

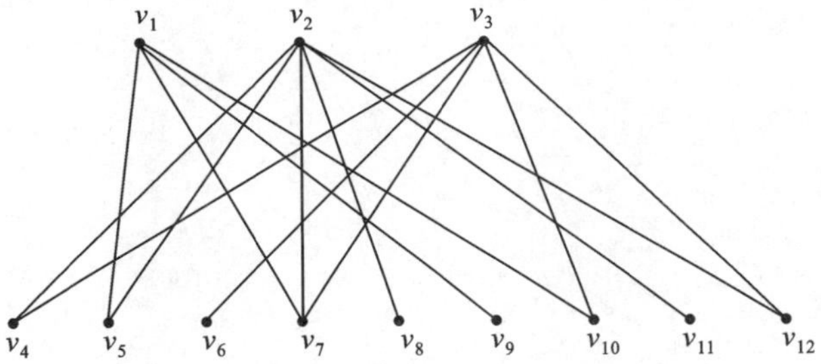

图 8-27

许多的实际问题常常化为二部图的匹配问题，例如本章开头的引例中关于教练怎样安排队员场上位置的问题，就是一个典型的匹配问题. 所以，在这个由篮球问题转化的匹配问题的图中，如果我们能找到有 5 条边的匹配集，那么教练的问题就有一个可行方案了.

知识拓展

图论理论的发展最早起源于一些数学游戏的难题研究，如欧拉解决的哥尼斯堡七桥问题，以及在民间广泛流传的一些游戏难题，如迷宫问题、博弈问题、棋盘上马的行走路线问题等. 这些古老的难题，当时吸引了很多学者的注意. 在这些问题研究的基础上，著名的四色猜想和汉米尔顿（环游世界）数学难题被提出. 从 1736 年欧拉发表第一篇论文到 1847 年克希霍夫开创了图论面向实际应用的成功先例，再到 1936 年柯尼希发表图论的第一部专著，历经 200 年的时间，图论发展相对比较缓慢，直到 20 世纪中期，随着计算机的发展及离散数学问题重要性的凸显，提供数学模型的图论才迅速发展起来.

模块八小结

本模块主要介绍了图论的基本知识、欧拉图和哈密尔顿图、树与二部图三大部分内容，需要掌握的知识点总结如下：

（1）图的定义、子图与补图；

（2）图的同构、连通性；

（3）图与矩阵；

（4）七桥问题、欧拉图与哈密尔顿图、中国邮路与货郎担问题；

（5）组织结构与树的关系；

（6）树的生成、二部图与匹配.

模块笔记

项目	相关知识点
项目一 图论基本知识	
项目二 欧拉图与哈密尔顿图	
项目三 树与二部图	

模块九 数学类软件及其应用

内容概要

数学作为一门基础学科，发展到今天已摆脱了传统的仅使用人工计算和绘图的初级阶段，现在以 MATLAB、Mathematica 为代表的数学软件已经能实现大量的数据计算、绘图、编程等众多功能，本章将以数学软件 MATLAB 为载体，简要介绍其在基本运算、微积分、函数作图方面的应用；并举例说明在函数动态研究可视化中的应用. 另外，本章通过 Excel 软件为工具，介绍在工程计算中的应用.

学习目标

- 会利用 MATLAB 软件进行简单的计算、绘图、微积分计算；
- 会利用 Mathematica 软件进行简单的计算、绘图、微积分计算；
- 能够使用 Excel 完成简单的工程计算；
- 能够使用 Lingo 求解线性规划问题.

【数学小事例】(数学软件与数学) 数学既是一种文化，又是一种“思想的体操”，更是现代理性文化的核心. 马克思说过：“一门科学只有当它达到了能够成功地运用数学时，才算真正发展了.” 在前几次科技革命中，数学大都起到先导和支柱作用. 但是谈到数学，很多人会进入到“一堆符号、一些公式、一种形式”这样一个认识误区，在过分沉迷于数学符号化、形式化和公理化的数学教育过程中，甚至失去了学习数学的兴趣，也同时掩盖了数学命题的本质. 由于数学是现实高度的抽象，在学习数学的过程中如何还原抽象、回归本质便是学习数学的重要方式，借助于众多数学软件，我们可以将数学中抽象的公式、符号等内容以丰富、高效的图形予以最直观的展现，进行大规模的数值计算和代数运算，为计算机解决现代科学技术各领域中所提出的数学问题提供求解手段.

项目一 MATLAB 基础

一、MATLAB 操作入门

MATLAB 软件自 1984 年推向市场以来，历经数十年的竞争和发展，现已成为国际认可的最优秀的科技应用软件. 与其他高级语言相比，MATLAB 提供了一个人机交互的数学系统环境，可以大大节省编程时间. MATLAB 语法规则简单、容易掌握、调试方便，具有高效、简明的特点，使用者只需输入一条命令而不用编制大量的程序即可解决许多数学问题，正是由于其强大功能，MATLAB 受到国内外专家学者的欢迎和重视，并成为工程计算的重要工具.

1. MATLAB 环境

MATLAB 是一门高级编程语言，它提供了良好的编程环境，提供了很多的方便用户管理变量、输入输出数据以及生成和管理 M 文件的工具. 首先简单介绍 MATLAB 的界面. 启动 MATLAB 后弹出对话框（见图 9-1），它大致包括以下几个部分：

（1）菜单栏——单击即可打开相应的菜单；

（2）工具栏——使用它们能使操作更快捷；

（3）Command Window（命令窗口）——用来输入和显示计算结果，其中符号“>>”表示等待用户输入；

（4）Launch Pad（分类帮助窗口）；

（5）Workspace（工作区窗口）——存储着命令窗口输入的命令和所有变量值；

（6）Current Directory（当前目录选择窗口）——显示当前路径.

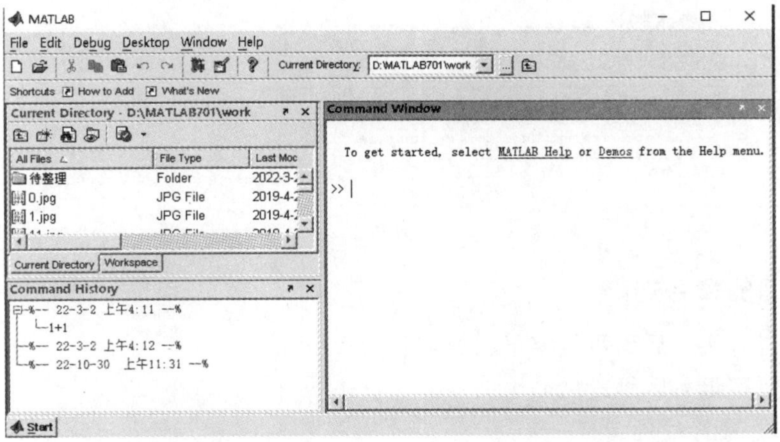

图 9-1

2. MATLAB 的帮助系统

MATLAB 的帮助系统能提供帮助命令、帮助窗口等帮助方法.

（1）帮助命令（help）.

假如准确知道所要求助的主题词，或指令名称，那么使用 help 命令是获取在线帮助的最简单有效的途径. 例如要获得关于函数 sin 使用说明的在线求助，可键入命令：

```
>> help sin
```

显示：

```
SIN      Sine.
    SIN(X) is the sine of the elements of X.

Overloaded methods
    help sym/sin.m
```

（2）帮助窗口（见图 9-2）.

帮助窗口给出的信息按目录编排，比较系统，便于浏览与之相关的信息，其内容与帮助命令给出的一样. 进入帮助窗口的方法有：

① 由 Launch Pad（分类帮助窗口）进入帮助窗口；

② 选取帮助菜单里的“MATLAB Help”或键入命令“helpwin”；

③ 双击菜单条上的问号按钮.

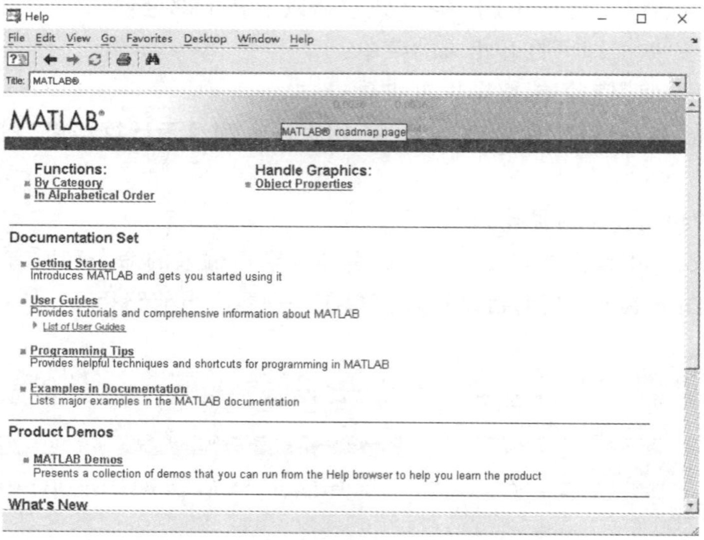

图 9-2

3. 变量名的命名规则

（1）以字母开头，后面可接字母、数字和下短线；

（2）大小写字母有区别；

（3）不超过 31 个字符.

例如 fun，zheng12 都是变量名.

4. MATLAB 的预定义变量（见表 9-1）

表 9-1

ans	用于结果的缺省变量名
pi	圆周率 π
eps	计算机的最小数 $=2.2204\times10^{-16}$
inf	无穷大 ∞
NaN	不定值
i 或 j	-1 的平方根 $=\sqrt{-1}$
realmin	最小可用正实数 $=2.225\ 1\times10^{-308}$
realmax	最大可用正实数 $=1.797\ 7\times10^{308}$
2.2204e-16	$2.220\ 4\times10^{-16}$

5. MATLAB 的变量管理（见表 9-2）

表 9-2

who	查询 MATLAB 内存变量
whos	查询全部变量详细情况
clear	清除内存中的全部变量
save sa X	将 X 变量保存到 sa.mat 文件
load sa X	调用 sa.mat 文件变量 X

注意：save 只对数据和变量保存，不能保存命令.

6. MATLAB 的函数（见表 9-3）

表 9-3

函数名	解释	MATLAB 命令	函数名	解释	MATLAB 命令
三角函数	sinx	sin(x)	反三角函数	arcsinx	asin(x)
	cosx	cos(x)		arccosx	acos(x)
	tanx	tan(x)		arctanx	atan(x)
	cotx	cot(x)		arccotx	acot(x)
	secx	sec(x)		arcsecx	asec(x)
	cscx	csc(x)		arccscx	acsc(x)
幂函数	x^a	x^a	对数函数	lnx	log(x)
	$\sqrt{x}$	sqrt(x)		$\log_2 x$	log2(x)
指数函数	a^x	a^x		$\log_{10} x$	log10(x)
	e^x	exp(x)	绝对值函数	$\|x\|$	abs(x)

7. 算术运算符（见表 9-4）

表 9-4

	数学表达式	MATLAB 运算符	MATLAB 表达式
加	$a+b$	+	a+b
减	$a-b$	-	a-b
乘	$a\times b$	*	a*b
除	$a\div b$	/或\	a/b 或 b\a
幂	a^b	^	a^b

8. 关系运算符（见表 9-5）

表 9-5

数学关系	MATLAB 运算符	数学关系	MATLAB 运算符
小于	<	大于	>
小于或等于	<=	大于或等于	>=
等于	= =	不等于	~ =

9. 逻辑运算符（见表 9-6）

表 9-6

逻辑关系	与	或	非
MATLAB 运算符	&	|	~

10. 命令行基础

（1）简单的运算.

例 1 求 $[12+2\times(7-4)]\div 3^2$.

解 在命令窗口输入以下内容：

```
>> (12+2*(7-4))/3^2
```

按回车键，该指令被执行，命令窗口显示所得结果：

```
ans =

        2
```

（2）MATLAB 表达式的输入.

MATLAB 中表达式的输入有两种常见的形式：

① 表达式；② 变量=表达式.

例 2 求 $[12+2\times(7-4)]\div 3^2$.

解 输入：

```
>> y=(12+2*(7-4))/3^2
```

按回车键，结果显示：

```
y =

        2
```

例 3 已知 $y=f(x)=x^3-\sqrt[4]{x}+2.15\sin x$ ，求 $f(3)$.

解 输入：

```
>> x=3;y=x^3-x^(1/4)+2.15*sin(x)
```

按回车键，结果显示：

```
y =

    25.9873
```

（3）指令的续行输入.

若一个表达式在一行写不下，可换行，但必须在行尾加上四个英文句号.

例 4 求 $s=1-\frac{1}{2}+\frac{1}{3}-\frac{1}{4}+\frac{1}{5}-\frac{1}{6}+\frac{1}{7}-\frac{1}{8}$.

解 输入：

```
 >> s=1-1/2+1/3-1/4+1/5-1/6+....
1/7-1/8
```

按回车键，结果显示：

```
s =

    0.6345
```

（4）用“↑”键重新显示以前使用过的语句.

例 5 求 $y_1=\dfrac{2\sin(0.3\pi)}{1+\sqrt{5}}$， $y_2=\dfrac{2\cos(0.3\pi)}{1+\sqrt{5}}$.

解 输入：

```
>> y1=2*sin(0.3*pi)/(1+sqrt(5))
```

按回车键，结果显示：

```
y1 =
    0.5000
```

按“↑”键重新显示：

```
>> y1=2*sin(0.3*pi)/(1+sqrt(5))
```

用“←”键修改为：

```
>> y2=2*cos(0.3*pi)/(1+sqrt(5))
```

按回车键，结果显示：

```
y2 =
    0.3633
```

注意 （1）当命令行有错误，MATLAB 会用红色字体提示；

（2）同一行中若有多个表达式，则必须用分号或逗号隔开，若表达式后面是分号，将不显示结果；

（3）y_1 输入为 $y1$.

二、数学实验（函数、极限）操作详解

1. 用 MATLAB 进行简单的计算

例 6 求 $\sin\dfrac{3\pi}{5}+\log_3 21-0.23^4+\sqrt[3]{452}-\sqrt{43}$.

解 输入：

```
sin(3*pi/5)+log(21)/log(3)-0.23^4+452^(1/3)-sqrt(43)

ans =

    4.8365
```

例 7 求 $4\cos\dfrac{4\pi}{7}+\dfrac{3\times 2.1^8}{\sqrt{645}}-\ln 2$.

解 输入：

```
4*cos(4*pi/7)+3*2.1^8/(sqrt (645))-log(2)

ans =

    43.0950
```

例 8 设向量 $x=(1,2,3,4,5)$，求 $y=\sin x+2x$．

解 输入：

```
clear
>> x=[1,2,3,4,5];
>> y=sin(x)+2*x

y =

    2.8415    4.9093    6.1411    7.2432    9.0411
```

例 9 设向量 $x=(1,2,3,4,5)$，求 $z=3x\sin x-x^2$．

解 输入：

```
z=3*x.*sin(x)-x.^2
  z =1.5244    1.4558    -7.7299   -25.0816   -39.3839
```

例 10 设向量 $x=(1,2,3,4,5)$，求 $u=\dfrac{(\cos 2x)^2+\sqrt{\sin x+1}}{\mathrm{e}^x-\ln(2x+1)}$．

解 输入：

```
u=((cos(2.*x)).^2+(sin(x)+1).^(1/2))./(exp(x)-log(2.*x+1))

u =

    0.9448    0.3130    0.1097    0.0098    0.0062
```

2．用 MATLAB 绘图

例 11 设数据表如下：

x	1	2.1	3	3.9	5.3	6.1	6.9	8	9.1
y	1.01	3.98	8.99	16.01	25.41	37.01	48.89	63.89	81.21

在坐标系中描出点(x,y).

解 输入：

```
clear
>> x=[1,2.1,3,3.9,5.3,6.1,6.9,8,9.1];
>> y=[1.01,3.98,8.99,16.01,25.41,37.01,48.89,63.89,81.21];
>> plot(x,y)
>> hold on
>> plot(x,y,'s')
```

通过以上程序指令，可以将点（x,y）逐一描绘，如图 9-3 所示.

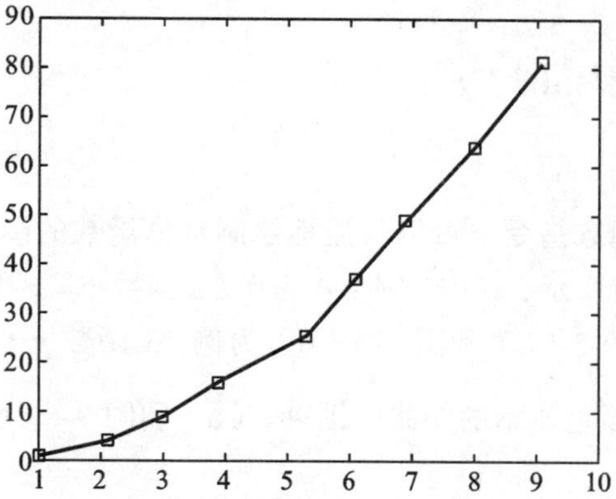

图 9-3

例 12 作出函数 $y=x^2$ 与 $y=x^3(x\in[-3,3])$的图象.

输入：

```
clear
>> hold off
>> fplot('x^2',[-3,3])
>> fplot('x^2',[-3,3],'r')
hold on
>> fplot('x^3',[-3,3],'g')
```

例 13 在同一坐标系作出下列函数的图形，并用不同颜色表示.

① $y=x+\sin x$； ② $y=x+\cos x$.

输入：

```
clear
>> hold off
>>fplot('x+sin(x)',[-5,5],'s')
>> hold on
>> fplot('x+cos(x)',[-5,5],'r')
>> hold off
>>ezplot('(y-(x+sin(x)))*x*y',[-5,5])
>> hold on
>> fplot('x+cos(x)',[-5,5],'r')
```

例 14 作出下列函数的图形：① $y=\sin\frac{1}{x}$， $x\in(-1,1)$； ② $y=x\sin\frac{1}{x}$， $x\in(-1,1)$.

输入：

```
clear
>> hold off
>>fplot('sin(1/x)',[-1,1],'g')
>> hold on
```

```
>> fplot('x*sin(1/x)',[-1,1],'r')
>> hold off
>>ezplot('(y-sin(1/x))*x*y',[-1,1])
>> hold on
>> fplot('x*sin(1/x)',[-1,1],'r')
```

借助 MATLAB 绘图函数指令，可以快速地绘制常见函数的图形，例 12 至例 14 的程序运行结果如图 9-4 至图 9-6 所示，其中：图 9-4 为例 12 函数 $y=x^2$ 与 $y=x^3$ 在同一个坐标中用不同颜色显示的结果，图 9-5（a）和图 9-5（b）为例 13 函数 $y=x+\sin x$ 与 $y=x+\cos x$ 在同一个坐标中用不同样式、颜色显示的结果，图 9-6（a）和图 9-6（b）为例 14 函数 $y=\sin\frac{1}{x}$ 和 $y=x\sin\frac{1}{x}$ 在同一个坐标中用不同格式、颜色显示的结果.

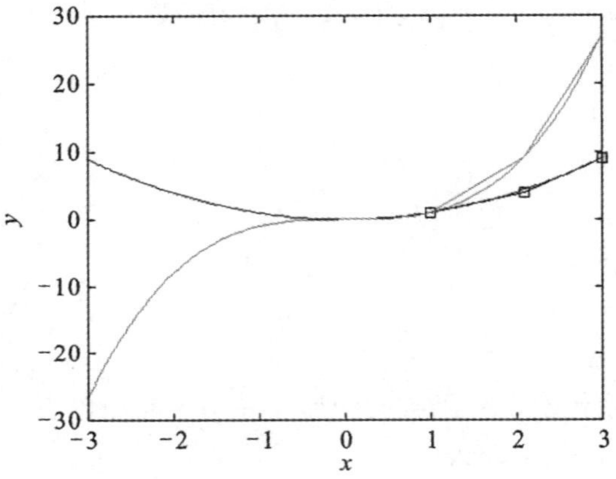

图 9-4

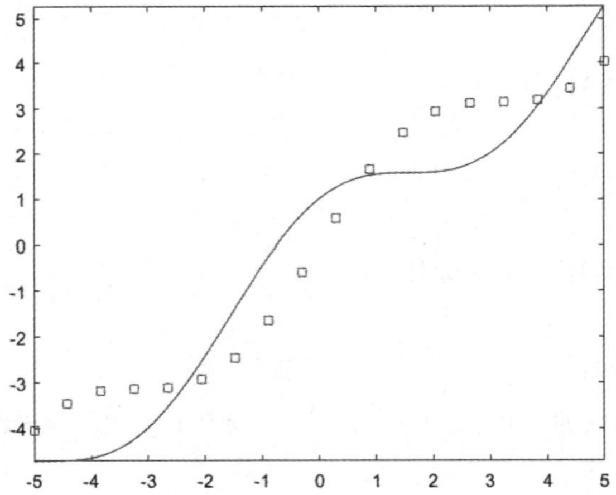

（a）

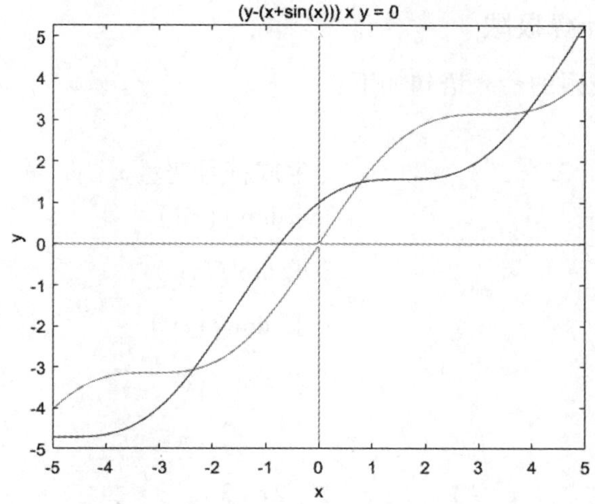

(b)

图 9-5

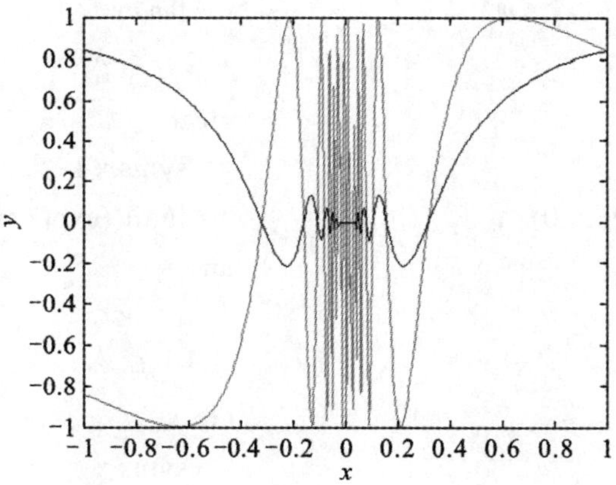

(a)

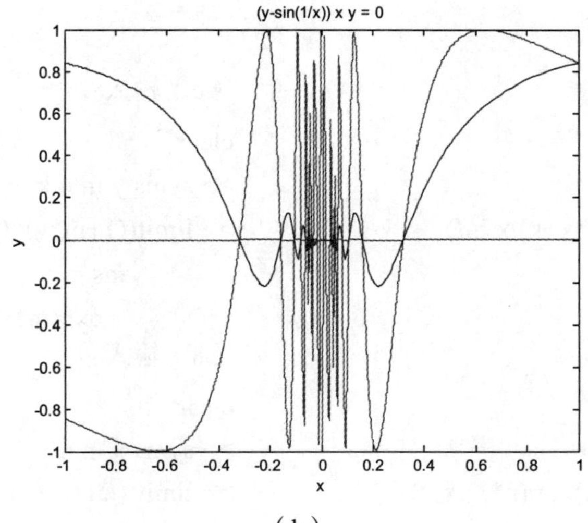

(b)

图 9-6

3. 用 MATLAB 计算极限

用 MATLAB 计算极限的命令语句如下：

```
clear
>> syms x y m n                （生成符号变量 x  y  m  n）
limit(f(x),x,a)                （求 lim_{x→a} f(x)）
limit(f(x),x,inf)              （求 lim_{x→∞} f(x)）
limit(f(x),x,a,'right')        （求 lim_{x→a+} f(x)）
limit(f(x),x,a,'left')         （求 lim_{x→a-} f(x)）
```

例 15 求下列极限：

（1）$\lim\limits_{x\to 0}\dfrac{e^{2x}-1}{x}$；（2）$\lim\limits_{x\to 0}\dfrac{e^{kx}-1}{x}$；（3）$\lim\limits_{x\to\infty}\left(\dfrac{2x+3}{2x-1}\right)^{x+1}$；（4）$\lim\limits_{x\to 0+0}\left(\dfrac{1}{x}\right)^{\tan x}$；

（5）$\lim\limits_{x\to\infty}\left(1+\dfrac{m}{x}\right)^{nx+k}$；（6）$\lim\limits_{y\to 0}(1+my)^{\frac{n}{y}+k}$；（7）$\lim\limits_{x\to 0}\dfrac{\sin mx}{\tan nx}$；（8）$\lim\limits_{x\to 0}\dfrac{\tan mx+x}{\sin nx}$.

解 （1）输入：

```
clear
>> syms x
>> limit((exp(2*x)-1)/x,x,0)
ans =
      2
```

（2）输入：

```
clear
>> syms x k
>> limit((exp(k*x)-1)/x,x,0)
ans =
      k
```

（3）输入：

```
clear
>> syms x
>> limit(((2*x+3)/(2*x-1))^(x+1),x,inf)
 ans =
      exp(2)
```

（4）输入：

```
clear
>> syms x
>> limit((1/x)^tan(x),x,0,'right')
ans =
      1
```

（5）输入：

```
Clear
>> syms x m n k
>> limit((1+m/x)^(n*x+k),x,inf)
ans =
     exp(m*n)
```

（6）输入：

```
clear
>> syms y m n k
>> limit((1+m*y)^(n/y+k),y,0)
      ans =
         exp(m*n)
```

（7）输入：

```
clear
 >> syms x m n
   >> limit(sin(m*x)/tan(n*x),x,0)
    ans =
      m/n
```

（8）输入：

```
clear
>> syms x m n
>> limit((tan(m*x)+x)/sin(n*x),x,0)
   ans =
     (m+1)/n
```

三、数学实验（微分、积分）操作详解

在 MATLAB 中，用命令函数 diff()进行求导运算，其形式为

diff(function,'variable',n)

其中，参数 function 为需要进行求导运算的函数，variable 为求导运算的独立变量，n 为求导的阶次. 命令函数 diff()默认求导的阶次为 1 阶. 如果表达式中有多个符号变量，且没有在参数里说明，则按习惯的独立变量顺序确定进行求导的变量.

1. 用 MATLAB 计算导数

例 16 已知 $y=e^{2x}$，求 y'，y'' 及 $y^{(10)}$.

解 输入：

```
>> clear
>> syms x
>> diff(exp(2*x),'x',1)
 ans =
 2*exp(2*x)
 >> diff(exp(2*x),'x')
 ans =
 2*exp(2*x)
 >> diff(exp(2*x),'x',2)
 ans =
 4*exp(2*x)
 >> diff(exp(2*x),'x',10)
 ans =
 1024*exp(2*x)
```

例 17 已知 $y=e^{nx}$，求 y'''.

解法 1 输入：

```
>> syms x n
>> diff(exp(n*x),'x',3)
 ans =
 n^3*exp(n*x)
```

解法 2 输入：

```
>> syms x n
>> dy1= diff(exp(n*x),'x')
 dy1 =
 n*exp(n*x)
>> dy2=diff(dy1)
 dy2 =
 n^2*exp(n*x)
```

```
>> dy3=diff(dy2)
 dy3 =
 n^3*exp(n*x)
```

例 18 已知 $y=10xe^{-\frac{x}{2}}$，求 y'，y'' 与 $y^{(8)}$.

解 输入：

```
>> clear
>> syms x
>> diff(10*x*exp(-x/2),'x',1)
  ans =
   10*exp(-1/2*x)-5*x*exp(-1/2*x)
>> diff(10*x*exp(-x/2),'x',2)
  ans =
   -10*exp(-1/2*x)+5/2*x*exp(-1/2*x)
diff(10*x*exp(-x/2),'x',8)
  ans =
   -5/8*exp(-1/2*x)+5/128*x*exp(-1/2*x)
```

例 19 设 $f(x)=\dfrac{\sin x}{x^2+4x+3}$，求 $f'(x)$，$f''(x)$ 及 $f''\left(\dfrac{\pi}{6}\right)$.

解 输入：

```
>> clear
>> syms x
>> f=sin(x)/(x^2+4*x+3);
>> f1=diff(f)
  f1 =
    cos(x)/(x^2+4*x+3)-sin(x)/(x^2+4*x+3)^2*(2*x+4)
 >> f2=diff(f1)
  f2 =
-sin(x)/(x^2+4*x+3)-2*cos(x)/(x^2+4*x+3)^2*(2*x+4)+2*sin(x)/(x^2+4*x+3)^3*(2*x+4)^2
-2*sin(x)/(x^2+4*x+3)^2
>> x=pi/6;
>> -sin(x)/(x^2+4*x+3)-2*cos(x)/(x^2+4*x+3)^2*(2*x+4)+2*sin(x)/(x^2+4*x+3)^3*(2*x+4)^2
-2*sin(x)/(x^2+4*x+3)^2
ans =
        -0.2666
```

2. 用 MATLAB 解方程

（1）一元方程与线性方程组.

用两个函数 solve ()和 linsolve()来解线性方程，具体格式如下：

```
X=solve('eqn1','eqn2'...'eqnN','var1','var2'...'varN')
X=linsolve(A,B)
```

solve 这个命令函数用来解符号方程与方程组，还可以解超越方程，如三角方程等非线性方程. 参数'eqnN'为方程组中第 N 个方程，特殊地，方程组可以是单一的一个方程. 'varN'为方程组中第 N 个变量的声明，若没有变量声明，则系统会按人们的习惯确定符号方程中的待解变量. linsolve()这个命令用来解线性方程组 AX=B. 其中参数 A 为线性方程组的系数矩阵，X 为未知量矩阵，B 为常数项矩阵. 若定义命令函数 linsolve 的返回变量为[X，Z]，则返回线性方程组的通解 Z*P+X，否则返回为线性方程组的特解 X.

例 20 解方程 $x^2-x-6=0$.

解 输入：

```
>> clear
>> solve('x^2-x-6=0')
 ans =
     [ -2]
     [ 3]
```

例 21 求解方程组 $\begin{cases}x^2+y-6=0\\ y^2+x-6=0\end{cases}$.

解 输入：

```
>> clear
>> [x,y]=solve('x^2+y-6=0','y^2+x-6=0','x','y')
x =
[                    2]
[                   -3]
[ 1/2-1/2*21^(1/2)]
[ 1/2+1/2*21^(1/2)]
y =
[                    2]
[                   -3]
[ 1/2+1/2*21^(1/2)]
[ 1/2-1/2*21^(1/2)]
```

例 22 求解方程组 $\begin{cases}5x_1+4x_3+2x_4=3\\ x_1-x_2+2x_3+x_4=1\\ 4x_1+x_2+2x_3=1\\ x_1+x_2+x_3+x_4=0\end{cases}$.

解 输入：

```
>> clear
>> A=[5,0,4,2;1,-1,2,1;4,1,2,0;1,1,1,1];
>> B=[3;1;1;0];
```

```
>> X=A\B
X =
    1.0000
   -1.0000
   -1.0000
   1.0000
```

（2）非线性方程（组）.

用命令函数 fsolve()来解非线性方程（组）. 具体格式如下：

X=fsolve(fun,x0,options)

参数 fun 为定义好的待求解的非线性方程（组）的文件名. x0 为求解方程的初始向量或矩阵. options 设置命令函数 fsolve 求解过程的各种参数. 通常我们设为 optimset（fsolve）. options 的其他参数项可通过帮助文档查询，或直接在 MATLAB 的命令行输入 help optimset 查询.

例 23 解非线性方程组 $\begin{cases} x_1 - 0.5\sin x_1 - 0.3\cos x_2 = 0 \\ x_2 - 0.5\cos x_1 + 0.3\sin x_2 = 0 \end{cases}$.

解 输入：

```
>> clear;
>> [x,y,f]=fsolve('[x(1)-0.5*sin(x(1))-0.3*cos(x(2)),x(2)-0.5*cos(x(1))+0.3*sin(x(2))]',[0.1,0.1])
Optimization terminated successfully:
 Relative function value changing by less than OPTIONS.TolFun
x =
    0.5414      0.3310
y =
    1.0e-007 *
    0.4429      0.7265
f =
    1
```

3. 用 MATLAB 计算极值

例 24 已知销售额 R 是价格 P 的函数，且 $R = P\left(\frac{200}{P+4} - 18\right)$. 当价格 P 为何值时，销售额 R 有最大值，且求此最大值.

解 输入：

```
>> syms p
>> dy1=diff(p*(200/(p+4)-18),p)
 dy1 =
   200/(p+4)-18-200*p/(p+4)^2
 >> px=solve(dy1)
px =
```

```
    -32/3
     8/3
>> dy2=diff(dy1)
dy2 =
    -400/(p+4)^2+400*p/(p+4)^3
>> p=8/3;
-400/(p+4)^2+400*p/(p+4)^3
ans =
   -5.4000
R=p*(200/(p+4)-18)
R =
   32.0000
```

例 25 已知某公司收益函数 $R=10xe^{-\frac{x}{2}}$，成本函数 $C=(108+5x+x^{\frac{3}{2}})/100$，其中 x 为产（销）量，求最大收益、最低平均成本和最大利润.

解 输入：

```
>> clear
>> syms x
>> dy1=diff(10*x*exp(-1/2*x))
 dy1 =
 10*exp(-1/2*x)-5*x*exp(-1/2*x)
 >> px=solve(dy1)
 px =
     2
 >> dy2=diff(dy1)
 dy2 =
 -10*exp(-1/2*x)+5/2*x*exp(-1/2*x)
 >> x=2;
>> y2=-10*exp(-1/2*x)+5/2*x*exp(-1/2*x)
 y2 =
 -5*exp(-1)
>> y=10*x*exp(-1/2*x)
 y =
 20*exp(-1)
```

所以最大收益为 $20/\mathrm{e}$.

```
>> clear
syms x
c=(108+5*x+x^(3/2))/100;
>> ac=(108+5*x+x^(3/2))/(100*x);
```

```
>> dac=diff(ac)
 dac =
 1/100*(5+3/2*x^(1/2))/x-1/100*(108+5*x+x^(3/2))/x^2
 >> px=solve(dac)
 px =
 36
>> x=36;
>> ac=(108+5*x+x^(3/2))/(100*x)
ac =
     0.1400
```

所以最低平均成本为 0.14.

```
>> clear
>> syms x
>> l=10*x*exp(-x/2)-(108+5*x+x^(3/2))/100;
>> dl=diff(l)
 dl =
    10*exp(-1/2*x)-5*x*exp(-1/2*x)-1/20-3/200*x^(1/2)
 >> x1=solve(dl)
 x1 =
        1.9621185689941904285439853439194
 >> x=1.9621185689941904285439853439194;
>> l=10*x*exp(-x/2)-(108+5*x+x^(3/2))/100
l =
    6.1507
```

所以最大利润为 6.150 7.

4. 用 MATLAB 进行不定积分

用 MATLAB 进行不定积分运算的命令函数为 int()，具体格式如下：

int(f,variable)

其中 f 为待积分的函数表达式，variable 为积分变量.

例 26 计算下列不定积分：

（1）$\int \ln x\mathrm{d}x$；（2）$\int x^3\mathrm{e}^{2x-1}\mathrm{d}x$；

（3）$\int (x^4-3x^2+1)\sin(2x+1)\mathrm{d}x$；（4）$\int (\sin ax\times\sin bx\times\cos cx)\mathrm{d}x$.

解 （1）输入：

```
>> clear
>> syms x
>> int(log(x),x)
ans =
```

```
x*log(x)-x
```
或
```
>> int(log(x))
   ans =
        x*log(x)-x
```
（2）输入：
```
>> clear
>> syms x
>> int(x^3*exp(2*x-1),x)
ans =
1/16*exp(2*x-1)*(2*x-1)^3+3/16*exp(2*x-1)*(2*x-1)-1/8*exp(2*x-1)
```
（3）输入：
```
>> clear    syms x y
>> y=(x^4-3*x^2+1)*sin(2*x+1);
>> int(y)
ans =
-1/32*(2*x+1)^4*cos(2*x+1)+1/8*sin(2*x+1)*(2*x+1)^3+9/16*(2*x+1)^2*cos(2*x+1)
-41/32*cos(2*x+1)-9/8*sin(2*x+1)*(2*x+1)+1/8*(2*x+1)^3*cos(2*x+1)
-3/8*sin(2*x+1)*(2*x+1)^2+11/8*sin(2*x+1)-11/8*(2*x+1)*cos(2*x+1)
```
（4）输入：
```
>> clear
>> syms x y a b c
>> y=sin(a*x)*sin(b*x)*cos(c*x);
>> int(y)
ans =
1/4/(-c+a-b)*sin((-c+a-b)*x)+1/4/(c+a-b)*sin((c+a-b)*x)-1/4/(-c+a+b)*sin((-c+a+b)*x)-1/4/(
c+a+b)*sin((c+a+b)*x)
```

5. 用 MATLAB 计算定积分

用 MATLAB 进行定积分运算的命令函数仍为 int()，具体格式如下：

int(function,variable,a,b)

其中 function 为待积分的函数表达式，variable 为积分变量，a 为积分下限，b 为积分上限.

例 27 计算下列定积分：

（1）$\int_0^1 \frac{xe^x}{(1+x)^2}dx$；（2）$\int_0^4 e^{\sqrt{x}}dx$；（3）$\int_{-\infty}^{+\infty} e^{-x^2}dx$；（4）$\int_0^{\frac{\pi}{2}} e^{ax}\cos bx dx$.

解 （1）输入：
```
>> clear
>> syms x y
>> y=(x*exp(x))/((1+x)^2);
>> int(y,x,0,1)
```

```
ans =
1/2*exp(1)-1
```

（2）输入：

```
>> clear
>> syms x y
>> y=exp(sqrt(x));
>> int(y,x,0,4)
ans =
2*exp(2)+2
```

（3）输入：

```
>> clear
>> syms x y
>> y=exp(-x^2);
>> int(y,-inf,inf)
ans =
pi^(1/2)
```

（4）输入：

```
>> clear
>> syms x y a b
>> y=exp(a*x)*cos(b*x);
>> int(y,x,0,pi/2)
ans =
(exp(1/2*pi*a)*a*cos(1/2*pi*b)+exp(1/2*pi*a)*b*sin(1/2*pi*b)-a)/(a^2+b^2)
```

例 28 某产品边际成本函数 $C'(x)=x^{-\frac{1}{2}}+\frac{1}{2\ 000}$，且知 10 000 件产品的总成本是 1 200 元，求总成本函数.

解 由题意知，要求总成本函数为

$$C(x)=\int\left(x^{-\frac{1}{2}}+\frac{1}{2\ 000}\right)\mathrm{d}x$$

在 MATLAB 窗口中输入：

```
>> syms x y
>> int(x^(-1/2)+1/2000,x)
ans =   2*x^(1/2)+1/2000*x
```

即 $C(x)=2\sqrt{x}+\frac{1}{2\ 000}x+C$，再将 $x=10\ 000$ 代入得

```
>> x=10 000,c=1 200-2*x^(1/2)-1/2 000*x
x = 10 000              c = 995
```

所以，总成本函数为

$$C(x)=2\sqrt{x}+\frac{1}{2\,000}x+995$$

例 29 已知某产品的边际成本和边际收入分别为 $C'(x)=x^2-4x+6$, $R'(x)=105-2x$，且固定成本为 100，其中 x 为销售量. 当销售量为多少时有最大利润？最大利润是多少？

解 利润函数为

$$L(x)=R(x)-C(x)$$

令

$$L'(x)=R'(x)-C'(x)=0$$

在 MATLAB 窗口中输入：

```
>> clear
>> syms x dR dC dL
>> dR=105-2*x;dC=x^2-4*x+6;dL=dR-dC
          dL =
                99+2*x-x^2
>> x0=solve(dL)
          x0 =
                [ -9]
                [ 11]
```

由问题的实际意义，解得驻点 $x_0=11$，即销售量为 11 时利润最大，最大利润为 $L=\int_0^{11}L'(x)\mathrm{d}x$.

在 MATLAB 窗口中输入：

```
>> L=int(dL,x,0,11)
L =
    2299/3
```

所以最大利润为 766.3.

项目二 Mathematica 应用

一、Mathematica 数学实验简介

在学习了一系列的数学知识以后，如果我们能学会运用计算机处理各类数学问题，则无疑使我们的数学应用能力有一个质的飞跃.

用计算机处理各类数学问题，必须要有理想的数学软件. 在众多的数学软件中，Mathematica 以它的功能强大、应用面广、易学易用等优点得到了各国科研人员和工程技术人员的高度认同.

Mathematica 是由美国科学家 Stephen Wolfram 主持的一个科研小组开发的. 它的语法规则简单，操作语言与人们的日常语言非常相近. 在功能方面，除数值计算外，强大的符号运算功能和制图功能使得它一直享有盛名. 由于 Mathematica 能给出问题的解析符号解，从而使得用户能用该软件方便地处理微积分、微分方程、线性代数和规划优化等各类问题. 现在，

Mathematica 软件已在工程、科研、教学等各个领域被广泛使用. 在大学生的数学建模活动中，Mathematica 也是非常得力的工具.

本项目将通过三个数学实验问题来介绍 Mathematica 的各种基本命令以及相应的需要注意问题. 对于每个实验问题，都列出了供参考的求解命令及其计算结果.

二、实验一：基本运算、函数与作图

【实验内容】

四则运算、基本初等函数的求值、代数式的化简、函数的作图.

【实验目的】

能熟练地使用 Mathematica 进行四则运算；能熟练地对初等函数进行求值计算和作图操作；会用“Simplify”语句对函数或代数式进行化简；了解分段函数的定义和作图命令；了解三维作图的命令.

【实验须知】

Mathematica 的启动：在 Windows 环境下，点击“开始—程序—Mathematica 5.1”，即可启动 Mathematica，此时计算机的屏幕将出现图 9-7 所示的窗口. 若桌面上已有 Mathematica 的快捷图标，用鼠标左键双击快捷图标也可启动 Mathematica.

图 9-5 的左边为 Mathematica 的主窗口，它可以用鼠标拉大或推小. Mathematica 命令的输入以及运行结果都在主窗口显示；右侧的长方块是软键盘，Mathematica 命令也可用鼠标点击软键盘输入.

（1）命令的输入.

Mathematica 命令的输入以键盘操作为主. 输入命令或程序时，注意输入状态必须是英文输入状态而不是中文输入状态. 由于 Mathematica 命令对于字母的大小写有严格的区分，还须注意大写键（Caps Lock）的指示灯是否无意中被打开.

图 9-7

作为辅助手段，用户还可通过鼠标点击图 9-7 右侧的软键盘输入 Mathematica 命令. 该类软键盘在 Mathematica 中被称为“Palettes”，带有各种数学符号与字符. 用户可以根据需要予以关闭或打开. 软键盘的打开，可点击“File—Palettes”后进行选择. 最常用的软键盘是 Basic

Input Palette. 利用它，可方便地输入诸如“π”“→”“≠”等常用数学字符，也可方便地输入含有分式、指数、极限、积分、矩阵等各种字符结构的数学表达式.

（2）命令的执行和书写的换行.

在 Mathematica 窗口中，标准键盘上的两个“Enter”键的作用是不同的. 按右下角的“Enter”键，计算机将执行已写出的 Mathematica 命令；按靠近中间的“Enter”键，计算机将执行文档中的换行动作. 笔记本电脑通常只有一个“Enter”键，单独按这个键，计算机将执行文档换行动作；按“Shift + Enter”两个键，计算机将执行已写出的命令.

（3）命令的中止.

键盘输入“Alt+.”，即可中止正在运行的 Mathematica 命令.

（4）命令的复制.

在 Mathematica 与记事本或 Word、Excel 文档之间拷贝、粘贴命令，Mathematica 5.1 版本比其早期的版本具有更好的兼容性. 但从 Word 文档复制命令时，仍须注意拷入 Mathematica 命令的字体必须为英文字体，并避免带入不易被察觉的多余空格. 在 Word 文档中宋体的减号“－”，在 Mathematica 中会被视为破折号；Word 文档中位于两个数值或变量之间的空格，在 Mathematica 中会被视为相乘的指令. 另外，也须注意防止 Word 文档的自动改写功能（如将小写字母自动改写为大写字母）使命令走样.

（5）关于清除命令.

若某一变量或函数已被赋值或定义，可以用清除命令予以消除. 清除给变量 x 的赋值，可用命令“x=.”；清除对函数（包括多元函数）f 的定义，可用命令“Clear[f]”或“Remove[f]”，这两个命令既可用于清除对函数的定义，也可用于清除对变量的赋值.若要消除多个变量的赋值或定义，清除命令可照“Clear[x,f]”或“Remove[x,f]”的形式书写.

（6）Mathematica 对输入与输出的标识.

Mathematica 在命令执行完毕后，对于用户的每一行输入命令都有编号，并在第一行的输入命令前面有蓝色字符“In[n]:=”的显示，其中“n”为计算机对该行命令的编号；相对应的计算结果则用“Out[n]=”标识（见图 9-8）.

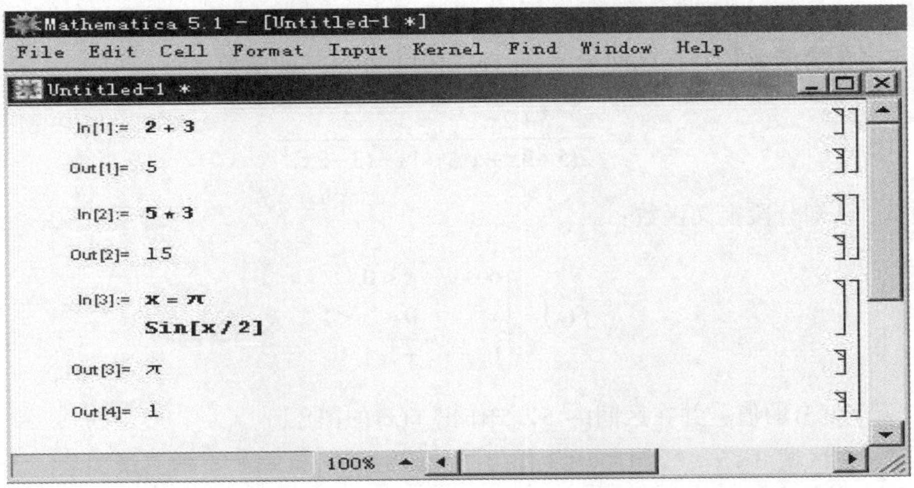

图 9-8

在 Mathematica 的主窗口，右端的蓝色方括号“]”所包含的输入命令被称为一个单元

（Cell），其相应的运行结果则在另一个单元中予以显示. Mathematica 在执行命令时，该命令单元的方括号“]”是黄色的；命令执行完毕，方括号恢复为蓝色. Mathematica 在执行第一次命令时，由于要做初始化工作，所需时间稍长.

方括号“]”可视为单元的手柄，用鼠标单击该手柄，就可选定相应的单元（此时方括号由蓝色变为黄色），然后可对该单元进行复制、剪切、计算等操作，或依照菜单命令进行操作.

若干个单元可以组成一个单元群（Group Cell），用大方括号“]”标识.

（7）本书对输入、输出的标识.

本书对于各个数学实验问题的求解命令以及相应的输出结果，均分别以“Mathematica 命令”与“输出结果”标出；对于同一问题的不同求解命令，则以“Mathematica 命令 1”“Mathematica 命令 2”……的形式标出. 计算机对用户的输入、输出所给的标识“In[n]:=”与“Out[n]”，由于会因个人上机情况不同而不同，书中一般不予标出.

【实验问题】

问题 1 已知 $x_1=\pi, x_2=2$，$y=\dfrac{x_1x_2}{3x_1+x_2^3}-1$，求 y 和 $|y|$.

问题 2 设 $x=2$，求 $y_i(i=1,2,\cdots,7)$.

$y_1=x^3$

$y_2=3^x$

$y_3=\mathrm{e}^x$

$y_4=\log_2 x$

$y_5=\ln x$

$y_6=\sin x$

$y_7=\arcsin\dfrac{x}{5}$

问题 3 设 $p(x)=x^3+18x-30$，求 $p(2)$，$p(4)$，$p(8)$的值并予以打印.

问题 4 设 $y=\sin(\arctan x)$，求 $x=\sqrt{3}$ 时 y 的值，要求具有 20 位有效数字.

问题 5 化简函数，并在区间 $x\in[-10，10]$上作出它的图象：

$$y=\frac{3+2x}{2(5+3x+x^2)}-\frac{2}{11+(3+2x)^2}$$

问题 6 已知分段定义函数：

$$f(x)=\begin{cases}\cos x, & x<0\\ x^2, & 0\leqslant x<1\\ 1, & x\geqslant 1\end{cases}$$

求 $f(-0.5)$，$f(0.5)$的值，并在区间[－5，5]作出 $f(x)$的图象.

问题 7 在区域 $0\leqslant x\leqslant 3$，$0\leqslant y\leqslant 3$ 作出二元函数 $f(x,y)=\mathrm{e}^{\sin(xy)}$ 的三维图象.

问题 8 设

$$y_1=x^3-35x^2+100x+1500$$

$$y_2 = 2000\left(\cos\frac{x}{2} - \sin x\right)$$

请分别作出这两个函数在区间 $x \in [-40, 40]$ 的图象，然后选定合适的区间，将它们的图象作在一个平面直角坐标系中，判断方程

$$x^3 - 35x^2 + 100x + 1500 = 2000\left(\cos\frac{2}{x} - \sin x\right)$$

有几个实数解.

【各问题的参考命令与输出结果、相关说明】

问题 1

Mathematica 命令：

```
x1=Pi
x2=2
y=x1*x2/(3x1+x2^3)–1
N[y]
y1=Abs[y]
N[y1]
```

输出结果：

π

2

$-1+\frac{2\pi}{8+3\pi}$

– 0.639 411

$1-\frac{2\pi}{8+3\pi}$

0.639 411

说明：

（1）输出的六行结果分别与输入的六行命令相对应.

（2）输入命令中的“pi”即圆周率 π.

（3）符号“*”代表乘法运算，“^”代表乘幂运算.

（4）第 5 行中的“Abs[y1]”表示取 y_1 的绝对值.

（5）在 Mathematica 命令中，“x1*x2”表示 x_1 乘以 x_2，而“x1x2”表示一个变量或符号；对于语句“3*x1”，由于是数乘变量，“*”号可以省略.

（6）在 Mathematica 中，内部函数或命令的标识都是以大写字母开头. 为了避免混淆，Mathematica 中的变量名通常以小写字母开头，后面可以跟字母或数字. 例如，“abc”“x3”都是合法的变量名；但“a b”由于 a 与 b 之间有一个空格，被视为“a*b”. 英文字母的大小写意义是不同的，因此 A 与 a 表示两个不同的变量.

（7）输出结果的第三、第五行，分别为 y 和 $|y|$ 的完全精确值；第四、第六行是将上一行的结果化成数值形式，其中“N[y]”“N[y1]”是对 y 和 $|y|$ 进行数值计算的命令.

问题 2

Mathematica 命令 1：

```
x=2
y1=x^3
y2=3^x
y3=E^x
y4=Log[2,x]
y5=Log[x]
y6=Sin[x]
y7=ArcSin[x/5]
```

输出结果 1：

2

8

9

e^2

1

Log[2]

Sin[2]

$\text{ArcSin}\left[\frac{2}{5}\right]$

说明：

（1）调用 Mathematica 的各种命令或内置函数，其名称的第一个字母应大写；在被调用命令或内置函数符号后面的数值或变量，应放在方括号中. 如正弦函数，在命令中必须写成“Sin[x]”的形式，不能写成“Sinx”或“sin[x]”的形式.

（2）输入命令第 4 行中的“E”代表常数 e.

（3）输入命令第 5 行中的“Log[2,x]”，表示取以 2 为底的 x 的对数；第 6 行中的“Log[x]”表示取 x 的自然对数.

（4）注意在最后一行的命令中，反正弦函数符号“ArcSin”中有两个大写字母.

（5）以上输出结果的第 4、第 6、第 7、第 8 行分别为 y_3、y_5、y_6、y_7 的完全精确值；若欲想得到 y_i 的数值结果，仍应使用求值命令“N[y]”.

Mathematica 命令 2：

```
x=2;
y1=x^3; N[y1]
y2=3^x; N[y2]
y3=E^x; N[y3]
```

```
y4=Log[2,x]; N[y4]
y5=Log[x]; N[y5]
y6=Sin[x]; N[y6]
y7=ArcSin[x/5]; N[y7]
```

输出结果 2：

```
8.
9.
7.38906
1.
0.693147
0.909297
0.411517
```

说明：

（1）以上 7 行输出结果分别为 y_1、y_2、…、y_7 的值，注意凡在结尾上带有“;”号的命令，其运行结果均不予显示．“;”号的这一功能，使得用户可以根据需要显示或不显示某一语句的运行结果．

（2）函数 e^x 除了用“E^x”表示外，也可用“Exp[x]”表示．

问题 3

Mathematica 命令 1：

```
x=.
p[x_]:=x^3+18x-30;
Print[p[2]]
Print[p[4]]
Print[p[8]]
```

输出结果 1：

```
14
106
626
```

说明：

（1）在 Mathematica 中，“=”应理解为给变量一个值．在使用“=”定义规则时，定义式右边的表达式立即被求值；而在使用“:=”定义规则时，系统不做运算，也就没有相应的输出，定义式右边的表达式不被立即求值，直到被调用时才被求值．因此“:=”可视为延迟赋值号，“=”可视为立即赋值号．

（2）“p[x_]:=”或“p[x_]=”是自定义函数 $p(x)$的命令格式，其中“x_”表示形式参数．定义多元函数的命令也可比照书写，如定义二元函数 $p(x,y)$，可写为“p[x_,y_]:=”或“p[x_,y_]=”．

（3）“Print”为打印命令．在打印字符时，要打印的字符内容要加双引号．

Mathematica 命令 2：

```
x=.
p[x_]:=x^3+18x-30
Print["p[2]=", p[2]]
Print["p[4]=", p[4]]
Print["p[8]=", p[8]]
```

输出结果 2：

```
p[2]=14
p[4]=106
p[8]=626
```

问题 4

Mathematica 命令 1：

```
x=Sqrt[3]
y=Sin[ArcTan[x]]
N[y,20]
```

输出结果 1：

$\sqrt{3}$

$\frac{\sqrt{3}}{2}$

0.86602540378443864676

说明：

（1）第一行命令“x=Sqrt[3]”可写为“x=3^(1/2)”；但若改为“x=Sqrt[3.]”或“x=3^0.5”，Mathematica 将把 x 视为普通的实数处理，计算机内部对 x 值保留 16 位的精度；此时 Mathematica 给出的 x 值将不是完全精确值 $\sqrt{3}$，而是近似值 1.732 05. 以该值参与后面程序的运算，输出精度无法达到 20 位有效数字.

（2）若将以上第一行命令与第二行命令对调，可能会导致错误的计算结果. 因为程序在执行“y=Sin[ArcTan[x]]”时，x 可能在前面的程序中已有定义（如在问题 2 中已定义 x=2），按计算机执行程序的次序，计算机将先把 x 的原定义值代入“Sin[ArcTan[x]]”求 y 值，然后才执行“x=Sqrt[3]”的命令.

（3）在 Mathematica 中，符号“%”表示前一个计算结果；符号“%%”表示倒数第二个计算结果. 这两个符号能使用户比较方便地调用相关数据. 若将以上第三行命令“N[y,20]”语句改为“N[%,20]”，计算机将给出同样的计算结果.

Mathematica 命令 2：

```
x=Sqrt[3]
y=Sin[ArcTan[x]]
N[%,20]
```

输出结果 2：

$\sqrt{3}$

$\frac{\sqrt{3}}{2}$

0.86602540378443864676

Mathematica 命令 3：

N[Sin[ArcTan[Sqrt[3]]],20]

输出结果 3：

0.86602540378443864676

问题 5

Mathematica 命令：

```
Clear[x]
y=(3+2x)/2/(5+3x+x^2)-2/(11+(3+2x)^2)
Simplify[y]
Plot[y,{x,-10,10}]
```

输出结果：

$$\frac{3+2x}{2(5+3x+x^2)}-\frac{2}{11+(3+2x)^2}$$

$$\frac{1+x}{5+3x+x^2}$$

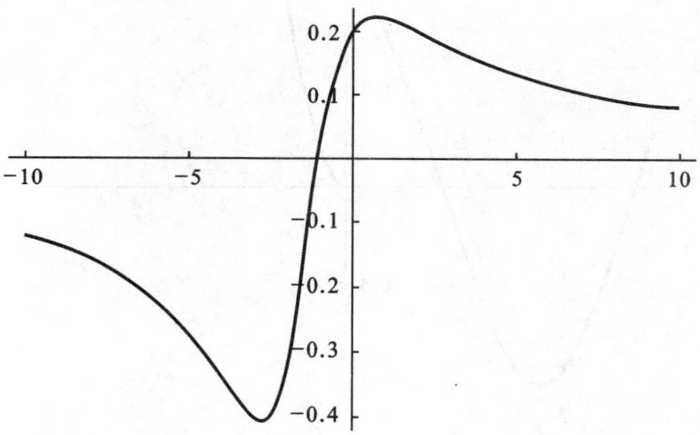

-Graphics-

说明：

（1）此处 x 是变量，为防止 x 在前面的操作中已被赋值（如在问题 4 中已有命令“x=Sqrt[3]”对 x 赋值），输入的第一句先设清除命令“Clear[x]”.“Clear[x]”语句无对应输出.

（2）输出的最后一行“-Graphics-”表示执行了作图命令.

（3）在语句“Plot[y,{x,-10,10}]”中，花括号“{…}”表示数组，此处“{x,-10,10}”表示作图区间为 $-10\leqslant x\leqslant 10$.

（4）作图选项命令“AxesLabel”用于标识横轴和纵轴. 若最后一行的命令写为“Plot[y,{x,-10,10},AxesLabel→{"x","y"}]”，则横轴和纵轴分别被标上“x”与“y”的记号. 命令中的符号“→”由键盘减号“-”和大于号“>”合成.

（5）作图选项命令“PlotRange”可用于设置纵轴的刻度范围. 若把本问题作图命令写为“Plot[y,{x,-10,10},PlotRange->{-1,1}]”，所显示的函数图象的纵轴刻度范围将为[－1，1].

（6）作图选项命令“PlotStyle”可设置函数曲线的颜色. 本问题中，若欲将函数曲线的颜色设为红色，最后一行可改写为“Plot[y,{x,-10,10},PlotStyle->{Red}]”，也可改写为“Plot[y,{x,-10,10},PlotStyle->{RGBColor[1,0,0]}]”，其中 RGBColor[1,0,0] 表示红 (Red)、绿 (Green)、蓝(Blue)三种基色的成分分别为 1、0、0.

问题 6

Mathematica 命令 1：

```
Clear[x,y]
y[x_]:=Which[x<0,Cos[x],0<=x<1,x^2,x>=1,1]
y[-0.5]
y[0.5]
Plot[y[x],{x,-5,5}]
```

输出结果 1：

0.877583

0.25

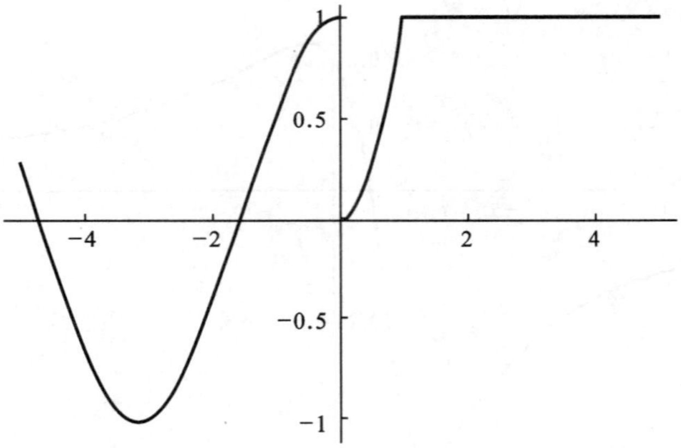

-Graphics-

说明：

“y[x_]:=Which[D1,F1,D2,F2,…,Dn,Fn]”是自定义分段函数的命令格式，其中 D1，D2，…，Dn 为函数的分段区域，F1，F2，…，Fn 分别为函数在相应分段区域的定义式.

Mathematica 命令 2：

```
Clear[x,y]
y[x_]:=Cos[x]/;x<0
y[x_]:=x^2/;0<=x<1
y[x_]:=1/;x>=1
y[-0.5]
y[0.5]
Plot[y[x],{x,-5,5}]
```

说明：

这是分段函数另一种定义格式，输出结果与“Mathematica 命令 1”的输出结果相同，语句“F[x_]:=表达式/;条件”表示当且仅当条件为真时，F[x]的值为表达式.

问题 7

Mathematica 命令：

```
Clear[x,y,f]
f=E^Sin[x*y];
Plot3D[f,{x,0,3},{y,0,3}]
```

输出结果：

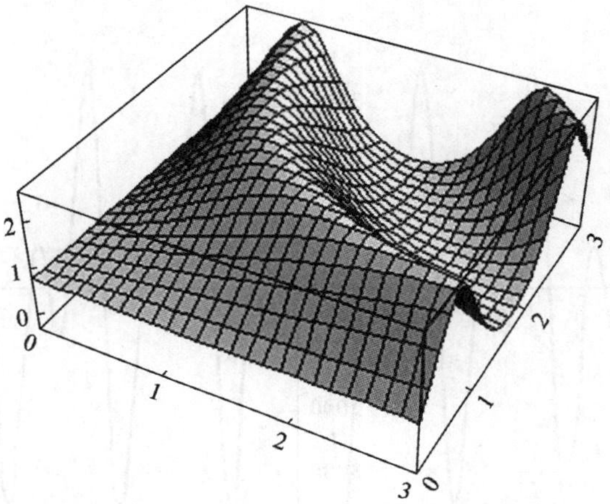

-SurfaceGraphics-

说明：

输出“-SurfaceGraphics-”表示执行了曲面作图的命令.

问题 8

Mathematica 命令：

```
Clear[x]
y1=x^3-35x^2+100x+1500
y2=2000 (Cos[x/2]-Sin[x])
Plot[y1,{x,-40,40}]
Plot[y2,{x,-40,40}]
Plot[{y1,y2},{x,-20,45}]
```

输出结果：

$1500+100x-35x^2+x^3$

$2000\left(\cos\frac{x}{2}-\sin x\right)$

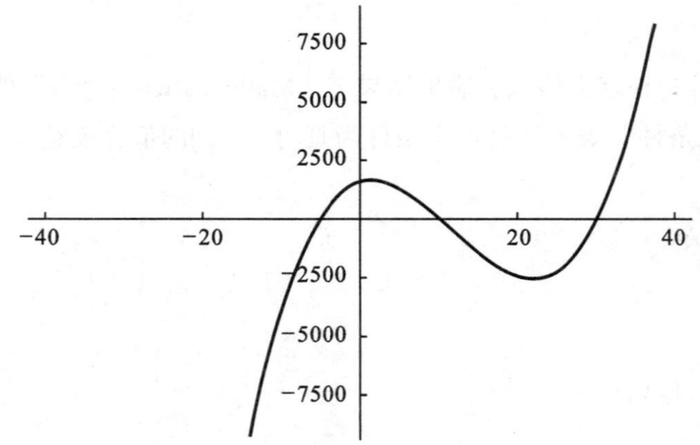

-Graphics-

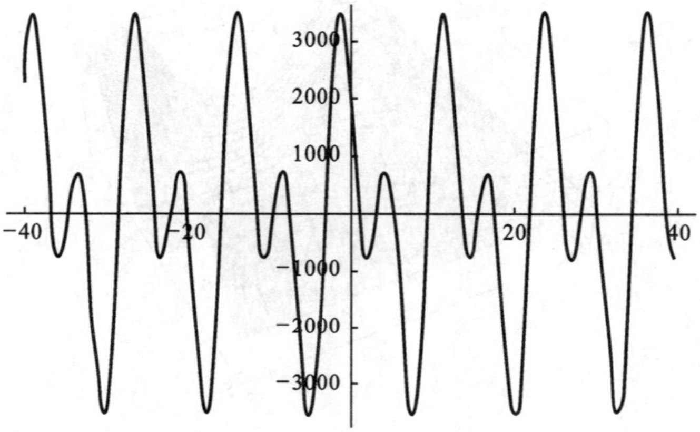

-Graphics-

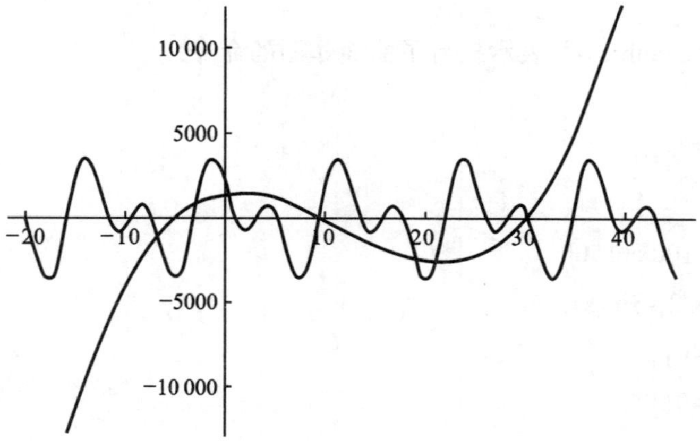

-Graphics-

输出结果的最后一张图把 $y_1 = x^3 - 35x^2 + 100x + 1500$ 和 $y_2 = 2000\left(\cos\frac{x}{2} - \sin x\right)$ 的图象作在同一个平面直角坐标系中，图象表明两条曲线共有 7 个交点，故方程

$$x^3-35x^2+100x+1500=2000\left(\cos\frac{x}{2}-\sin x\right)$$

有 7 个实数解.

说明：

（1）作图的命令也可写为一行，如输入“Plot[x^3-35x^2+100x+1500,{x ,-40,40}]”，将同样得到“输出结果”的第一张图.

（2）语句“Plot[{y1,y2},{x,-20,45}]”表示要求同时作出 y_1 和 y_2 的图象，作图区间为 $-20\leqslant x\leqslant 45$.

（3）若本问题“Mathematica 命令”最后一行改为“Plot[{y1,y2},{x,-20,45}，PlotStyle→{Red,Blue}]”，则 y_1 和 y_2 曲线的颜色分别变为红色和蓝色.

三、实验二：根与极值

【实验内容】

求解方程与方程组；求函数的极值.

【实验目的】

能熟练使用 Mathematica 求解方程与方程组；会提取计算结果；会求函数的极值.

【实验须知】

（1）根和极值是本次实验的重点内容.有些 Mathematica 命令常常要求用户给出求解的初始值，而不同的初始值可能得到不同的求解结果. 在这种情况下，无论是求根或是求极值、最值，建议求解前先作图，再根据图形选取合适的初始值. 这样取得的结果会比较理想.

（2）求解方程与方程组的命令有好几种. “Solve”“NSolve”“Roots”“NRoots”和“Reduce”语句特别适宜于求解多项式方程，其中“Solve”“Roots”“Reduce”语句还能给出方程的精确代数解. “FindRoot”是另一种求解方程的语句，可用于求解各种超越方程，但“FindRoot”语句需给出求解的初始值. 对于上述六种求解方程的语句本节都有示例给出. 其中“Solve”“NSolve”和“FindRoot”三种语句，是学习的重点.

（3）在 Mathematica 命令中，双等号“==”表示相等；单等号“=”则代表赋值命令. 例如语句“x=2+5”表示设定 x 的值为 2+5；语句“p=x^2+x-5”表示设定 p 为 x 的二次函数 $p=x^2+x-5$.

注意 （1）方程 $x^2+x-5=0$ 在输入命令中应写为“x^2+x-5==0”，而不能依照通常的习惯写为“x^2+x-5=0”. 对于单等号与双等号的不同用法，初学者容易混淆，应注意区分.

（2）学会提取 Mathematica 的计算结果，这一点对于今后的编程很重要.

【实验问题】

问题 9 解方程 $x^2+x-5=0$.

问题 10 解方程组 $\begin{cases}x-2y=0\\x^2-y=1\end{cases}$.

问题 11 以 $x_0=1$ 为起始点，搜索方程 $x^3+18x-30=0$ 的解.

问题 12 以 $x_0=1$，$y_0=1$ 为起始点，搜索方程组 $\begin{cases}x^2y-2y^2+10\cos x=0\\ y^3-xy-2=0\end{cases}$ 的解.

问题 13 求函数 $y=\sin(x-2)+x/5$ 在区间 $x\in[-3,3]$ 的极小值与极大值.

【各问题的参考命令与输出结果、相关说明】

问题 9

Mathematica 命令 1：

```
x=.
p=x^2+x-5
Solve[p==0,x]
```

输出结果 1：

$-5+x+x2$

$\left\{\left\{x\to\frac{1}{2}\left(-1-\sqrt{21}\right)\right\},\left\{x\to\frac{1}{2}\left(-1+\sqrt{21}\right)\right\}\right\}$

说明：

（1）输出结果中的“x →⋯”可理解为“x = ⋯”.

（2）输出结果最后一行的双重花括号，属二重数组（表中表）结构.

（3）若需提取计算结果，可在命令后添加：

```
R=%
x1=x/.R[[1]]
x2=x/.R[[2]]
```

即得到 $x1=\frac{1}{2}(-1-\sqrt{21}),x2=\frac{1}{2}(-1+\sqrt{21})$. 此处 R[[1]]、R[[2]] 分别是计算结果 $\left\{\left\{x\to\frac{1}{2}(-1-\sqrt{21})\right\},\left\{x\to\frac{1}{2}(-1+\sqrt{21})\right\}\right\}$ 的第一个分量 $\left\{x\to\frac{1}{2}(-1-\sqrt{21})\right\}$ 和第二个分量 $\left\{x\to\frac{1}{2}(-1+\sqrt{21})\right\}$ 中的 x 值.

Mathematica 命令 2：

```
x=.
p=x^2+x-5
NSolve[p==0,x]
```

输出结果 2：

$-5+x+x^2$

$\{\{x\to-2.79129\},\{x\to1.79129\}$

Mathematica 命令 3：

```
x=.
p=x^2+x-5
NSolve[%==0,x,20]
```

输出结果 3：

```
-5 + x + x2
{{x → -2.7912878474779200033},{x → 1.7912878474779200033}}
```

说明：

命令“Solve[p ==0,x]”表示求使得 $p=0$ 的代数解 x；

命令“NSolve[p==0,x]”表示求使得 $p=0$ 的数值解 x；

命令“NSolve[p==0,x,20]”表示求使得 $p=0$ 的数值解 x，并且要求 x 具有 20 位有效数字.

注意：命令“NSolve”中的字母 N 和 S 都要大写.

Mathematica 命令 4：

```
x=.
p=x^2+x-5
Roots[p==0,x]
```

输出结果 4：

$-5 + x + x^2$

$x == \frac{1}{2}(-1-\sqrt{21}) \,||\, x = -\frac{1}{2}(-1+\sqrt{21})$

Mathematica 命令 5：

```
x=.
p=x^2+x-5
NRoots[p==0,x]
```

输出结果 5：

$-5 + x + x^2$

$x == -2.79129 \,||\, x == 1.79129$

Mathematica 命令 6：

```
x=.
p=x^2+x-5
Reduce[p==0 ,x]
```

输出结果 6：

$-5 + x + x^2$

$x == \frac{1}{2}\left(-1-\sqrt{21}\right) \,||\, x == \frac{1}{2}\left(-1+\sqrt{21}\right)$

说明：

（1）在“输出结果 4”至“输出结果 6”中，字符“||”表示“或者”的逻辑关系.

（2）以上六种求解命令都可以改写为单行语句，如第一种求解命令可写为“Solve[x^2+x-5==0, x]”.

问题 10

Mathematica 命令 1：

```
Clear[x,y]
Solve[{x-2y==0,x^2-y==1},{x,y}]
```

输出结果 1：

$$\left\{\left\{y\to\frac{1}{2}\left(\frac{1}{4}-\frac{\sqrt{17}}{4}\right),x\to\frac{1}{4}\left(1-\sqrt{17}\right)\right\},\left\{y\to\frac{1}{2}\left(\frac{1}{4}+\frac{\sqrt{17}}{4}\right),x\to\frac{1}{4}\left(1+\sqrt{17}\right)\right\}\right\}$$

Mathematica 命令 2：

```
Clear[x,y]
NSolve[{x-2y==0,x^2-y==1},{x,y}]
```

输出结果 2：

{{x→1.28078,y→0.640388}, {x→-0.780776,y→-0.390388}}

说明：

若在命令后添写以下命令，就可提取计算结果：

```
R=%
x1=x/.R[[1]]
y1=y/.R[[1]]
x2=x/.R[[2]]
y2=y/.R[[2]]
```

此处 R 为计算结果{{x→1.28078,y→0.640388}, {x→-0.780776,y→-0.390388}}，它是“表中表”的结构；R[[1]] 表示数表 R 的第一个数组{x→1.28078,y→0.640388}；R[[2]]表示 R 的第二个数组{x→-0.780776,y→-0.390388}；x1=x/.R[[1]]表示令 x1 等于第一个数组 R[[1]]中的 x 值 1.28078.

Mathematica 命令 3：

```
Clear[x,y]
f1=x-2y;
f2=x^2-y;
eqn={f1==0,f2==1};
Reduce[eqn,{x,y}];
N[%]
```

输出结果 3：

(x→-0.780776||x→1.28078)&&y→0.5 x

说明：

（1）Reduce[eqn,{x,y}]表示化简方程组并给出所有可能的解.

（2）字符“||”如上所述，表示“或者”的逻辑关系；字符“&&”表示“并且”的逻辑关系.

问题 11

Mathematica 命令：

```
Clear[x]
f=x^3+18x-30
FindRoot[f==0,{x,1}]
```

输出结果：

$-30+18x+x^3$

{x→1.48481}

说明：

（1）"FindRoot"是用牛顿迭代法来求方程的根的语句，其最大迭代次数的默认值被设定为 15 次. 在通常情况下 15 次的迭代是足够的. 但如果给定的初始值 x_0 不恰当，如在 x_0 处其导数值等于零，迭代计算无法进行；或迭代次数达 15 次仍找不到根，计算机就会给出警告信息. 此时可试换另一个 x_0. 注意计算机在给出这类警告信息后所给的 x 值是最新的迭代结果，不是方程的根.

（2）"FindRoot" 语句的执行结果，与初始值 x_0 有很大的关系. 若被求解的方程不止一个解，不同的初始值可能导致不同的结果.

（3）先用 "Plot" 语句作函数的图形予以观察分析，对寻根非常有帮助.

问题 12

Mathematica 命令：

```
Clear[x,y]
f1=y*x^2-2y^2+10Cos[x];
f2=y^3-x*y–2;
FindRoot[{f1==0,f2==0},{x,1},{y,1}]
```

输出结果：

{x→1.34087, y→1.60775}

问题 13

Mathematica 命令：

```
x=.
y= Sin[x-2]+x / 5;
Plot[y,{x,-3,3}]
FindMinimum[y,{x,0}]
FindMaximum[y,{x,-2.5}]
```

输出结果：

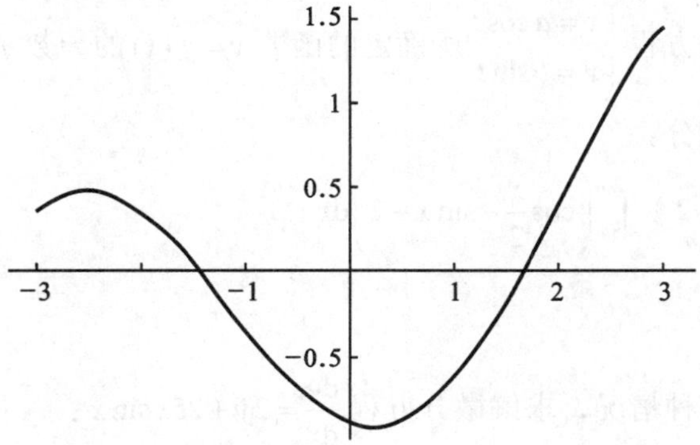

-Graphics-

{-0.934227, {x→ 0.227846}}

{0.47759, {x→ -2.51103}}

说明：

（1）FindMinimum 和 FindMaximum 分别是求极小值和极大值的命令. 此处先作出函数在[－3，3]的图形，发现在 $x=0$ 附近及 $x=-2.5$ 附近函数分别有极小值和极大值，于是把 $x=0$ 及 $x=-2.5$ 分别确定为求极小值和极大值的初始值.

（2）输出第一行为{-0.934 227, {x→ 0.227 846}}，它表示当 $x = 0.227\,846$ 时，函数 y 有极小值 $-0.934\,227$；第二行{0.477 59, {x→ -2.511 03}}表示当 $x=-2.511\,03$ 时，函数 y 有极大值 0.477 59.

四、实验三：微积分计算

【实验内容】

极限、导数、不定积分、定积分和广义积分的计算，求解微分方程. 另外可选做多元微积分以及级数问题的数学实验. 本节打“*”号的实验问题为选做内容.

【实验目的】

能熟练掌握 Mathematica 处理一元函数的求导计算以及不定积分、定积分和广义积分的计算；掌握求解微分方程的基本命令；会求由隐函数和参数方程所确定的函数的导数；了解 Mathematica 处理极限、多元微积分以及级数问题的若干基本命令.

【实验问题】

问题 14 求极限 $\lim\limits_{x\to 0}\dfrac{x\cdot\sin(\sin 3x)}{1-\cos x}$.

问题 15 已知 $f(x)=\dfrac{x+}{x^2+3x+5}$，求 $f'(x)$，$f'''(x)$ 和 $f'(2)$，$f'(4)$.

问题 16 求由方程 $x^2+y^2-4=0$ 所确定的隐函数 $y(x)$ 的导数 $y'(x)$.

问题 17 求由参数方程 $\begin{cases}x=a\cos t\\ y=b\sin t\end{cases}$ 所确定的函数 $y=f(x)$ 的导数 $f'(x)$ 在 $t=\dfrac{\pi}{4}$ 处的值.

问题 18 求下列积分：

（1）$\displaystyle\int\frac{1}{1+\tan x}\mathrm{d}x$；（2）$\displaystyle\int_8^{40}\left(\cos\frac{x}{2}-\sin x+2\right)\mathrm{d}x$；

（3）$\displaystyle\int_{-\infty}^{1}\frac{1}{\sqrt{2\pi}}\mathrm{e}^{-x^2/2}\mathrm{d}x$.

问题 19 分以下两种情况，求解微分方程 $\dfrac{\mathrm{d}y}{\mathrm{d}x}=2y+25x\sin x$：

（1）未给定初始条件；

（2）给定初始条件 $y(0)=-4$.

问题 20* 求函数 $z=\sin x+x\cos y$ 的两个一阶偏导数和四个二阶偏导数.

问题 21* 计算二重积分 $\iint\limits_D x\mathrm{e}^{xy}\mathrm{d}x\mathrm{d}y$，$\mathrm{D}=\{(x,y)|\,0\leqslant x\leqslant 1,\ -1\leqslant y\leqslant 0\}$.

问题 22* 将 $f_1(x)=\sin x$ 在 $x=0$ 处展开到 x 的 9 次幂，将 $f_2(x)=\cos^2 x$ 在 $x=\dfrac{\pi}{2}$ 处展开到 $\left(x-\dfrac{\pi}{2}\right)$ 的 7 次幂.

【各问题的参考命令与输出结果、相关说明】

问题 14

Mathematica 命令：

```
x=.
f=x*Sin[Sin[3x]]/(1-Cos[x] );
Limit[f,x->0]
```

输出结果：

6

说明：

（1）"∞" 符号可用单词 "Infinity" 表示，也可以用软键盘输入.

（2）求左极限的命令可写为 "Limit[f,x→x0,Direction→1]"，选项命令 "Direction→1" 表示自变量 x 沿 x 轴的正方向趋向于 x_0；求右极限的命令可写为 "Limit[f,x→x0,Direction→-1]"，选项命令表示 x 沿 x 轴的反方向趋向于 x_0.

问题 15

Mathematica 命令：

```
Clear[x,f,f1]
f =(x+1)/ (x^2+3x+5);
f1[x_]= D[f ,x]
Simplify[%]
f3=D[f,{x,3}];
Simplify[%]
f1[2]
f1[4]
```

输出结果：

$$-\frac{(1+\mathrm{x})(3+2\mathrm{x})}{(5+3\mathrm{x}+\mathrm{x}^2)^2}+\frac{1}{5+3\mathrm{x}+\mathrm{x}^2}$$

$$-\frac{-2+2\mathrm{x}+\mathrm{x}^2}{(5+3\mathrm{x}+\mathrm{x}^2)^2}$$

$$-\frac{6(-23-44\mathrm{x}-12\mathrm{x}^2+4\mathrm{x}^3+\mathrm{x}^4)}{(5+3\mathrm{x}+\mathrm{x}^2)^4}$$

$-\frac{2}{75}$

$-\frac{2}{99}$

说明：

（1）求一元函数的 n 阶导数的命令为“D[f,{x,n}]”.

（2）输出结果第一行和第二行均为 $f'(x)$，第二行是对第一行进行化简.

（3）输出的第三行是 $f'''(x)$ 的化简形式.

问题 16

Mathematica 命令 1：

```
Clear[x,y,F]
F[x_,y_]:=x^2+y^2-4
D[F[x,y[x]],x];
Solve[%==0,y'[x]]
```

输出结果 1：

$$\left\{\left\{\mathrm{y}'(\mathrm{x}) \to -\frac{\mathrm{x}}{y(\mathrm{x})}\right\}\right\}$$

说明：

输出结果表明 $y_x' = -\frac{x}{y(x)}$.

Mathematica 命令 2：

```
Clear[x,y,F]
F=x^2+y^2-4;
Dt[F,x];
Solve[Dt[F,x]==0,Dt[y,x]]
```

输出结果 2：

$$\left\{\left\{\mathrm{Dt[y,x]} \to -\frac{\mathrm{x}}{\mathrm{y}}\right\}\right\}$$

说明：

命令“Dt[F,x]”与命令“D [F,x]”都是求 F 对于 x 的导数，但须注意两者的不同. 以 $F(x, y) = ax^2 + y^2$-4 为例，执行“D [F,x]”时命令将视 F 为 x 的一元函数，把 a 和 y 都看成是常量；而“Dt [F,x]”命令将视 a 和 y 为都是与 x 有关系的变量.

问题 17

Mathematica 命令：

```
Clear[a,b,x,y,t]
x=a*Cos[t];
y=b*Sin[t];
Dyx[t_]=D[y,t]/D[x,t]
Dyx[Pi/4]
```

输出结果：

$-\frac{\text{bcot(t)}}{\text{a}}$

$-\frac{\text{b}}{\text{a}}$

问题 18

Mathematica 命令：

```
Clear[x]
y1 = 1/(1+Tan[x]);
F1 = Integrate[y1,x]
y2 = Cos[x/2] -Sin[x] + 2;
F2 = NIntegrate[y2,{x,8,40}]
y3 = E^(-x^2/2)/Sqrt[2*Pi];
F3 = NIntegrate[y3,{x,-Infinity,1}]
```

输出结果：

$\frac{1}{2}(\text{x}+\text{Log[Cos(x)}+\text{Sin[x]])}$

66.8181

0.841345

说明：

（1）“Integrate”语句对于求不定积分、定积分和广义积分都适用. 在求定积分时，命令的书写格式为“Integrate[f,{x,a,b}]”，其中 f、x、a、b 分别代表被积函数、积分变量、积分下限与积分上限.

（2）“Integrate”语句用于求不定积分时，求解结果不带积分常数.

（3）“NIntegrate”是求定积分值的语句，但也可用“Integrate”语句来求定积分的值. 若把输入命令中与 F2、F3 相关的语句分别改为“F2=Integrate[y2,{x,8,40.}]”“F3=Integrate[y3,{x,-Infinity,1.}]”，输出结果将会一样. 这是因为在原来语句中的数值 40 和 1 后面添了一个点“.”后，Mathematica 将它们视为近似数值，从而自动进行数值计算.

问题 19

Mathematica 命令：

```
Clear[x,y]
DSolve[y'[x]==2y[x]+25x*Sin[x],y[x],x];
Simplify[%]
DSolve[{y'[x]==2y[x]+25x*Sin[x],y[0]==-4},y[x],x];
Simplify[%]
```

输出结果：

{{y(x) → e^{2x}*C*[1] − (4 + 5x)Cos[x] − (3 + 10x)Sin[x]}}

{{y[x] → -(4+5 x) Cos[x]-(3+10 x) Sin[x]}}

说明：

（1）输出的两行分别是微分方程的通解 $y(x)=c_1\mathrm{e}^{2x}-(4+5x)\cos x-(3+10x)\sin x$ 和特解 $y(x)=-(4+5x)\cos x-(3+10x)\sin x$．第一行中的 C[1]为任意常数.

（2）在输入命令中，微分方程中的 $\frac{\mathrm{d}y}{\mathrm{d}x}$、$y$ 应键为 y'[x]、y[x]；输入的初始条件也要用双等号.

问题 20*

Mathematica 命令：

```
Clear[x, y, f]
f[x_, y_] := Sin[x] + x*Cos[y]
D[f[x, y], x]
D[f[x, y], y]
D[f[x, y], {x, 2}]
D[f[x, y], {y, 2}]
D[f[x, y], x, y]
D[f[x, y], y, x]
```

输出结果：

```
Cos[x]+Cos[y]
-x Sin[y]
-Sin[x]
-x Cos[y]
-Sin[y]
-Sin[y]
```

问题 21*

Mathematica 命令：

```
Clear[x, y]
Integrate[x*Exp[x*y], {x, 0, 1}, {y, -1, 0}]
```

输出结果：

$$\frac{1}{\mathrm{e}}$$

问题 22*

Mathematica 命令：

```
Clear[x,y,X,Y]
f1=Series[(Sin[x]),{x,0,9}]
Normal[%]
f2=Series[(Cos[x])^2,{x,Pi/2,7}]
Normal[%]
```

输出结果：

$$\mathrm{x}-\frac{\mathrm{x}^3}{6}+\frac{\mathrm{x}^5}{120}-\frac{\mathrm{x}^7}{5040}+\frac{\mathrm{x}^9}{362880}+\mathrm{O}[\mathrm{x}]^{10}$$

$$x-\frac{x^3}{6}+\frac{x^5}{120}-\frac{x^7}{5040}+\frac{x^9}{362880}$$

$$\left(x-\frac{\pi}{2}\right)^2-\frac{1}{2}\left(x-\frac{\pi}{2}\right)^4+\frac{2}{45}\left(x-\frac{\pi}{2}\right)^6+O\left[x-\frac{\pi}{2}\right]^8$$

$$\left(-\frac{\pi}{2}+x\right)^2-\frac{1}{3}\left(-\frac{\pi}{2}+x\right)^4+\frac{2}{45}\left(-\frac{\pi}{2}+x\right)^6$$

说明：

命令“Normal[%]”可以去掉上一行级数展开式的余项.

项目三　Excel 在矩阵中的应用

一、Excel 简介

在工程数学的教学中，经常会面临这样的困惑：矩阵的组成元素大多是十以内的数字，涉及到矩阵类的相关运算时，无非是这些元素（数字）在满足矩阵运算规律的前提下的加减乘除等四则运算，但运算过程需手工操作，比较繁琐，结果不能一步得出. 本科类院校，一般都会开设数学实验课，引入诸如 Mathematica、MATLAB、Mathcad 等专业数学软件来解决这一问题，而大多数高职高专院校并未开设数学实验课的教学，另外，对专业数学软件的学习又势必加重学生的学习负担，笔者在教学改革工作中，通过多年的思考和探索，提出了一种新方法，即针对现有资源和条件，在学生理解基本数学概念的前提下，通过学生熟悉的常见办公软件 Excel 函数编程法来解决这一问题. 该方法充分利用 Excel 函数的自动运算功能，通过简单的数据录入，便可完成矩阵类的相关运算的自动化处理. 该方法简单实用，易于掌握，切实体现高职高专基础课教学“学以致用、够用为度”的原则.

二、Excel 与矩阵之间的相关性

Excel 是微软公司出品的 Office 系列软件中的一个组件，它可用来制作电子表格，可以完成复杂的数据分析，不仅简单易学，而且实用性强，具有容易获得，普及面广、操作简洁、功能实用等优点. 矩阵即由多个数排列而成的一个数表，“电子表格、数表”均是表格，以此为桥梁和媒介，便可建立 Excel 和矩阵之间的联系.

1. 矩阵的表示

单元格是 Excel 中最小的单位，当在单元格中输入数字或文字信息后，可以通过该单元格所在的行号和列号来进行定位. 矩阵中的元素 a_{ij} 表示该数表中的数字所在的第 i 行第 j 列，矩阵的基本类型包括行向量、列向量和矩阵.

例 1　在 Excel 中分别表示 2 行 3 列的矩阵 $\boldsymbol{A}_{2\times3}$ 、3 行 3 列的矩阵 $\boldsymbol{B}_{3\times3}$ 、3 行 4 列的矩阵 $\boldsymbol{C}_{3\times4}$.

	A	B	C	D	E	F	G	H	I
1	矩阵A	7	9	5		矩阵B	12	8	9
2	2行3列	4	2	1		3行3列	7	5	3
3							2	5	11
4	矩阵3	12	8	9					
5	4行3列	7	5	3					
6		2	5	11					
7		5	1	2					

图 9-9

Excel 表示方法：如图 9-9 所示，只要在 Excel 的电子表格中输入数字，并附加说明性的文字，如：单元格 A1 和 A2 中的“矩阵 A，2 行 3 列”即可简单明了地表示任一个矩阵.

2. 矩阵中某一行（列）元素的提取

矩阵运算中往往会遇到从任意一个矩阵中提取某一行或某一列元素参与计算的问题，Excel2003 中可利用求相应值 Offset 函数来完成，通过指定参数建立参照系的方法，按题目要求提取矩阵中的元素.

例 2　利用 Excel 2003，从矩阵 $\boldsymbol{A}_{3\times4}=\begin{bmatrix}2&3&5&11\\10&8&9&7\\5&6&4&3\end{bmatrix}$ 提取元素 a_{23} 和 a_{13} .

分析　以元素 $a_{11}=2$ 所在单元格 A1 为指定参照系，则元素 $a_{23}=9$ 相对于 a_{11} 而言只需将行数向下移动 1 行，列数向右移动 2 列即可；同理若以 $a_{24}=7$ 所在单元格 D2 为指定参照系，则元素 $a_{13}=5$ 相对于 a_{24} 而言只需将行数向上移动 1 行，列数向左移动 1 列即可，如图 9-10 所示.

Excel 表示方法：函数 Offset 格式为，Offset(reference, rows, cols)，rows 是指相对于参照系 reference 偏移的行数，cols 是指相对于参照系 reference 偏移的列数. 需特别注意的是，行（列）向下（右）偏移用正数表示，行（列）向上（左）偏移用负数表示.

	A	B	C	D	E	F	G	H	I
1	2	3	5	11		元素：	$a_{23}=9$		
2	10	8	9	7		编程：		9	
3	5	6	4	3		程序：	=OFFSET(A1,1,2)		
4									
5	元素：	$a_{31}=5$							
6	编程：		5						
7	程序：	=OFFSET(D2,-1,-1)							

图 9-10

三、Excel 在矩阵类运算中的应用

1. 矩阵的加减法

只需人工判断矩阵之间是否满足相加（减）的条件，当满足后，便可由 Excel 自动完成

例 3.

例 3 已知矩阵 $\boldsymbol{A}_{2\times3}=\begin{bmatrix}1&2&3\\4&5&6\end{bmatrix}$ 和矩阵 $\boldsymbol{B}_{2\times3}=\begin{bmatrix}7&8&9\\1&2&1\end{bmatrix}$，利用 Excel 2003 计算矩阵 $\boldsymbol{A}$ 与 $\boldsymbol{B}$ 的和 $\boldsymbol{A}+\boldsymbol{B}$.

分析 $\boldsymbol{A}$，$\boldsymbol{B}$ 两个矩阵的行数与列数对应相等（即均为“2×3”类型），可以进行矩阵的加法运算，只需在 Excel2003 中标注必要的说明文字，输入 $\boldsymbol{A}$，$\boldsymbol{B}$ 两个和矩阵即可完成计算，如图 9-11 所示.

	A	B	C	D	E	F	G	H	I
1	矩阵A	1	2	3		矩阵B	7	8	9
2	2行3列	4	5	6		2行3列	1	2	1
3									
4	矩阵A+B	8							
5	2行3列	5							
6									

图 9-11

步骤 1：在单元格 B4 中输入“=B1+G1”，将鼠标箭头放置 B4 单元格的右下角，当出现“+”填充符号后向下填充至单元格 B5，如图 9-12 所示.

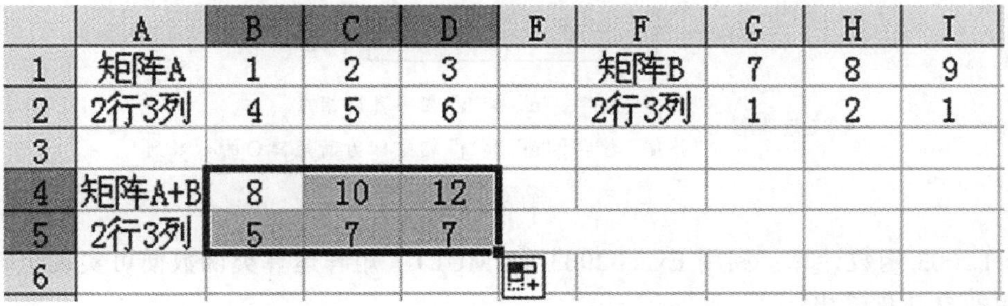

	A	B	C	D	E	F	G	H	I
1	矩阵A	1	2	3		矩阵B	7	8	9
2	2行3列	4	5	6		2行3列	1	2	1
3									
4	矩阵A+B	8	10	12					
5	2行3列	5	7	7					
6									

图 9-12

步骤 2：将鼠标箭头放置 B5 单元格的右下角，当出现“+”填充符号后向下填充至单元格 D5，便可实现自动化运算.

在此类问题中运用了 Excel 2003 中公式计算的自动填充功能，

2. 矩阵的数乘

用数 K（$K\neq0$）乘以矩阵 $\boldsymbol{A}$，即用 K 乘以矩阵 $\boldsymbol{A}$ 中的每一个元素．由此可见，K 作为一个常数是“不动”的，在 Excel2003 中利用绝对引用便可实现.

绝对引用：在某一单元格位置符前加入货币符号“$”即可，如单元格 A1 的绝对引用可表示为“$A$1”.

例 4 已知矩阵 $\boldsymbol{A}_{2\times3}$，则用 $K=4$ 乘以矩阵 $\boldsymbol{A}$，即 $K\boldsymbol{A}$ 的结果新矩阵 $\boldsymbol{C}$ 的求解过程如下：

分析 只要将 $K=4$ 所在的单元格“G1”转化为绝对引用“G1”然后进入计算即可．如图 9-13 所示.

	A	B	C	D	E	F	G
1	矩阵A	1	2	3		数K的值	4
2	2行3列	4	5	6			
3							
4	数K乘以A的新矩阵C=KA结果为						
5	C	4	8	12			
6		16	20	24			

图 9-13

操作步骤：与例 3 类似，在单元格 B5 中输入“=B1*G1”，将鼠标箭头放置 B5 单元格的右下角，当出现“+”填充符号后向下填充至单元格 B6；将鼠标箭头放置 B6 单元格的右下角，当出现“+”填充符号后向下填充至单元格 D6，便可实现自动化运算.

3. 矩阵与矩阵的相乘

矩阵与矩阵之间的乘积是整个矩阵运算的一个难点和重点，尤其在矩阵相乘的条件、得到新矩阵乘积结果的判断上，很多学生在学习时存在理解和应用上的困扰. 笔者在此提出一个简便可行易于记忆的方法.

矩阵相乘的条件和结果的判断：已知矩阵 $\boldsymbol{A}$ 和矩阵 $\boldsymbol{B}$ 分别为“A：m 行 n 列”，“B：h 行 j 列”，如图 9-14 所示.

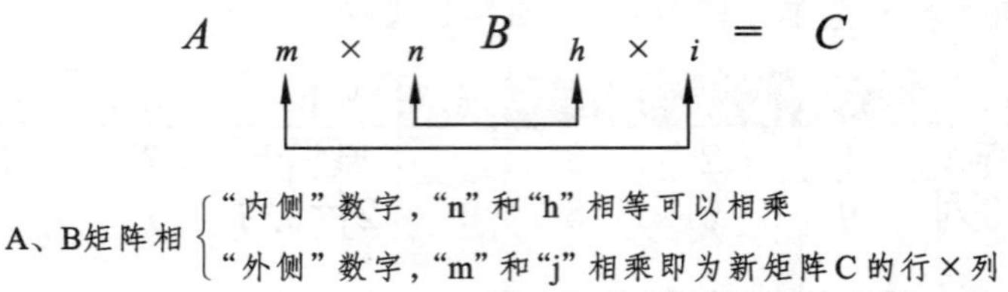

图 9-14

Excel 2003 函数计算：利用 Excel 2003“MMULT”矩阵运算类函数便可实现矩阵与矩阵之间乘积的自动化输出.

例 5 已知矩阵 $\boldsymbol{A}_{3\times2}=\begin{bmatrix}1&2\\3&4\\5&8\end{bmatrix}$ 和矩阵 $\boldsymbol{B}_{2\times4}=\begin{bmatrix}1&5&6&7\\2&3&1&5\end{bmatrix}$，利用 Excel2003 计算矩阵 $\boldsymbol{A}$ 与 $\boldsymbol{B}$ 的乘积 $\boldsymbol{C}=\boldsymbol{AB}$.

分析 $\boldsymbol{A}$，$\boldsymbol{B}$ 矩阵相乘的条件和结果矩阵 $\boldsymbol{C}$ 的格式如上可以进行判断. Excel 函数 MMULT(array1, array2, array3, array4,……)，array1 和 array2 等分别表示矩阵 $\boldsymbol{A}$，$\boldsymbol{B}$ 所在的区域，在此 Excel 将矩阵看作是数组格式，如图 9-15 所示.

	A	B	C	D	E	F	G	H	I
1	矩阵A	1	2		矩阵B	1	5	6	7
2	3行2列	3	4		2行4列	2	3	1	5
3		5	8						
4									
5	矩阵A与矩阵B的乘积C								
6	=mmult(B1:C3,F1:I2)								

图 9-15

步骤 1：在单元格 B6 中输入“=MMULT(B1:C3,F1:I2)”，用鼠标拖动选定矩阵 ***A*** 和矩阵 ***B*** 所在的两个区域. 然后确定（按回车键），“B1:C3”为第一个矩阵 ***A*** 所在的区域，同理“F1:I2”为第二个矩阵 ***B*** 所在的区域.

步骤 2：根据矩阵相乘的结果判断方法，以上两个矩阵 ***A***，***B*** 相乘的结果 ***C*** 应为“2 行 4 列”，然后选中放置输出结果的整个单元格区域 B6:E7，如图 9-16 所示.

	A	B	C	D	E	F	G	H	I
1	矩阵A	1	2		矩阵B	1	5	6	7
2	3行2列	3	4		2行4列	2	3	1	5
3		5	8						
4									
5	矩阵A与矩阵B的乘积C								
6		5							
7									

图 9-16

步骤 3：接着按 F2 键，重新回到步骤 1 得出的结果，最后同时按住[Ctrl]+[Shift]+[Enter]键，最终得到下列结果（见图 9-17）.

	A	B	C	D	E	F	G	H	I
1	矩阵A	1	2		矩阵B	1	5	6	7
2	3行2列	3	4		2行4列	2	3	1	5
3		5	8						
4									
5	矩阵A与矩阵B的乘积C								
6		5	11	8	17				
7		11	27	22	41				

图 9-17

注 使用 MMULT 函数求解矩阵的乘积结果时，会利用到 Excel 数组求值功能，在编辑栏输入函数完成后，一定要利用数组输出格式“同时按住[Ctrl]+[Shift]+[Enter]键”进行结果输出.

4. 矩阵的行列式和矩阵的逆矩阵

在各种类型的矩阵中只有方阵才具有行列式，而并非所有的方阵都具有逆阵（都可逆），逆阵的存在前提恰好是方阵行列式的值不为零. 我们可用 MDETERM 函数和 MINVERSE 函数来分别求解矩阵行列式的值和矩阵的逆矩阵，下面我们通过一个例题来介绍这两种函数的用法.

例 6 已知矩阵（方阵）$\boldsymbol{A}_{3\times3}$，$\boldsymbol{A}_{3\times3}=\begin{bmatrix}1&2&3\\2&2&1\\3&4&3\end{bmatrix}$，计算矩阵 ***A*** 的行列式，并判断 ***A*** 是否可逆，如可逆，试求出 ***A*** 的逆阵 $\boldsymbol{A}^{-1}$.

分析 Excel 2003 函数 MDETERM 和 MINVERSE 的格式分别为 MDETERM[array]和 MINVERSE[array]，其中 array 的说明可参见例 5.

要求解矩阵的逆阵，首先利用函数 MDETERM 计算矩阵 ***A*** 的行列式$|\boldsymbol{A}|$，判断$|\boldsymbol{A}|$的值

是否为零，即确定 $\boldsymbol{A}$ 是否可逆. 最后在矩阵可逆的条件下利用函数 MINVERSE 可快速地求解得到 $\boldsymbol{A}$ 的逆阵 $\boldsymbol{A}^{-1}$. 如图 9-18、图 9-19 所示.

MEDIAN =MDETERM(B1:D3)

	A	B	C	D	E	F
1	矩阵A	1	2	3		
2	3行3列	2	2	1		
3		3	4	3		
4						
5	计算矩阵A的行列式			=MDETERM(B1:D3)		

图 9-18

B8 {=MINVERSE(B1:D3)}

	A	B	C	D	E	F
1	矩阵A	1	2	3		
2	3行3列	2	2	1		
3		3	4	3		
4						
5	计算矩阵A的行列式				2	
6	是否可逆				可逆	
7	矩阵A的逆矩阵					
8		1	3	-2		
9		-1.5	-3	2.5		
10		1	1	-1		

图 9-19

步骤一：计算矩阵 A 的行列式 $|\boldsymbol{A}|$，判断是否可逆；

步骤二：在矩阵可逆的判断前提下，计算矩阵 $\boldsymbol{A}$ 的逆阵 $\boldsymbol{A}^{-1}$.

5. 矩阵的转置

矩阵的转置无非是将矩阵的行元素转换为列元素而已. 在 Excel 中可以利用函数“TRANSPOSE”或者使用复制-选择性粘贴菜单选项中的“转置”复选框来完成. 下面我们参照图 9-20 介绍用函数 TRANSPOSE(array)来完成矩阵的转置.

分析 对矩阵 $\boldsymbol{E}$ 进行转置，首先选中打算放置输出结果的整个单元格区域 G1:H3，然后选择“插入-函数”，选择函数“TRANSPOSE”. 在“array”的对话框中选定矩阵 $\boldsymbol{A}$ 的区域“B1:D2”，同时按住[Ctrl]+[Shift]+[Enter]键，最终得到下列结果（见图 9-20）.

G1 {=TRANSPOSE(B1:D2)}

	A	B	C	D	E	F	G	H
1	矩阵A	1	2	3	矩阵A的转置		1	2
2	3行3列	2	2	1			2	2
3							3	1
4								

图 9-20

矩阵将日常生产生活中的数表（包含数字的表格）进行数学处理，可以帮助我们解决诸多实际问题，尤其在解决经济类问题时，利用矩阵可起到事半功倍的作用，如线性方程组的求解、投入产出问题、运输问题、资金投资策略以及闭合经济问题等方面都有着广泛的应用，利用 Excel 函数实现矩阵的自动化运算，既能够解决学生对运算的困扰，激发学生学习兴趣，培养学生的数字应用能力，还不至于增加学生学习学业负担，可谓一举多得.

项目四　Lingo 求解线性规划问题

一、Lingo 软件简介

基本介绍：Lingo 是 Linear Interactive and General Optimizer 的缩写，即“交互式的线性和通用优化求解器”，由美国 Lingo 系统公司（Lindo System Inc.）推出的，其特色在于内置建模语言，提供十几个内部函数，可以允许决策变量是整数，方便灵活，而且执行速度非常快.能方便与 Excel、数据库等其他软件交换数据. 最新版本 Lingo 14.0 已经发布.

界面介绍如图 9-21、图 9-22 所示.

应用范围：既能求解线性规划问题，也能求解非线性规划问题.

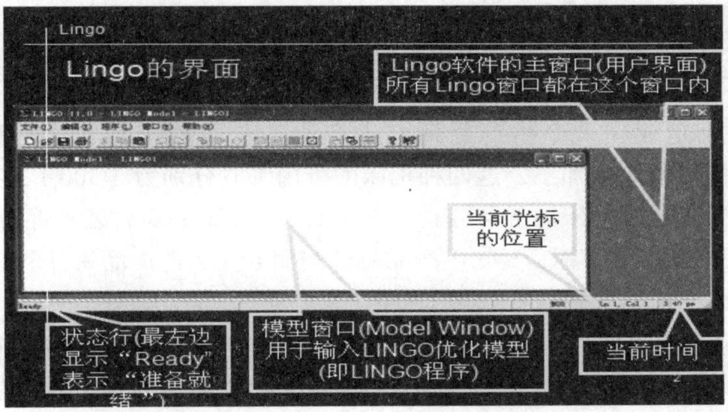

图 9-21

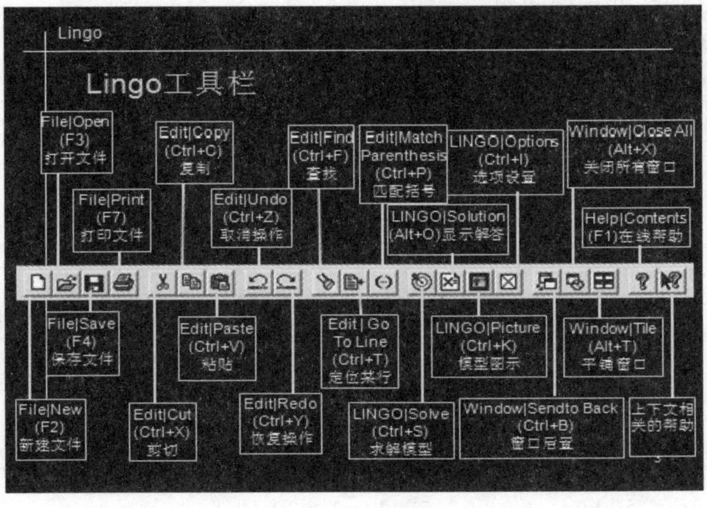

图 9-22

二、Lingo 软件在求解规划问题中的应用

1. 规划求解

（1）分类：线性和非线性规划.

（2）区分：变量是否是一次的.

2. 格式

（1）目标函数：最大值用“max=…”，最小值用“min=…”表示.

（2）约束条件：不区分语句先后顺序，可分行或不分行输入，但每个条件后必须用英文状态下分号“;”结束.

（3）说明：max 和 min 后不输入目标函数变量名 S 或 Z.

（4）对变量的限定函数：

限制 x 为 0 或 1	@bin(x)
限制 x 为整数	@gin(x)
取消对变量 x 的限制	@free(x)
限制 L≤x≤U	@bnd(L,x,U)

例 1 某物流企业在一个生产周期内生产甲、乙两种产品，这两种产品分别需要 A,B,C,D 四种不同的机床来加工，这四种机床的可用工时分别为 1 500,1 200,1 800,1 400. 每件甲产品分别需要 A,B,C 机床加工 4 工时、2 工时、5 工时；每件乙产品分别需要 A,B,D 机床加工 3 工时、3 工时、2 工时. 又知甲产品每件利润 6 元，乙产品每件利润 8 元. 试写出能获得最大利润的线性规划问题.

例 2 某物流企业用甲、乙两种原料生产 A,B,C 三种产品. 企业现有甲原料 30 吨，乙原料 50 吨每吨. 每吨 A 产品需要甲原料 2 吨；每吨 B 产品需要甲原料 1 吨、乙原料 2 吨；每吨 C 产品需要乙原料 4 吨. 又知每吨 A,B,C 产品的利润分别为 3 万元、2 万元和 0.5 万元. 试写出能获得最大利润的线性规划问题.

解 分析例 1 和例 2 的线性规划问题，其中例 1 可设生产甲产品 x_1 件、乙产品 x_2 件，例 2 可设生产 A,B,C 三种产品分别为 x_1,x_2,x_3 吨；Z 均为最大利润.

线性规划问题的标准形式如下：

$$\max Z = 6x_1 + 8x_2$$

$$\text{s.t.}\begin{cases}4x_1+3x_2 \leqslant 1\,500\\2x_1+3x_2 \leqslant 1\,200\\5x_1 \leqslant 1\,800\\2x_2 \leqslant 1\,400\\x_1 \geqslant 0, x_2 \geqslant 0\end{cases}$$

$$\max Z = 3x_1 + 2x_2 + 0.5x_3$$

$$\text{s.t.}\begin{cases}2x_1+x_2 \leqslant 30\\2x_2+4x_3 \leqslant 50\\x_1 \geqslant 0, x_2 \geqslant 0, x_3 \geqslant 0\end{cases}$$

输入：

```
max=6*x1+8*x2;
① 4*x1+3*x2<=1 500;
```

```
max=3*x1+2*x2+0.5*x3;
2*x1+x2<=30;
```

② 2*x1+3*x2<=1 200;   2*x2+4*x3<=50;

③ 5*x1<=1800;

④ 2*x2<=1400;

求解结果，以第一个为例说明：

影子价格：最优解下“资源”增加 1 单位时“效益”的增量.

如图 9-23 所示，具体在例 1 中体现在：A 机床可用工时增加 1 个单位时，最大利润增加 0.333 333；B 机床可用工时增加 1 个单位时，最大利润增加 2.333 333；C、D 机床工时有剩余，所以 C、D 机床工时增减不影响最大利润的变化.

```
Solution Report - 12题

Global optimal solution found.
Objective value:                              3300.000
Infeasibilities:                              0.000000
Total solver iterations:                             2


                  Variable           Value        Reduced Cost
                        X1        150.0000            0.000000
                        X2        300.0000            0.000000

决策变量值                Row    Slack or Surplus      Dual Price
目标函数值                  1           3300.000        1.000000
第①式剩余 0                2           0.000000       0.3333333
第②式剩余 0                3           0.000000        2.333333
第③式剩余 1050             4           1050.000        0.000000
第④式剩余 800              5           800.0000        0.000000
```

图 9-23

（1） Global optimal solution found：全局最优解

Part of the optimal solution found：局部最优解

（2）Objective value：目标函数值

（3） Infeasibilities：不可行性

（4） Total solver iterations：总迭代计算次数

（5）Reduced Cost：其值表示当该决策变量增加一个单位时目标函数的变化量（对 max 型问题）

3. 二次规划

规划问题的一般形式为

$$\max Z = 98x_1 + 227x_2 - x_1^2 - 0.3x_1x_2 - 2x_2^2$$

$$\text{s.t.}\begin{cases} x_1 + 2x_2 \leqslant 200 \\ x_1 \leqslant x_2 \\ x_1 \geqslant 0, x_2 \geqslant 0, \text{且均为整数} \end{cases}$$

二次规划输入，其余语句略去，增加一行语句：@gin(x1);@gin(x2);即可.

三、Lingo 软件在求解规划问题中的应用扩展

1. 应用扩展

例 1 某社区联盟，其农业生产受农田面积和灌溉配水量的限制，如表 9-7 所示.

表 9-7 农田面积与灌溉配水量

社区	可耕地/英亩	配水量/方
1	400	600
2	600	800
3	300	375

适合该地区种植的农作物有甜菜、棉花和栗子，每英亩的期望净收益、用水量及可种植的最大面积如表 9-8 所示.

表 9-8 可种植最大面积、用水量和净收益

农作物	最大面积/英亩	每亩用水量	净收益/元/英亩
甜菜	600	3	400
棉花	500	2	300
栗子	325	1	100

问如何安排生产，才能使三种农作物的总收益最大？

分析 用 x_i 分别表示这三个社区三种农作物的种植面积，如表 9-9 所示.

表 9-9 三个社区三种农作物种植面积

农作物	社区 1	社区 2	社区 3
甜菜	X_1	X_2	X_3
棉花	X_4	X_5	X_6
栗子	X_7	X_8	X_9

目标函数为

$$\max Z = 400(x_1 + x_2 + x_3) + 300(x_4 + x_5 + x_6) + 100(x_7 + x_8 + x_9)$$

约束条件：分三类约束，依次为

① 对可耕地而言：

$$\begin{cases} x_1 + x_4 + x_7 \leqslant 400 \\ x_2 + x_5 + x_8 \leqslant 600 \\ x_3 + x_6 + x_9 \leqslant 300 \end{cases}$$

② 对配水量而言：

$$\begin{cases}3x_1+2x_4+x_7 \leqslant 600\\3x_2+2x_5+1x_8 \leqslant 800\\3x_3+2x_6+1x_9 \leqslant 375\end{cases}$$

③ 对每种菜品的最大种植面积而言：

$$\begin{cases}x_1+x_2+x_3 \leqslant 600\\x_4+x_5+x_6 \leqslant 500\\x_7+x_8+x_9 \leqslant 325\end{cases}$$

2. 经济学运输问题和产销平衡的应用

基本知识讲解在课堂上进行，以下举例说明在 Lingo 中运行方法.

例 2 计算 6 个发点和 8 个收点的最小费用运输问题，产销单位运价如表 9-10 所示.

表 9-10 产销单位运价

	V_1	V_2	V_3	V_4	V_5	V_6	V_7	V_8	产量
W_1	6	2	6	7	4	2	5	9	60
W_2	4	9	5	3	8	5	8	2	55
W_3	5	2	1	9	7	4	3	3	51
W_4	7	6	7	3	9	2	7	1	43
W_5	2	3	9	5	7	2	6	5	41
W_6	5	5	2	2	8	1	4	3	52
销量	35	37	22	32	41	32	43	38	

分析 可以建立如下数学模型：

$$\min z=\sum_{i=1}^{6}\sum_{j=1}^{8}c_{ij}x_{ij}$$

$$\text{s.t.}\begin{cases}\sum\limits_{j=1}^{8}x_{ij} \leqslant a_i, i=1,2,\cdots,6\\\sum\limits_{i=1}^{6}x_{ij}=d_j, j=1,2,\cdots,8\\x_{ij} \geqslant 0,\\i=1,2,\cdots,6, j=1,2,\cdots,8\end{cases}$$

设 X_{ij} 表示第 i 个发点到第 j 个收点的货物运输量. 其中：c_{ij} 表示从第 i 个发点到第 j 个收点的单位货物运价；a_i 表示第 i 个发点的最大供货量；d_j 表示第 j 个收点的订货量.

第一步：目标函数和约束条件的表示.

（1）目标函数的书写.

用 Lingo 可表示为

```
min=@sum(links(i,j):c(i,j) * x(i,j));
```

说明：$\sum_i \sum_j$ 用 Lingo 表示即@sum(links(i,j):).

（2）约束条件的书写.

① 各发点的运出总量不超过其产量，即 $\sum_{j=1}^{8} x_{ij} \leqslant a_i (i=1,2,\cdots,6)$.

用 Lingo 可表示为

```
@for(fad(i):@sum(shoud(j):x(i,j)) <= Ai(i));
```

② 各收点收到的总量不超过其销量，即 $\sum_{i=1}^{6} x_{ij} = d_j (j=1,2,\cdots,8)$.

用 Lingo 可表示为

```
@for(shoud(j):@sum(fad(i):x(i,j)) = Dj(j));
```

说明：

@for(s:e)——该函数常用在约束条件中，表示对集合 s 中的每个成员都生成一个约束条件，约束条件的具体形式由 e 给出.

@sum(s:e)——对集合 s 中的每个成员，先求得 e 的值，再返回这些值的和.

第二步：分步骤完成.

（1）定义集合.

```
    sets:
    fad/1..6/:Ai;        !定义集合 fad 有 6 个元素;
    shoud/1..8/:Dj;      !定义集合 shoud 有 8 个元素;
    links(fad,shoud):c,x;
endsets
```

说明：links 是在前两个集合 fad 和 shoud 的基础上定义的一个新的集合，它实际上是前 2 个集合的笛卡尔积（从两个集合中任意取出两个元素构成的所有组合的集合），其属性 c,x 是一个 6*8 的矩阵.

（2）初始化数据.

```
data:
   Ai = 60,55,51,43,41,52;
   Dj = 35,37,22,32,41,32,43,38;
   c = 6,2,6,7,4,2,5,9
       4,9,5,3,8,5,8,2
       5,2,1,9,7,4,3,3
       7,6,7,3,9,2,7,1
       2,3,9,5,7,2,6,5
       5,5,2,2,8,1,4,3;
enddata
```

说明：在 c 数据输入时，用英文逗号分隔，最后再以英文分号结束.

（3）在 Lingo 中输入.

```
sets:
```

```
    fad/1..6/:Ai;     !定义集合 fad 有 6 个元素;
    shoud/1..8/:Dj;            !定义集合 shoud 有 8 个元素;
    links(fad,shoud):c,x;
endsets
data:
   Ai = 60,55,51,43,41,52;
   Dj = 35,37,22,32,41,32,43,38;
   c = 6,2,6,7,4,2,5,9
       4,9,5,3,8,5,8,2
       5,2,1,9,7,4,3,3
       7,6,7,3,9,2,7,1
       2,3,9,5,7,2,6,5
       5,5,2,2,8,1,4,3;
enddata
min=@sum(links(i,j):c(i,j) * x(i,j));
@for(fad(i):@sum(shoud(j):x(i,j)) <= Ai(i));
@for(shoud(j):@sum(fad(i):x(i,j)) = Dj(j));
```

第三步：输出结果的美化，以表格形式输出在指定路径文本文件中.

假设输出的 c 盘文档和设置中，即 C:\Documents and Settings.

（1）需要使用的几个函数.

@text(fn)——向文本文件输出数据，通常用于将计算结果写入文件，参数 fn 是文件名，如果省略该参数，则输出到标准输出设备（屏幕）.

@write(…)——输出一系列结果.

@writefor()——函数@write 在循环情况下的推广，输出集合上定义的属性对应的多个变量的取值.

@newline(n)——在输出设备上输出 n 个新行.

@format(x,p)——在@write 和@writefor 函数中，@format 对数值设定输出格式.x 表示输出的值，p（格式描述符）表示输出格式. 格式描述符的含义，如“12.2f”表示十进制数，总共 12 位，其中有 2 位小数.

（2）输出结果（见图 9-24）.

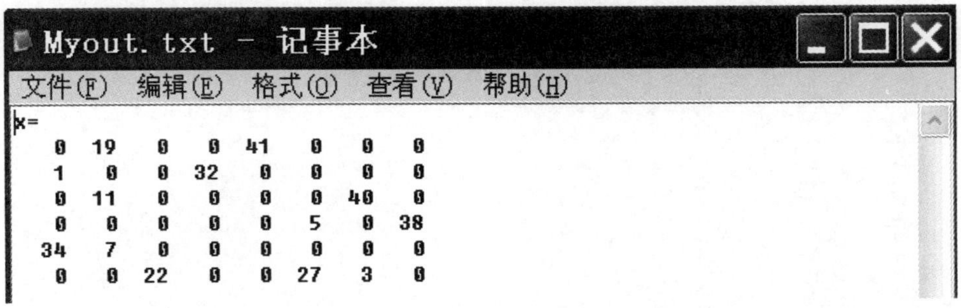
Myout. txt - 记事本

文件(F) 编辑(E) 格式(O) 查看(V) 帮助(H)

```
x=
   0  19   0   0  41   0   0   0
   1   0   0  32   0   0   0   0
   0  11   0   0   0   0  40   0
   0   0   0   0   0   5   0  38
  34   7   0   0   0   0   0   0
   0   0  22   0   0  27   3   0
```

图 9-24

模块九小结

本模块主要介绍了 MATLAB、Mathematica、Excel、Lingo 等四个常用数学软件的使用，通过软件介绍以及简单的案例说明，可以看到我们利用计算机软件处理各类数学问题的能力已有很大的飞跃，这是非常有意义的，需要掌握的知识点总结如下：

（1）MATLAB、Mathematica、Excel、Lingo 的基本操作；

（2）MATLAB 和 Mathematica 软件分别在基本计算、绘图、极限、微积分等数学常用计算中的用法；

（3）Excel 在矩阵中的应用；

（4）Lingo 求解线性规划问题中的使用方法.

模块笔记

项目	相关知识点
项目一 MATLAB 基础	
项目二 Mathematica 应用	

模块笔记

项目	相关知识点
项目三 Excel 在矩阵中的应用	
项目三 Lingo 求解线性规划问题	

参考文献

[1] 教育部. 教育部关于职业院校专业人才培养方案制订与实施工作的指导意见[EB/OL].
[2] 国务院. 国务院关于印发国家职业教育改革实施方案的通知[EB/OL].
[3] 康永强，陈燕燕. 应用数学与数学文化 [M]. 2 版. 北京：高等教育出版社，2019.
[4] 张德喜，赵磊生. MATLAB 语言程序设计教程[M]. 2 版. 北京：中国铁道出版社，2010.
[5] 陈笑缘. 经济数学[M]. 3 版. 北京：高等教育出版社，2019.
[6] 侯风波. 高等数学[M]. 4 版. 北京：高等教育出版社，2014.
[7] 田俐萍，曹思越. 高等数学[M]. 成都：西南交通大学出版社，2005.
[8] 程敬松，刘凤敏. 高等数学（少学时）[M]. 5 版. 大连：大连理工大学出版社，2022.
[9] 张燕州，尚秀丽. 应用数学[M]. 兰州：甘肃教育出版社，2010.
[10] 林益. 工程数学[M]. 北京：高等教育出版社，2003.
[11] 胡运权. 运筹学教程[M]. 4 版. 北京：清华大学出版社，2012.
[12] 罗柳容，秦立春. 应用经济数学[M]. 北京：中国铁道出版社，2014.
[13] 陈琰明. 应用数学（经济・管理类）[M]. 沈阳：沈阳出版社，2014.
[14] 王正东. 数学软件与数学实验[M]. 2 版. 北京：科学出版社，2010.
[15] 史宁中. 数学基本思想 18 讲[M]. 北京：北京师范大学出版社，2016.
[16] 肖华勇. 基于 MATLAB 和 LINGO 的数学实验[M]. 西安：西北工业大学出版社，2009.
[17] 冯有前，袁修久，孙强，等. 数学实验[M]. 北京：国防工业出版社，2008.
[18] 姜启源. 数学建模[M]. 2 版. 北京：高等教育出版社，1993.
[19] 吴军. 数学之美[M]. 2 版. 北京：人民邮电出版社，2014.

参考文献

[1] [illegible]
[2] [illegible]
[3] [illegible]数学文化[M]. 2版. 北京: [illegible]
[4] [illegible]
[5] [illegible][M]. 3版. 北京: [illegible], 2019.
[6] [illegible], 2019.
[7] [illegible], 2005.
[8] [illegible]
[9] [illegible]
[10] [illegible], 2003.
[11] [illegible], 2012.
[12] [illegible]
[13] [illegible]
[14] [illegible], 2010.
[15] [illegible]
[16] [illegible]MATLAB 和 LINGO [illegible], 2009.
[17] [illegible]
[18] [illegible]
[19] [illegible]